毕业论文（设计）指导
——以机电类专业为例

主　编　王丽娟　邓成尧　杨　波
副主编　夏思凡　陈时松　杨小利　蒋　鸿

西南交通大学出版社
·成　都·

图书在版编目（CIP）数据

毕业论文（设计）指导：以机电类专业为例 / 王丽娟，邓成尧，杨波主编. -- 成都：西南交通大学出版社，2025.7. -- ISBN 978-7-5774-0522-3

Ⅰ.TH；G642.477

中国国家版本馆CIP数据核字第20250K6D08号

Biye Lunwen (Sheji) Zhidao—yi Jidianlei Zhuanye Wei Li

毕业论文（设计）指导——以机电类专业为例

主 编／王丽娟 邓成尧 杨 波

策划编辑／罗爱林
责任编辑／李 伟
责任校对／蔡 蕾
封面设计／墨创文化

西南交通大学出版社出版发行

（四川省成都市金牛区二环路北一段111号西南交通大学创新大厦21楼 610031）

营销部电话：028-87600564　　028-87600533
网址：https://www.xnjdcbs.com
印刷：成都中永印务有限责任公司

成品尺寸　185 mm×260 mm
印张　14.75　　字数　368千
版次　2025年7月第1版　　印次　2025年7月第1次

书号　ISBN 978-7-5774-0522-3
定价　48.00元

课件咨询电话：028-81435775
图书如有印装质量问题　本社负责退换
版权所有　盗版必究　举报电话：028-87600562

前 言

  毕业论文（设计）作为高等教育体系的重要组成部分，承载着培养学生综合运用所学知识、解决实际问题和培养创新精神的重要使命。本指导书的目的是为即将进行毕业设计的同学提供一份全面、实用的指导，旨在帮助大家顺利完成这一重要学术环节。本指导书从毕业论文（设计）的选题、开题、实施到答辩等各个环节都进行了详细阐述和指导。由于每位同学的专业背景、兴趣方向和实际能力等方面略有不同，因此，本书在指导过程中，注重因材施教，鼓励同学们根据自己的实际情况进行灵活选择和调整。

  本书适合作为机械相关专业方向、车辆工程相关专业方向、电气工程及其自动化专业相关方向毕业论文（设计）指导用书。本书共分8章：第1章概述毕业论文（设计）的前期准备工作，包括选题、开题、目录、摘要、关键词等；第2章介绍机械相关专业方向、车辆工程相关专业方向论文正文部分的框架结构及各部分的写作要求，同时，对答辩PPT的制作要求及答辩技巧也做了简单讲解；第3章介绍二维、三维零件图和装配图的绘制要求；第4章举例说明毕业论文（设计）涉及的仿真分析示例及要求；第5章介绍电气工程及其自动化专业论文正文部分的框架示例及各部分的写作要求；第6章介绍"大学生毕业论文（设计）管理系统"的操作指南和资料提交注意事项；第7章介绍毕业论文（设计）资料归档的相关要求；第8章列举了一些常用的一般规定及基础数据内容，为毕业论文（设计）的顺利完成提供便利。

  本书由西南交通大学希望学院王丽娟、邓成尧、杨波担任主编，夏思凡、陈时松、杨小利、蒋鸿担任副主编，其中第1~4章由王丽娟编写，第5章由夏思凡和陈时松共同编写，第6章由杨波和蒋鸿共同编写，第7章由杨小利编写，第8章由邓成尧编写。每位编者所承担的章节，都是他们在历年毕业论文（设计）指导工作中擅长的领域。

  衷心希望每一位同学都能以饱满的热情、严谨的态度和不懈的努力投入到毕业论文（设计）中去。相信在大家的共同努力下，本次毕业论文（设计）一定能够取得圆满成功，为同学们的大学生活画上一个完美的句号。

编 者

2025年2月

目 录

第 1 章 毕业论文（设计）前期工作 1
- 1.1 选 题 1
- 1.2 开 题 8
- 1.3 目 录 14
- 1.4 摘要与关键词 18

第 2 章 正 文 21
- 2.1 机械专业（通用）论文示例 22
- 2.2 机械专业（工程机械方向）论文示例 29
- 2.3 机械专业（模具方向）论文示例 33
- 2.4 机械专业（机械电子方向）论文示例 38
- 2.5 车辆工程专业（汽车方向）论文示例 43
- 2.6 车辆工程专业（动车组、机车车辆方向）论文示例 47
- 2.7 正文完善建议 50
- 2.8 致谢和参考文献 53
- 2.9 毕业论文（设计）答辩 60

第 3 章 图纸绘制要求 65
- 3.1 二维图纸绘制要求 65
- 3.2 二维图形的绘制要求 72
- 3.3 螺纹连接件画法示意 98
- 3.4 三维图绘制要求 104

第 4 章 仿真分析示例及要求 106
- 4.1 仿真分析概述 106
- 4.2 仿真分析示例 108
- 4.3 仿真分析的要求 122

第 5 章 电气专业正文框架示例 ·········· 126
- 5.1 电气专业（通用）示例 1 ·········· 128
- 5.2 电气专业（通用）示例 2 ·········· 143
- 5.3 电气专业（通用）示例 3 ·········· 157
- 5.4 电气专业（通用）示例 4 ·········· 168
- 5.5 电气专业（通用）示例 5 ·········· 176
- 5.6 正文完善建议 ·········· 184

第 6 章 大学生毕业论文（设计）管理系统资料提交指南 ·········· 188
- 6.1 资料准备 ·········· 188
- 6.2 知网重复率检查操作指南 ·········· 196
- 6.3 维普 AIGC 检测及格式检测操作指南 ·········· 198
- 6.4 电子签名与抽检相关信息 ·········· 202

第 7 章 毕业论文（设计）资料归档要求 ·········· 205
- 7.1 归档资料要求 ·········· 205
- 7.2 图纸折叠要求 ·········· 210

第 8 章 一般规定及基础数据 ·········· 215
- 8.1 机械制图一般规定 ·········· 215
- 8.2 各种材料摩擦系数 ·········· 216
- 8.3 常用材料密度 ·········· 217
- 8.4 常用金属材料 ·········· 218
- 8.5 铁路车辆常用材料许用应力 ·········· 226

参考文献 ·········· 229

第 1 章　毕业论文（设计）前期工作

毕业论文（设计）前期工作是一个系统而细致的过程，需要充分准备和规划，为后续写作、答辩及提交等工作打下坚实基础。毕业论文（设计）前期工作主要包括收集文献材料、确定研究方向和选题、整理研究思路、准备论文提纲、开题等。

1.1　选　题

1.1.1　选题要求

在完成整个毕业论文（设计）的过程中，题目的选择至关重要。因此，选题时需综合考虑以下几个方面的要求：

（1）必须紧密关联专业知识。选题应与所学专业所设置的课程体系紧密相关，全面覆盖本专业的核心知识领域，确保在完成毕业论文（设计）的过程中能够综合运用所学专业知识，加深对专业知识的理解、掌握和运用，从而检验同学们对专业课程知识的综合运用能力。

（2）符合本专业人才培养目标。要求所选题目一定要符合本专业人才培养方案中对学生能力培养的要求。比如机械类专业，选题时可涵盖机械设计、制造工艺、自动化控制等方面，以培养具备机械设计、制造、自动化控制等多方面能力的复合型人才为目标。

（3）具备一定的实际应用价值。选题时应紧密结合所学专业领域/行业的实际需求，可以来源于企业生产、工程建设或社会服务中的具体问题。通过解决实际问题，使同学们了解行业前沿技术和发展趋势，增强实践意识和社会责任感。

（4）难度适中且具有一定的挑战性。选题的难度应与所学专业知识和技术水平相匹配，既不能过于简单，使自身无法得到充分的锻炼和提高；也不能过于复杂，超出能力范围，导致无法顺利完成毕业设计任务。因此，在保证能够顺利完成的前提下，选题应具有一定的挑战性，鼓励同学们探索未知领域，尝试新的设计方法和技术。

（5）具有创新性和新颖性。关注所学专业领域的最新技术发展动态，鼓励同学们在选题时采用新的理论、技术和方法，解决现有行业存在的问题，挖掘新领域、新场景中的应用潜力，开展应用创新研究，满足不同用户的个性化需求。

（6）具备良好的资源可行性。学校或研究机构应提供与选题相关的实验设备和场地条件，确保同学们能够顺利开展实验研究条件和实践操作，并且保证选题所需的数据和资料易于获取，可通过图书馆、数据库、调研等途径获取相关的技术资料、标准规范和市场信息等。

（7）具备合理的时间和成本因素。选题工作量和难度应在规定的毕业设计时间内能够完成，避免因时间紧张导致同学们仓促完成任务，影响毕业设计质量。同时，在选题时应综合考虑项目的成本因素，避免选择过于昂贵或需要大量资金投入的课题。

1.1.2 选题范围

选题应具体明确，避免过于宽泛或模糊，明确的研究范围有助于聚焦研究问题，确保研究的深度和广度。一般选题可以通过两种方式获得：第一，同学们可结合自身专业方向进行自主选题；第二，指导教师结合自身所研究领域、行业需求及热点拟成可行题目供同学们选择。下面介绍第一种选题方式，主要可以通过以下几种方法明确选题范围。

（1）根据最后一学期所在实习单位的实际工作内容进行选题。这是一个将理论知识与实际工作相结合的好机会。选择时需注意：首先明确实习单位的工作领域和业务范围，确定所选择的题目与自身专业相关；其次考虑题目的实用性，能解决工作过程中的实际问题，且有足量的资料可以借鉴查阅；最后细化题目，评估所选题目的可行性，并明确研究目标、研究方法、预期成果等，确保能顺利开展毕业论文（设计）相关工作。假如你在一家电气工程公司实习，参与了智能电网项目的开发，那么可以考虑选择一个与智能电网相关的毕业论文（设计）题目，如"智能电网中能源管理系统的设计与实现"或"基于大数据的智能电网故障预测与诊断研究"。这样的题目既结合了自身的实习经历，又具有一定的实际应用价值和学术意义。

（2）根据专业特色来进行选题。梳理所学专业知识内容，对有疑问或感兴趣的某一知识点，且最好能结合生活中的实际运用来拟定题目。如模具专业，可从生活中随处可见的矿泉水瓶、塑料盆/桶、手机壳等来寻找灵感。结合自身专业特色，并考虑实际应用和社会需求等，通过文献调研和可行性分析，将该题目拟定为"××模具的设计"，但最终题目的确定还需参照毕业论文（设计）的工作量、知识的覆盖面以及论文的难易程度等来综合考虑。

（3）根据竞赛情况来进行选题。竞赛题目不仅具有创新性和实用性，而且竞赛主题也与专业相关，或是个人感兴趣的领域，可在参赛作品主题的基础上提出新颖的观点或解决方案，优化成毕业论文（设计）题目。若参加的是制图类的竞赛，可将参赛图纸细化后作为毕业论文（设计）图纸使用，毕业论文（设计）正文部分可查阅相关资料并结合竞赛产品说明书来完成。若参赛设备零部件较多，整个参赛小组可通过分工，在原有设备的基础上拟定多个题目一起完成这个选题。

（4）根据行业趋势及实用价值进行选题。选题可关注自身专业新兴技术和热点领域，选择具有一定实用性和前瞻性的课题，比如涉及机械工程、电气工程、车辆工程专业的智能制造、新能源汽车、无人驾驶，以及机器人技术领域的设备故障诊断、能效优化、改进设计等，可选择此类题目用以提升论文的时效性。

部分高校不允许学生自主选题，因此，毕业论文（设计）题目需结合指导教师研究领域、企业需求及行业热点等多方面因素来综合命题，经教研室和学院审核通过后，上传至"大学生毕业论文（设计）管理系统"供同学们选择。指导教师选题范围的确定一般通过以下几方面来进行：

（1）结合科研项目选题。指导教师将自己正在进行的科研项目中适合学生参与的部分提炼出来作为毕业设计选题。这样既能让学生接触到前沿的科研工作，又能保证选题具有一定的研究价值和深度。

（2）关注行业需求和热点选题。指导教师需密切关注所授课专业的发展动态和市场需求，选择具有现实意义和应用前景的热点问题作为选题。这有助于学生了解行业前沿，提高其解决实际问题的能力。

（3）基于学生兴趣和能力选题。指导教师可通过与学生的沟通交流，了解学生的兴趣爱好和专业特长，结合所学专业的不同方向，为学生提供个性化的选题建议。这样不仅可以激发学生的学习积极性，还能提高毕业设计的质量。

（4）参考企业实际需求选题。若指导教师与企业建立了紧密的合作关系，并了解企业在相关专业方面的实际需求和技术难题，就可将企业的实际问题转化为毕业设计选题。这种方式不仅能让学生在实践中锻炼自己的能力，还能为企业解决实际问题，实现产学研的有机结合。

若指导教师的研究方向是关于"智能制造装备与技术"方面的研究，则毕业设计选题可能涉及将人工智能技术应用于智能制造加工设备的控制中、仓库搬运中、质量检测中以及能源管理与优化中，用以实现相关设备根据生产过程中的实时状态自动调整加工参数，进而提高加工质量和效率。因此，根据导师的研究方向，可能衍生出以下一些题目：基于人工智能制造加工设备自适应控制技术研究，智能仓储物流装备的优化设计与路径规划算法研究，基于机器视觉的智能制造产品质量检测系统设计与实现，智能制造过程中的质量控制与预测维护策略研究，基于能源互联网的智能制造能源管理系统设计与实现，等等。

1.1.3 选题技巧

最终确定的题目可能在准备论文的中后期出现选题过大、过难问题，导致无法按时完成。因此，所选择的题目，一定是经过深思熟虑并查阅各种相关资料与指导老师共同确定的。为了避免出现中途换题目的情况，下面提供一些选题小技巧。

（1）选题不要脱离实际，与现场脱节。所选题目最好是自身熟悉且与专业相关的领域，以及设备在使用过程中有改进需求的。选题时，应了解当前行业发展趋势，从企业面临的实际问题中提炼出毕业论文（设计）题目，也可从社会热点和民生需求中挖掘具有研究价值的选题，确保选题的现实意义和实际应用价值，避免理论与实际脱节的现象。切忌在完成过程中，所设计的零部件无法与设备相兼容，或无法借鉴相关资料作为支撑。换句话说，就是所选的题目脱离实际，缺少参考文献，最终出现把与论文相关的资料拼凑在一起，临时组成一篇论文的现象。

（2）选题要突出论文（设计）的重点。为使题目更加鲜明且有吸引力，选题时需要注意明确研究核心，聚焦具体问题，突出创新点，明确研究目标，强调实际应用等。如果所选题目需要设计的设备零部件比较少，则可以用这个设备的名称直接作为论文题目，突出重点设计内容，比如"无轨运行运输小车的设计""基于 AVR 单片机的移动式机器人设计"等。如果所需设计的设备零部件较多，则所选题目不必是一个完整的设备名称，而需明确设计重点，强调选题中的创新元素。比如"重型牵引车的设计""水陆两用液压挖掘机的设计"，需要根据实际设计情况，将设计题目具体到该设备的某一零部件上来，围绕该零部件进行设计、优化研究。否则涉及的工作量较大，零部件多而设计内容少，字数要求又有限，就可能导致所选题目与所设计内容大相径庭。因此，为明确研究目标，突出选题的实用价值，可将上述题目拟定为"重型牵引车驱动桥壳性能研究与厚度优化设计""水陆两用液压挖掘机行走装置结构的改进设计"。

（3）优化题目。题目应能准确地反映研究的核心内容和价值，具备具体性、精炼性和创新性等特点。因此，选题时最好避开一个被本专业设计了很多次且毫无新意的题目，否则会导致后期查重率升高，还会增加不合格的机会。比如，玉米脱粒机的设计、花生剥壳机的设计、破壁机的设计、割草机的设计、基于 PLC 的物料分拣系统设计等。总之，凡是可以在网上找到较多且较详细资料的论文题目，都有可能是被借鉴设计了很多次的。但可以通过优化题目和设计内容重新拟定题目，综合考虑后，可将上述题目更改为"玉米脱粒机××结构的优化设计""花生剥壳机××结构的创新设计""某型号破壁机××结构的设计与性能分析"等。重新拟定好题目后，论文相应的优化或创新部分也会着重进行设计与分析，其他零部件设计内容可以不变。

（4）选题最好具体到所设计设备的型号。明确设备型号对确保研究的准确性、可重复性和严谨性，以及采购管理和技术要求合作具有重要意义。比如上述题目"重型牵引车驱动桥壳性能研究与厚度优化设计"可更改为"T380 重型牵引车驱动桥壳性能研究与厚度优化设计"，又如 CRH3 型动车组空调系统设计、ZPW-2000A 型无绝缘轨道电路系统设计、基于 93FCJ34-43 粗饲料粉碎机的结构优化设计、一种关于对徐工 XP263S 轮胎压路机行走装置的设计等。题目加上设备型号后，具有设计明确、尺寸具体、查阅方便等优点。

（5）常规的专业设计向结构优化设计转变。模具专业方向选题过于宽泛，一般都是"××冲压模具设计""××注塑模具设计"，以这些题目撰写的毕业论文（设计）内容，涉及的零部件设计较多，也不全面，完成过程不仅需要借鉴大量参考资料，而且还会有较高的查重率。因此，可以选择对模具相关零部件进行优化设计，比如注塑机分流梭的改进设计、车门门锁冲击扣底板冲压模具××结构的优化设计、儿童矮凳注塑模具××结构的优化设计、JB23-63 开式压力机滑块导轨优化设计与分析等，不仅可突出研究重点和创新元素，还能以较新的研究视角和应用领域，吸引评审老师的注意。

1.1.4 选题方法

1. 选题需知事项

选题时必须切合所学专业，尽可能选择发挥同学们专长、学有所得的题材，且选题宜小不宜大，并应具有时代气息，最好能体现在前人研究基础上的创新点，同时也要考虑到个人的实际情况和能力范围。因此，选题时应避免出现以下几种情况：

① 论域宽泛而无具体论题：选题过于宽泛，缺乏具体的研究问题或焦点。
② 选题过大难以驾驭：选题范围过大，可能包含多个子研究，超出个人研究能力。
③ 选题是假问题：提出的研究问题不符合理论或现实情况，缺乏研究必要性。
④ 选题是老问题：缺乏新意，只是重复前人的研究，没有新的贡献或视角。
⑤ 选题不具有可操作性：受到资源、条件或方法限制，无法进行实际操作或验证。
⑥ 超出个人能力范围：选题难度过高，超出个人的知识水平和研究能力。
⑦ 盲目跟风热门选题：没有考虑自己的兴趣和专业背景，只是跟随潮流选择热门但可能不适合自己的选题。
⑧ 缺乏实际意义：选题过于抽象或理论化，缺乏实际应用价值或社会意义。
⑨ 与导师要求不符：没有充分考虑导师的研究方向和兴趣点，导致选题无法得到导师的认可和支持。

⑩ 选题过于简单或生僻：过于简单的选题可能缺乏深度和挑战性，而过于生僻的选题则可能难以找到相关文献和数据支持。

2. 选题步骤

在选题时，应综合考虑自己的兴趣、能力、资源条件以及导师的意见，确保选题具有科学性、实用性和创新性。如果选题截止日期临近，当前设计目标也不明确，并且需要尽快确定毕业论文（设计）题目时，可采取下列方式：

（1）搜索选题。参照上面选题范围中的第 2 种选题法，首先明确所学的专业方向，根据专业方向搜索查询历年毕业设计题目。表 1.1 为搜索机械相关专业方向、车辆工程相关专业方向、电气工程相关专业方向的部分题目汇总表。

表 1.1 搜索题目汇总表

专业方向	题 目	专业方向	题 目
机械专业（模具方向）	红米 K50 手机保护壳塑料模具设计	机械专业（机械电子方向）	高压电塔攀爬机器人设计
	汽车座椅连接板冲压模具设计		一种光伏板清洁机器人结构设计
	啤酒开瓶器冲压模具设计		柜体喷漆机器人结构设计
	厨房不锈钢方形水槽冲压模具设计		多功能管道清洁机器人主体结构设计
	管夹固定 U 形卡塑料模具设计		自动化智能点胶机结构设计
	安卓手机充电头外壳塑料模具设计		管道清淤机器人设计与研究
	壁挂式牙刷架支架塑料模具设计		自动扒轮胎机器结构设计
	车门门锁冲击扣底板冲压模具设计		AGV 智能仓储机器人结构设计
机械专业（工程机械方向）	QY16 汽车起重机工作装置设计	机械专业（通用）	多用途修剪回收机设计
	掘进机悬臂工作装置设计		小型自行式钢轨铣磨车优化设计
	ϕ6 m 的土压平衡盾构机刀盘优化设计		码垛机械手臂结构设计
	JS750 混凝土搅拌机设计		单齿辊破碎机结构设计
	矿用无轨胶轮车湿式多盘制动器设计		小型液压捣固机结构设计
	YZ8 型振动压路机工作装置设计		自动补种式小型花生播种机设计
	基于 Matlab 的挖掘机工作装置优化设计		马铃薯去皮清洗切片一体机设计
	16 t 起重机设计		小型割草机设计
车辆工程专业（动车组方向、机车车辆方向）	地铁列车闸瓦制动设计	车辆工程专业（汽车方向）	小型柴油机活塞设计与强度分析
	CRH2 型动车组转向架设计		汽车离合器设计
	动车组雨刮器优化设计		某轻型载货汽车变速器设计
	CRH1A 型动车组空调系统优化设计		某车型座椅电动多向调节的优化设计
	动车组客室内折叠座椅设计		2 t 汽车后桥总体设计
	CRH5 型动车组车窗玻璃自动清洁装置设计		坦克 300 离合器的设计与优化
	成都地铁 8 号线 A 型车逃生门的优化设计		大众高尔夫前悬系导向机构优化
	CRH2 型动车组转向架螺栓防松优化改进		YC1090 型驱动桥结构设计

续表

专业方向	题目	专业方向	题目
电气工程及其自动化	基于单片机的智能育苗室控制系统设计	电气工程及其自动化	基于PLC的物料分拣系统设计
	ZPW-2000A型无绝缘轨道电路系统设计		基于STM32单片机汽车倒车雷达设计
	强雷区易击段10 kV架空配电线路避雷线加装的研究与设计		新能源充电桩智能管理系统的研究与设计
	基于PLC的啤酒发酵过程优化设计		某机械厂10 kV降压变电所电气设计
	110 kV智能变电站继电保护故障分析及保护设计		长乐中学10 kV变电所及配电系统设计
	某智能变电站继电保护与控制系统研究		电动汽车充电设施规划与优化设计
	基于PLC的三相异步电机的控制系统设计		新能源接入牵引供电系统的设计研究
	基于电力物联网平台的电动汽车无线充电技术研究		基于物联网技术的智能农业养殖系统设计与实现

（2）分析题目的可行性。从搜索列表中找出自己感兴趣或者自身比较熟悉的设计题目，进行分析、待选。

① 机械专业（模具方向）列表中，搜索出的关于该方向的毕业设计题目基本都是"××冲压模具设计""××塑料模具设计"，此时只需要选择自身比较熟悉或感兴趣的题目备选即可。如果对这些题目不感兴趣，还可参照选题技巧第5条进行重新选题，但利用这种方法选题，不仅需要查阅大量参考文献，而且还要有扎实的专业知识作为支撑。

② 机械专业（机械电子方向）列表中，各个选题有一些差异，但主要围绕机器人/智能设计为主，在无法确定选择哪一些题目时，最好都留下备选。

③ 机械专业（工程机械方向）主要以挖掘机、压路机、起重机、搅拌机等设备为设计对象，结合选题技巧可优先保留有型号且细化到零部件设计的题目，比如"QY16汽车起重机工作装置设计""YZ8型振动压路机工作装置设计"，其他题目可以根据后续查阅相关文献进行适时调整，如"16 t起重机设计"。

④ 机械专业（通用）列表中，列出的都是机械专业方向均可设计的题目。这些题目会频繁地被机械专业每一届毕业生借鉴，因此毕业论文查重率会很高。但也可以进行保留，比如"小型自行式钢轨铣磨车优化设计"，对比这一题目，参照选题技巧第3条进行优化。如果对"小型割草机设计"这类题目感兴趣，可结合相关文献或实际应用情况，找到该设备需要改进/优化的某一结构并以实用性为切入点，就可以将以上题目确定为"××用小型割草机××结构的改进设计"。

⑤ 车辆工程专业（动车组方向、机车车辆方向）列表中所示的题目都与列车相关零部件设计分析有关。参照列表选题时，"CRH2型动车组转向架螺栓防松优化改进"就比"CRH2型动车组转向架设计"恰当，原因是转向架设计涉及的内容多而杂，很有可能无法梳理清楚其中的设计关系，并且转向架的设计被每一届毕业生选中的概率很高。而"转向架螺栓防松优化改进"就比较小众，防松知识也是机械设计课程里面需要重点掌握的知识点，这样就巧妙地将理论知识和毕业论文（设计）的实践运用联系起来。在命名题目时，应尽量详细，像列表中的"地铁列车闸瓦制动设计"就不如"成都地铁8号线A型车逃生门的优化设计"明确。

⑥ 车辆工程专业（汽车方向）列表中的题目，"汽车离合器设计""某轻型载货汽车变速器设计"以及"2 t汽车后桥总体设计"都是汽车方向毕业生常选的题目，而且与离合器和变速器相关联的零件较多，历届毕业生中很少有能将其中的关系梳理清楚并设计全面的。因此，在选择题目时，最好先了解该设备的结构组成、工作原理、零部件之间的相互联系等知识点，然后再确定哪一部分需要优化。列表中"小型柴油机活塞设计与强度分析""某车型座椅电动多向调节的优化设计""大众高尔夫前悬系统导向机构优化"这类题目相较于上述几个题目就比较有优势。

⑦ 电气工程及其自动化列表中的题目，"基于单片机/PLC××系统设计""××变电站/所××设计"是出现在该专业毕业论文（设计）中最频繁的题目，且电气工程及其自动化专业各方向题目选择范围区别不大。因此，在选择题目时，尽量结合行业趋势及实用价值进行选题，比如列表中的"新能源接入牵引供电系统的设计研究""新能源充电桩智能管理系统的研究与设计"以及"基于电力物联网平台的电动汽车无线充电技术研究"等题目，就比较符合目前行业发展趋势。该专业的题目与机械专业、车辆工程专业选题技巧类似，如果有优化/改进设计，尽量在题目中显示，比如"电动汽车充电设施规划与优化设计"就比"电动汽车充电设施规划设计与研究"合理。另外，一些有型号的设备系统，最好在题目中注明其型号，如"ZPW-2000A型无绝缘轨道电路系统设计"。

（3）查找题目，收集文献。利用备选题目，依次查找相关参考文献，确定其是否有继续设计的可行性，避免出现中途换题目的情况。

① 明确备选题目。现以机械专业（工程机械方向）为例，假设目前有"QY16汽车起重机工作装置设计""矿用无轨胶轮车湿式多盘制动器设计""ϕ6 m的土压平衡盾构机刀盘优化设计""基于Matlab的挖掘机工作装置优化设计"4个备选题目。

② 依次查找相关文献。可以通过相关数据库、搜索引擎以及学校图书馆资源进行查找。首先进入相关网站，根据搜索页面提示输入对应的关键词。现以"QY16汽车起重机工作装置设计"题目为例，若想要匹配度较高的参考文献，可以在搜索页面关键词处输入整个题目"QY16汽车起重机工作装置设计"，关键词太具体可能导致搜索出来的相关文献较少，甚至没有。然后下载搜索列表中的相关论文，再依次更换关键字"起重机工作装置的设计""起重机的设计""起重机"等进行查找，并逐一下载相关论文。在完成毕业论文（设计）的过程中，尽量使参考文献全面，一般不少于20个。同理，可依次对剩下3个题目参考资料进行搜索下载，如"矿用无轨胶轮车湿式多盘制动器设计"这个题目，可依次搜索关键字"矿用无轨胶轮车湿式多盘制动器设计""矿用无轨胶轮车的设计""无轨胶轮车制动器的设计""湿式多盘制动器设计""制动器的设计"等。其他专业方向备选题目可参考此种搜索方法收集参考资料。

（4）确定题目。认真查阅收集的参考资料，分析每一个题目的可行性。所谓可行性，就是能否从所收集的参考资料中，查找到备选题目所需要的内容，比如，设备的作用、工作原理、组成及功用，以及零部件的设计参考内容等。如果能找到相关有用信息，可以直接选用这个题目，还可以参照此备选题目的其他相关论文，联系实际情况，查看是否有可优化或创新之处，如果有就可以根据现有备选题目，重新拟定题目；如果无法实现优化或创新，也可着重设计设备的某一零部件，或对某一结构进行设计与性能分析。

3. 选题局限性

若有一备选题目"$\phi 6$ m 的土压平衡盾构机刀盘优化设计",可以通过以上 4 个步骤来确定此题目的可行性。采用此种方法确定毕业论文(设计)题目,不仅可以贴合学生的个人兴趣、发挥专业优势,还可以提供更多的创新空间,能针对实际问题提出合理的见解和解决方案。但此种选题方法也存在局限性,主要体现在以下几个方面:

(1)选题难度大。由于缺乏足够的专业知识和经验,此种方法在选题时过于宽泛,选题目的不明确,导致学生在自选题目时可能面临选题难度过大的问题。而且一些前沿性的课题往往需要较高的理论水平和实践能力,对于本科生来说可能具有一定的挑战性。如果所选题目较有深度而学生又难以把握,就可能导致学生在研究过程中遇到重重困难,甚至无法完成毕业设计。

(2)资源获取受限。一些自选题目可能需要特定的实验设备、数据资源或研究平台,但学校或实验室可能无法提供相应的支持。这就给学生的研究带来了很大的困难,影响了毕业设计的质量和进度。

(3)缺乏指导方向。与给定题目相比,自选题目可能缺乏明确的研究方向和指导。学生在选题时可能没有充分考虑到研究的可行性和实用性,导致在研究过程中迷失方向。此外,导师可能对学生的自选题目了解不够深入,无法提供针对性的指导和建议,这也会影响学生的研究效果。

1.1.5 选题注意事项

以上只是给毕业论文(设计)选题提供一些参考,具体该如何选择合适的题目,可根据实际情况而定,此处需要注意如下内容:

(1)所选题目必须与本专业相关;

(2)机械专业、车辆工程专业毕业设计选题,不可选用课程设计相关内容作为题目,如减速器的设计、液压泵的设计等;

(3)所选题目具有概括性、创新性,优秀论文的标题一定是非常吸引眼球的;

(4)题目最好 20 字左右,一般在 15 字左右为宜,如果标题过长,可采取主标题和副标题的形式来确定;

(5)最终的毕业论文(设计)题目需与指导老师共同商议来确定;

(6)题目需要提交至"大学生毕业论文(设计)管理系统"→"师生双选管理"→"学生申报题目"进行审核;

(7)题目一旦确定,审核通过后,后期所有的毕业论文(设计)相关资料中,凡是涉及论文题目的,都应与此处提交的题目一字不差。

1.2 开 题

1.2.1 开题的目的及内容

(1)开题的目的。

毕业论文(设计)题目确定后,需要对研究的内容进行开题,一般以报告的形式表达出来,称之为"开题报告"。开题报告是整个毕业论文(设计)完成过程中的重要环节,通过开题,可以把确定题目时查阅借鉴的参考资料进行梳理总结,从而对课题的认识理解程度和准备工作情况加以整理、概括,以便使具体的研究目标、意义、方法、可行性、措施、计划等得到更明确的表达,旨在监督和保证毕业论文(设计)完成的质量。

(2)开题的内容。

表 1.2 为毕业论文(设计)开题报告模板,此处以西南交通大学希望学院为例。整个开题报告主要分为两部分,第一部分是基本信息,包括姓名、学号、专业以及中外文题目等;第二部分是开题报告内容,主要包含文献综述、研究的内容以及研究计划安排等。其中,基本信息中的选题编号各个院校要求略有不同,下面以该学院为例,举例说明如何填写选题编号。如选题编号:24-xwjd-080202-0821,"24"为毕业年份;"xwjd"中"xw"为希望学院首字母缩写,"jd"为机电与轨道车辆工程系中机电的首字母缩写;"080202"为专业代码;0821为学生个人学号后 4 位,如图 1.1 所示。

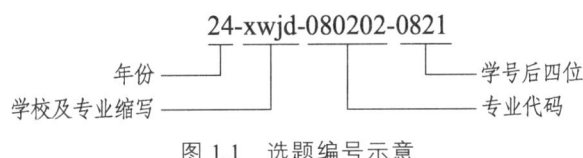

图 1.1 选题编号示意

表 1.2 毕业论文(设计)开题报告模板

学号		学生姓名		
学院		专业		
选题编号		届别		届
指导教师姓名及职称				
中文题目				
外文题目				
开题报告内容	开题报告不少于 1 500 字,含: 一、文献综述(与本研究有关的国内外研究工作现状或工作积累)及选题的意义、价值			

续表

开题报告内容	二、研究内容、拟解决的问题（设计给出技术参数）
	三、拟采取的研究方法、技术路线、实验方案及可行性分析
	四、研究计划及进展安排
	学生签名：　　　　　　　　　　　　　　　　年　　月　　日
	指导教师签名：　　　　　　　　　　　　　　年　　月　　日

1.2.2　填写开题报告内容的方法

开题报告内容包括文献综述、研究内容、研究方法、研究计划四部分，下面依次对各部分进行填写说明。

（1）文献综述。

此部分的填写需要查找足量的参考文献资料来完成，最好将表中提及的内容都罗列到，也可根据课题研究的重点来选择说明。

① 国内外研究现状。

具体可以从以下几个方面进行总结：目前已经做了哪方面的研究；这些研究方法有哪些；目前研究的方向和重点；取得了哪些结论；还有哪些需要解决的问题等内容。此部分与正文中的国内外研究现状一样，可互用且撰写方法不统一，同学们可根据实际情况完成。下面是关于"电动汽车充电技术的研究方法"国内外研究现状举例：

1. 国内研究现状

近年来，中国新能源电动汽车市场呈现出爆发式增长态势，带动了充电技术的迅速发展。国内研究主要集中在提高充电效率、延长电池寿命、优化充电策略以及充电设施的建设与规划等方面。

（1）充电效率提升：国内科研机构和企业致力于开发更高效的充电技术，如大功率直流快充技术，以缩短充电时间，提高用户体验。同时，研究如何在保证充电效率的同时，减少对电网的冲击和影响。

（2）电池寿命延长：针对频繁快充可能对电池寿命产生的影响，国内研究者正在探索更加温和的充电策略，并开发新型电池材料和技术，以延长电池的使用寿命。

（3）充电策略优化：通过智能算法和数据分析，优化充电策略，实现充电过程的智能化和自动化，提高充电效率和能源利用效率。

（4）充电设施建设：政府和企业正大力推动充电站（桩）的建设和布局优化，以满足日益增长的电动汽车充电需求。同时，探索充电设施与智能电网、可再生能源的集成和互动。

2. 国外研究现状

国外在新能源电动汽车充电技术的研究上起步较早，因此相对更为成熟。国外研究同样关注提高充电效率、优化充电策略等方面，但更注重技术创新和跨学科融合。

（1）技术创新：国外研究者正在探索更加先进的充电技术，如无线充电、换电技术等。这些技术不仅提高了充电效率，还为用户提供了更加便捷、灵活的充电方式。

（2）跨学科融合：国外研究注重将充电技术与材料科学、能源管理、智能电网等领域进行跨学科融合，以实现更加高效、智能、可持续的充电系统。

（3）充电设施建设：国外政府和企业也在积极推动充电设施的建设和布局优化。同时，他们更注重充电设施的兼容性、安全性和用户体验等方面的提升。

（4）政策支持和市场推动：国外政府通过制定相关政策和法规，推动电动汽车和充电技术的发展。同时，市场需求的不断增长也为充电技术的研究和应用提供了强大的动力。

综上所述，国内外在新能源电动汽车充电技术的研究上均取得了显著进展，但都共同关注提高充电效率、优化充电策略和增强充电设施兼容性等问题。然而，国内在充电技术的实际应用和充电设施的建设方面仍面临一些限制和挑战，如充电设施的布局不够均衡、充电效率有待提高等。相比之下，国外在充电技术的研发和应用方面更为成熟，值得国内学者和企业借鉴和学习。未来，需要进一步加强技术创新和跨学科融合，推动充电技术的持续发展和优化，以满足日益增长的电动汽车充电需求。

② 选题的意义。

简单叙述选择研究这个课题的意义，可以分别从理论意义和实际意义角度去分析，说明这篇论文将对理论产生哪些推动作用，或者对实践有什么指导意义。

【例1】针对目前对××研究的××问题，提出的××方法，能有效改善××导致的××问题或产生的××（填负面影响）影响，并且在避免原有设计/研究/弊端的基础上，提出××（改善办法），能有效促进××（积极影响）。

【例2】理论意义：采用××方法对××课题进行研究，有助于推动××的研究进展和××领域，为后续的××研究，做好铺垫/支撑。

现实意义：利用××方法进行研究，有利于××（研究内容）的研究过程，与××（原有结构/设备/方法等）相比，本文对××（所设计的结构/创新优化部分等）进行了探讨/设计/研究/优化/创新，具有应用广、成本低、效率高等优点，更适合大范围推广/应用等。

（2）研究内容、拟解决的问题。

① 研究内容。

此部分需要详细说明本课题研究的主要内容，最好分点叙述。

【例1】

A. 先介绍课题研究的对象，即明确研究目标。

B. 接着叙述本课题要研究哪些内容，或设计哪些结构，以及需要通过什么方式来完成这项工作。

C. 重点说明创新点或优化部分。

D. 预期能得到什么样的结果/结论。

【例2】

A. 梳理文献，了解已有研究方法、成果。

B. 归纳总结所研究课题存在的主要问题。

C. 分析存在的问题，提出解决对策。

② 拟解决的问题。

这一部分简单总结说明本课题具体解决了什么问题，或突破了什么难题等。举例如下：

首先对现状进行分析：××问题是当前相关领域/设备/系统中亟待解决的关键难题，该问题主要表现为××（陈述问题），对××（相关领域/设备/系统）的性能和效率产生了××（不好的）影响。

然后提出解决思路：为解决这一问题，本研究将采用××（相应的技术手段或方法），通过××（具体的优化设计/实验/仿真分析等过程），探索出针对该问题的有效解决办法。

（3）拟采取的研究方法、技术路线、实验方案及可行性分析。

这一项可以根据研究课题的具体情况，着重选择说明。

① 研究方法。

研究方法是研究本课题使用的方法，比如论文完成过程中，某一零部件是通过计算得出的，这就是计算法；如果某一数据是通过实验获得的，这就是实验法；如果是通过查询参考文献获得信息的，这就是文献研究法。学术论文的研究方法有15种以上，但使用比较频繁的有：实验法、调查法、观察法、文献研究法、计算法、比较分析法、经验总结法、实地调研法等。在填写此部分内容时，需先写明采用的是哪种研究方法，然后再举例说明。例如：

文献研究法。通过阅读有关图书、资料和文件，全面掌握所需材料，以利于设计研究。论文中国内外研究现状、研究背景和意义以及相关结构设计部分都采用了文献研究法。

计算法。论文中各零部件的参数计算运用了此种研究方法。

实验法。……

② 技术路线。

技术路线是指对要达到的研究目标准备采取的技术手段,一般指论文写作的具体步骤及解决问题的方法,需要画技术路线图来表达。如图 1.2 所示为技术路线示意图,每个课题的技术路线图都有所区别,图中内容也需根据不同课题研究情况按实际填写。如果能用文字表达清楚,也可以用文字分项表达。

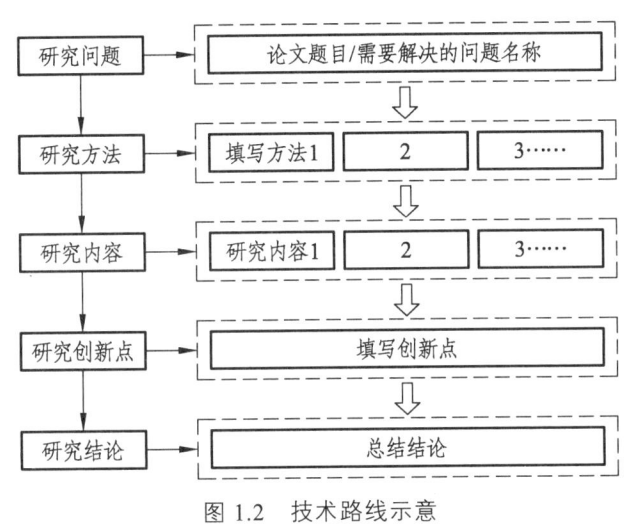

图 1.2　技术路线示意

③ 实验方案及可行性分析。

可行性分析是指针对此课题的各个方面进行论证都是行得通的,而且也是可以实现的。

【例 1】此次研究的课题思路较清晰、目标明确、内容具体、创新点较为突出、试验方案合理、理论方法可靠等,且依托××条件/××软件为本课题的顺利开展、研究测试、成果应用提供了良好的支撑与保障。因此,××课题无论是从理论上、技术上,还是研究基础和工程应用上,均是可行的。

【例 2】首先,针对××(论文名称)已经获取/积累了一定的××(相关知识背景/实践经验/实践运用知识等)。其次,也设计/优化了××(研究相关信息/数据/结构等)。最重要的是,制订了详细的研究计划,合理分配时间和资源,以确保研究的顺利进行。

实验方案包括实验目的、实验设计、数据的收集与处理、实验预期结果等,如果有实验方案,应详细写明,否则可忽略。

(4)研究计划及进展安排。

研究计划是研究完成本课题的计划安排。此部分安排与上传至"大学生毕业论文(设计)管理系统"中的"指导记录和进展情况记录表"的时间段安排要求相对应。例如:

第一阶段:选题阶段(××年××月××日—××年××月××日)。查阅借鉴相关参考文献,与指导教师一起完成毕业论文(设计)选题工作。

第二阶段:开题阶段(××年××月××日—××年××月××日)。在指导教师指导下,完成开题报告的撰写以及答辩工作。

第三阶段：初稿阶段（××年××月××日—××年××月××日）。收集查阅国内外学者相关文献资料并构建框架，完成论文初稿。

第四阶段：绘图阶段（××年××月××日—××年××月××日）。根据设计要求，对相关零部件及装配图的三维和二维图进行绘制。

第五阶段：定稿阶段（××年××月××日—××年××月××日）。根据指导教师的指导意见，对论文及图纸存在的不足进行认真修改、定稿。

第六阶段：整理阶段（××年××月××日—××年××月××日）。根据查重报告，继续修改论文，并准备过程管理手册相关内容。

第七阶段：答辩阶段（××年××月）。收集相关资料，准备答辩。

以上开题报告内容，最后都需要填写至"大学生毕业论文（设计）管理系统"→"过程文档管理"→"提交开题报告"进行提交审核。

1.3 目 录

论文目录是整篇论文内容的框架与导航，它展示了文章的结构和层次，能帮助读者快速找到所需信息。论文目录一般包含文章的各级标题，以及各个标题下的子标题。不同类型的论文，可能有不同的格式和要求，下面举例说明课题目录的生成步骤。

1.3.1 梳理论文信息

选题和开题报告确定后，对毕业论文（设计）知识已有初步了解，接下来需要梳理论文的相关信息，构建框架图，为生成目录和撰写摘要做好准备。现以表 1.1 机械专业（通用）列表中的"自动补种式小型花生播种机设计"题目为例。首先，根据选题技巧及实际研究的内容将题目完善为"自动补种式小型花生播种机的改进设计"。其次，结合相关参考文献列出研究的大致内容。

（1）研究对象：所研究的是一种小型花生播种机，适用于南方小面积的花生种植。

（2）研究背景和现状：目前，小型花生播种机比较普遍，但它仅适用于播种过程，而且效率较低。也有大型的花生播种机，可完成播种、浇水、施肥、覆膜等一系列操作，但设备价格较高，只适用于种植面积较大的地区。

（3）研究方法：使用文献研究法、计算法、比较分析法、实地调研法等。

（4）研究内容：主要对小型花生播种机各部分进行设计计算。

（5）创新点：让两个播种器联排工作，增加播种效率，并在播种的基础上，增加覆膜、扎膜结构，节约劳动力。

（6）结论和意义：经分析发现，将小型单一的播种机通过一定手段使其联排工作，增加覆膜、扎膜结构后，可应用于南方小面积花生的播种，具有提高生产效率、节约劳动力、设备占地面积小等优点。

借鉴技术路线图 1.2，绘制论文研究框架图，如图 1.3 所示。框架图有助于帮助梳理论文的重要知识点，为撰写摘要和生成目录提供辅助作用，也可以在论文答辩时，清晰明了地展示设计思路。

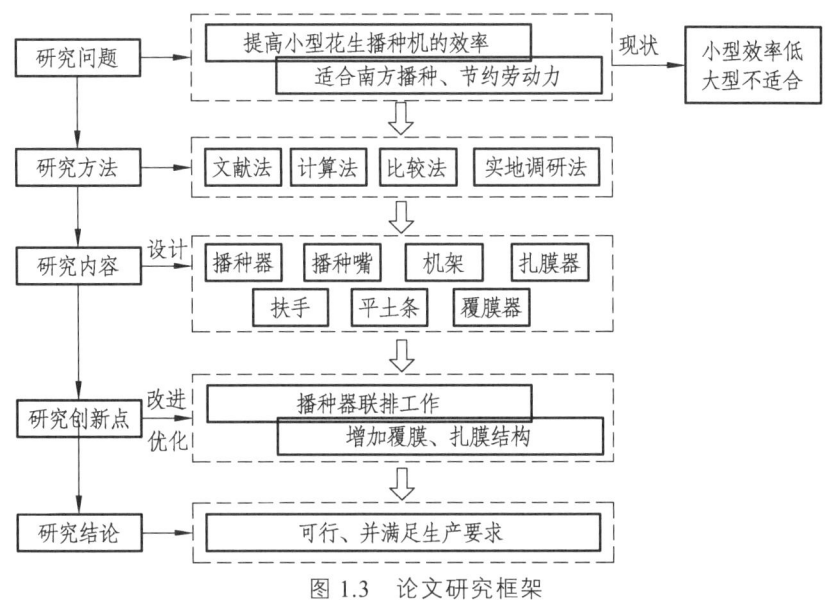

图 1.3 论文研究框架

1.3.2 初步确定目录内容

根据论文梳理信息的大致内容，可以初步确定论文的目录大纲；也可以借助"大学生毕业论文（设计）管理系统"中"选题分析"部分的"提纲推荐"来确定目录大纲，详细操作请参见本书"6.1 资料准备"章节。论文初稿可以以此目录大纲为基础进行编写，初稿完成过程中，两者之间的内容都可以根据实际情况相互调整。下面以"自动补种式小型花生播种机的改进设计"为例，对论文目录大纲进行分析总结。

第 1 章 绪论
1. 介绍花生播种机的背景
2. 国内外研究现状
3. 本课题研究的意义
4. 本课题的主要研究内容
5. 可以增加本章小结（每一章最后都可酌情增加本章小结部分）

第 2 章 播种机基本信息
1. 阐述播种机的作用、分类、各部分名称及功用
2. 设备工作原理
3. 设备的改进思路

第 3 章 主要零部件设计
零部件设计：播种器、播种嘴、扶手、平土条设计

第 4 章 结构改进部分
1. 详细介绍改进部分：机架、扎膜器、覆膜器
2. 联排工作连接：机架

3. 联排工作动力的选择：轴的设计、链条的选择、电机的选择等

第 5 章　总结

分析设备的可行性、意义

1.3.3　如何生成目录

根据以上论文大纲，完成初稿以后，就可以生成文章目录。论文自动生成目录方法如下：

第一步：点击文档"视图"→"大纲"→默认全文是"正文文本"；如果不是的话，全选，然后选择"正文文本"，如图 1.4（a）、（b）所示。

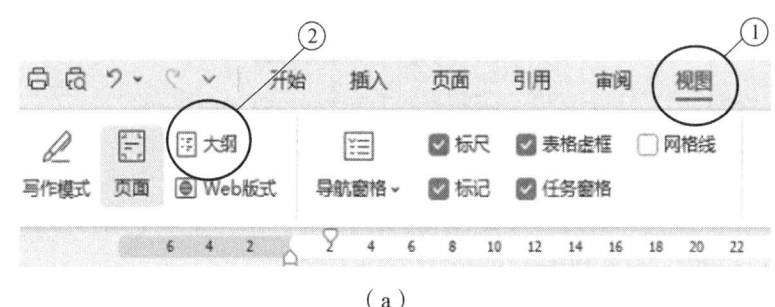

（a）

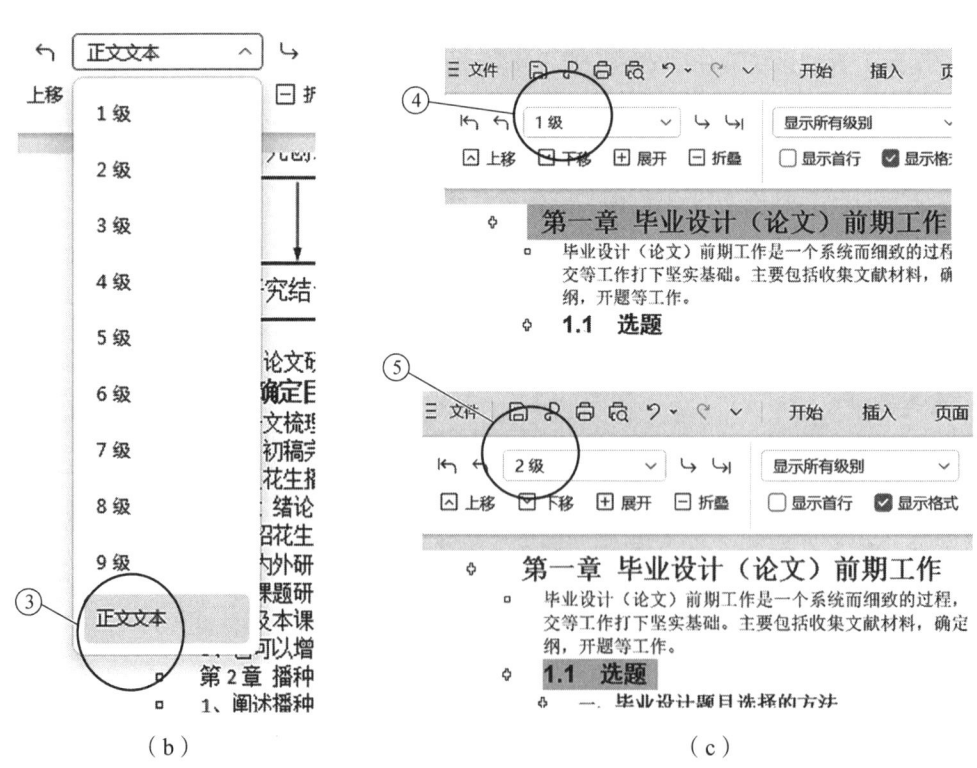

（b）　　　　　　　　　　　　　　（c）

图 1.4　目录生成示意

第二步：选中标题，点击对应的级数，并逐级设置标题级别，如图 1.4（c）所示。一般各章为一级标题，各小节为二级标题，其他以此类推。

第三步：返回编辑页面，回到文章开头，点击"引用"→"目录"→"自动目录"，如图 1.5（a）、（b）所示。

第四步：生成的目录如图 1.6 所示，如果生成后目录没有达到预期效果，可以选中目录中内容进行修改即可。

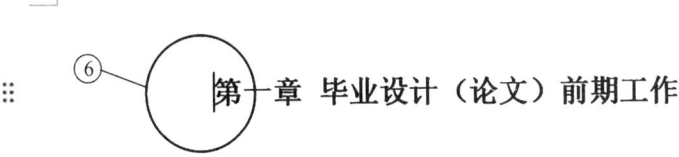

第一章 毕业设计（论文）前期工作

毕业设计（论文）前期工作是一个系统而细致的过程，需要充分准备和规划，为后续作、答辩及提交等工作打下坚实基础。主要包括收集文献材料，确定研究方向和选题，整研究思路，准备论文提纲，开题等工作。

1.1 选题

（a）

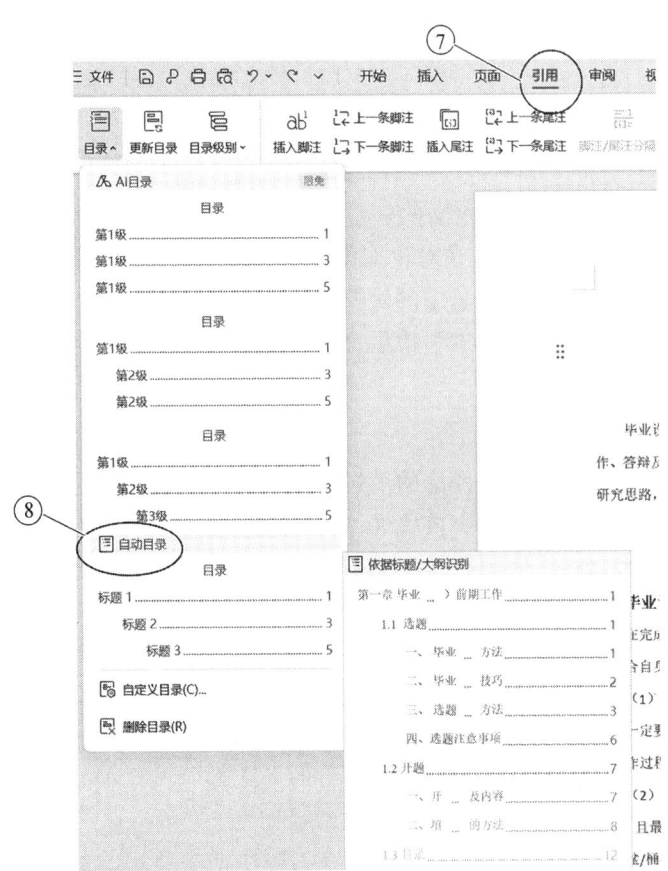

（b）

图 1.5 目录生成示意

目录

第一章 毕业设计（论文）前期工作 1
    1.1 选题 1
        1.1.1 毕业设计题目选择的方法 1
        1.1.2 毕业论文题目选题技巧 2
        1.1.3 选题具体操作方法 3
        1.1.4 选题注意事项 7
    1.2 开题 7
        1.2.1 开题的目的及内容 7
        1.2.2 填写开题报告内容的方法 8
    1.3 目录 12
        1.3.1 梳理论文信息 12
        1.3.2 初步确定目录内容 14
        1.3.3 如何生成目录 15
    1.4 摘要与关键词 18
        1.4.1 撰写摘要四要素 18
        1.4.2 撰写摘要注意事项 19
        1.4.3 撰写摘要示例 19
        1.4.4 关键词的选取 20

图 1.6 目录生成示例

1.4 摘要与关键词

毕业论文（设计）摘要是整篇论文的核心部分，即"摘其要点而发"。摘要是对整篇论文内容的提要，又称"概要"。摘要是在对论文内容进行总结的基础上，用简单易懂、明确精炼的语言对全文的主要信息加以概括总结的短文，以 300～500 字为宜。摘要不仅可以使读者快速了解论文的主要内容，也是读者索引检索文献的重要工具。

1.4.1 撰写摘要的四要素

摘要是对论文内容不加注释和评论的简短陈述，撰写摘要通常包括四个要素：

（1）目的：研究的目的、范围、重要性。

简单分析本课题研究的主要现状及主要问题，并指出研究的目的和重要性，以及明确主要研究范围。

（2）方法：研究采用的主要方法和手段。

简述本课题的工作流程，主要研究/设计了哪些内容，怎么完成这些工作的。

（3）结果：完成了哪些工作，取得了什么样的数据和结果。

陈述研究后的结果、价值，并剖析有待改善的局限部分。

（4）结论：得出的重要结论、主要观点或见解。

叙述本课题研究所得出的结论，或预测其在实际生活中运用的意义，以及理论与实际相结合的价值。

具体怎么撰写摘要，可以参照以下几点：

第一点：简单介绍研究背景及现状，指出目前研究存在的不足以及待改进之处，这个不足就是待优化以及论文创新之处。

第二点：详细叙述研究的内容和研究的方法，或提出研究问题，说明其重要性，并说明为什么要研究，用什么方法来解决上述不足。

第三点：陈述研究得到的新成果，这是摘要的主体部分，要体现研究的价值和创新。

第四点：阐明研究本课题的意义，说明该研究为什么重要，最好从理论和实际应用两方面去证明该论文的研究价值。

以上四点，可以将摘要的撰写归纳总结如下：①重要性；②必要性；③研究对象和目的；④研究问题；⑤研究过程；⑥研究结果。

1.4.2 撰写摘要的注意事项

撰写摘要时，要求语言简洁、明确，论文内容需要充分概括，少写与论文无关的东西，主要有以下几点注意事项：

（1）着重反映论文的研究内容、创新点及优化改进部分；

（2）需要明确撰写摘要的先后顺序，句子之间上下连贯、上下呼应关系；

（3）最好不要对论文的内容做评论（尤其是自我评论），摘要中不要出现"我""我们"等字样，编写时要客观；

（4）公式、插图、表格等最好不要出现在摘要里；

（5）摘要一般不用引文（就是不要引用参考文献）；

（6）首次出现的缩写、略称、代号需要加以说明；

（7）不要在摘要里例举例证。

1.4.3 撰写摘要示例

首先对摘要的撰写列举以下两个模板供参考，实际撰写过程中，根据毕业论文内容灵活运用。

【模板1】随着××的发展，我国××（填写主题）在××（填写主题大框架）中扮演着重要/不容忽视的角色。过去人们对××（填写主题）的理解仅限于××（叙述背景现状），从而导致了××（写出本文研究的问题）问题，这些问题造成了××（不好）影响。为此，本文采用××（写两条以上）研究方法，并为解决以上问题，提出了××（详细阐述解决方法，并与提出的问题相对应）的解决方法。希望能促进/改善/提高××（论文主题）发展/研究/探索/需求等，推动××（主题大框架）继续向好的方向发展。

【模板2】当前××（填写研究背景和现状）。本文主要对××（填写主题）进行研究，设计的目的是××。因此，需要对××（进行解决/设计/优化/创新/改进），本文采用××（研究方法）对××（问题/结构/现象）进行研究/分析/设计（可以多列举几个研究方法解决对应问题，如针对××问题/现象，从××方面，利用××方法进行研究分析/设计）。最后，实践/研究表明/显示/证实，对××问题的解决具有××（理论或实际的积极）意义。

结合以上摘要撰写信息，再以"自动补种式小型花生播种机的改进设计"为例，撰写摘要，示例如下：

摘 要

花生多种植于中国北方，其中山东、东北等地产量较大。因此，花生的播种可依靠集挖土、播种、浇水、施肥、覆膜等技术于一体的大型花生播种机来完成，而南方地区小面积的播种，可依靠人工或小型花生播种机来完成，但生产效率较低（研究背景）。本文主要对小型花生播种机进行研究（研究主题），旨在设计一款适合南方地区小面积种植并能提高生产效率、减少劳动力的小型花生播种机（研究目的）。因此，需要对小型播种机的各个零部件进行设计的同时，还需要对现有播种机结构进行改进（研究内容）。本文主要采用文献研究法、计算法、实地调研法对设备的各个零部件进行详细设计（研究方法）。对于设备改进问题，从增加覆膜、扎膜结构方面，利用比较法、实地调研的方法进行研究设计（研究创新点）。经分析发现，将小型单一的播种机通过一定手段使其联排工作，增加覆膜、扎膜的结构后，可应用于南方小面积花生的播种，具有提高生产效率、节约劳动力、设备占地面积小等优点（研究意义）。

关键词：花生播种机；自动补种式；小型；改进设计

1.4.4 关键词的选取

关键词是指用来描述和概括论文主题的术语或短语，是检索和分类论文的重要手段。关键词选取得好坏，对提高论文的可检索性、可读性和引用率等方面都有至关重要的作用。以下是选取关键词的一些建议：

（1）与论文内容相关：关键词必须是从论文标题、摘要、正文中选取的词汇。

（2）用词规范：所选关键词不能随意性太强，必须用词严谨规范，否则不具有实质性意义，不能反映论文主题。

（3）关键词数量：一般3~5个，不宜过多，否则会导致检索结果过于广泛，不利于读者快速定位论文的主题。

（4）排列顺序：关键词的顺序应根据重要性和逻辑关系进行合理排列，将重要的关键词排在首位，以此类推。

需要特别注意：关键词选取不能直接用分号将题目进行划分，以此作为关键词，如"自动补种式小型花生播种机的改进设计"的关键词就不可以为"自动补种式；小型；花生播种机；改进设计"。需要按关键词的重要性重新进行排列，即"花生播种机；自动补种式；小型；改进设计"。

如果不太确定所选题目关键词有哪些，或关键词的重要性排序分不清，则可以利用"大学生毕业论文（设计）管理系统"→"选题分析"→"关键词"，该系统将根据输入的题目内容，自动生成关键词，供同学们参考。具体操作可查阅本书"6.1 资料准备"中的"选题分析"部分。

第 2 章 正 文

1. 正文内容

正文是论文的主体,是一个结构严谨、逻辑清晰的学术文本,旨在展示研究学术素养和研究能力。通常机械工程、车辆工程、电气工程相关专业方向毕业论文(设计)正文主要包含以下几个部分:

(1)绪论(或引言):这一部分主要包括研究背景、意义、目的、国内外研究现状以及研究的思路等。目的是引出本课题研究的主题,明确研究的内容和研究方法。

(2)研究内容:这一部分需要详细写明本课题研究的主要内容,围绕研究主题,分章节叙述设计内容或研究问题。

(3)结论:这一部分是对整个研究内容的总结和概括,重申已完成设计的内容和已解决的问题,并指出研究的贡献或研究的意义。

除了以上主要部分之外,毕业论文(设计)正文还包括致谢、附录和参考文献等部分。具体内容根据各个院校毕业论文(设计)要求有所差异,应按照各院校和指导老师具体要求进行撰写。

2. 正文部分撰写注意事项

正文撰写时,需要注意以下几点:

(1)结构清晰:正文部分应包含绪论(或引言)、主体、结论等部分。绪论中应阐述选题的理论和实际意义、研究背景、研究现状、研究思路及研究方法、论文的整体结构安排等。主体部分是论文的核心,要求论点论据条理分明、逻辑严谨、语言精练。结论部分则是对研究结果的结论性总结与归纳,语言应简洁、准确、完整。

(2)内容完整:正文应详细阐述研究/设计过程、方法、结果和结论。在展示研究结果时,应使用图、表、数据等直观方式呈现。同时,要对研究结果进行深入分析和讨论,得出准确的结论。

(3)格式规范:正文部分应遵循统一的格式规范,包括字体、字号、行距、段落格式等。标题设置要简明扼要,同一级别的标题风格应一致。此外,正文中的图、表、公式等也应按照规范进行编号和排版。

(4)引用准确:在正文中引用他人的观点、数据或研究成果时,必须注明出处,并在文后的参考文献中详细列出。这既是学术诚信的体现,也有助于读者查阅相关资料。

(5)数据可靠:在毕业论文(设计)中,实验数据和仿真结果是非常重要的。因此,在撰写正文时,必须确保数据的准确性和可靠性。对于实验数据,要进行多次实验并取平均值;对于仿真结果,要选择合适的仿真软件和参数进行模拟。

（6）注意创新：在撰写毕业论文时，要注重创新点的挖掘和阐述。这可以是新的研究方法、新的结构设计、新的理论观点等。创新点是毕业设计的重要价值所在，也是评委关注的重点之一。

毕业设计正文部分的撰写除了需要注重结构清晰、内容完整、格式规范、引用准确、数据可靠和创新点挖掘等方面以外，撰写出一篇合格的毕业论文（设计），还需完善以下几点：

① 正文内容如果有对应的图、表、公式，可插入文中适当位置，且要求每个图、表、公式必须有标号或名称，并要求在文中对应位置也有相应的说明。

② 绪论部分中所涉及的"本课题的主要研究思路"与"论文研究框架图"里的内容，最好在论文中相应位置有所体现。

③ 设计主要零部件时，需说明设计依据或选择依据，尤其是在对重要零部件进行设计时，最好有足够的计算量作支撑。

④ 论文主要零部件设计部分，要求设计一个零件，有对应的二维和三维图，三维图用来展示外观，二维图用来说明具体尺寸；并要求在最后提交的图纸里，有文中对应设计的重点零部件图，最好不要出现文不对图或图不对文的情况，即论文里对该零件进行了详细设计，但在提交的图纸里没有对应的零件图。

⑤ 正文中所附的二维图纸，应标注重要尺寸，并且所标注的尺寸与文中设计计算的结果一致；并要求附上的所有图（不管是二维还是三维图），最好是一套图纸，即标注和线宽大小都一致；所附图纸要求是白底黑线，不能出现黑底白线的CAD图纸，也不应出现五颜六色的线条、标注。

⑥ 本章小结内容可酌情增加。

⑦ 一般论文正文部分以5~6章为宜。

⑧ 正文中引用他人成果的地方，在对应位置一定要有参考文献标识，如"[1]"。

⑨ 正文中专业术语一定要准确。

⑩ 要求根据课题研究内容，酌情增加仿真分析部分。

下面给出机械专业、车辆工程相关专业方向毕业论文（设计）正文撰写示例框架，仅供读者参考，电气工程专业方向论文示例框架请查阅本书第5章内容。实际撰写过程中，可结合自身专业方向和论文选题进行调整。

2.1 机械专业（通用）论文示例

不论是机械专业还是车辆工程专业方向，毕业论文（设计）第1章写作技巧基本相同，因此，后续各专业方向正文第1章写作大纲不再单独示例。现仍以"自动补种式小型花生播种机的改进设计"题目为例，具体正文框架示例如下：

1 绪 论

绪论部分是对已有研究成果的梳理，旨在说明本课题在前人研究基础上的贡献和创新，并通过深入分析相关参考文献，找出研究的空白点和不足之处，为本课题的研究提供有力支撑，一般绪论内容最少3页。

1.1 研究背景

这一小节通过翻阅大量参考文献，围绕研究的主题介绍其研究背景。就是陈述××（研究课题）背景，说明论文在什么样的社会背景或市场环境中产生，为提出问题做铺垫。研究问题是基于特定研究背景下所提出的，注重目前还没有解决或还没有解决好的问题。

例1：随着××的发展/××政策的出台，××（研究主题）问题越来越受到大家的关注。然而如今整个大环境下，××（阐述主题消极的一面），如果不××（填写解决措施），将会造成××的影响。为了解决这一问题，本文对××进行分析研究，从而提出合理的解决思路和方法，以实现××（积极影响）。

例2：目前，大部分的研究精力都集中在××领域，然而，关于××（研究主题）的研究却相对较少。这种情况可能是由于××领域的复杂性/研究难度较大/研究学者的关注点/研究目的不同引起的。但是，随着××领域的发展和××问题的凸显，有必要对××问题进行更为深入和细致的研究。

1.2 本课题研究的意义

此部分可以借鉴开题报告中"选题意义"一项进行撰写，即此小节需简单叙述选择研究这个课题的意义，可以分别从理论意义和实际意义角度去分析，说明这篇论文将对理论产生哪些推动作用，或者对实践有什么指导意义。

例1：针对目前对××研究的××问题，提出的××方法，能有效改善××导致的××问题或产生的××（填负面影响）影响，并且在避免原有设计/研究/弊端的基础上，提出××（改善办法），能有效促进××（积极影响）。

例2：理论意义。采用××方法对××课题进行研究，有助于推动××的研究进展和××领域，为后续的××研究，做好铺垫/支撑。

现实意义：利用××方法进行研究，有利于××（研究内容）的研究过程，与××（原有结构/设备/方法等）相比，本文对××（所设计的结构/创新优化部分等）进行了探讨/设计/研究/优化/创新，具有应用广、成本低、效率高等优点，更适合大范围推广/应用等。

1.3 国内外研究现状

这一小节同样可以借鉴开题报告中"国内外研究现状"一项进行撰写，即此处需要全面梳理和评述现有的相关文献，找出研究的空白和研究的新趋势。具体来说，需要对国内外相关文献进行分类和归纳：即目前已经做了哪方面的研究；这些研究方法有哪些；目前研究的方向和重点；取得了哪些结论；还有哪些需要解决的问题等内容。同时，指出已有研究的不足和研究的新趋势，从而说明本课题的创新性和必要性。

当文献资料较详细时，可以分成两小节来叙述；当所需的资料较少时，也可合并阐述。

1.3.1 国内研究现状

例1：国内学者对××进行了多方面的研究。××年，A学者着重对××方面进行研究得出××，B、C、D等学者先后对××知识点进行了总结/分析/研究/界定，如××。

例2：在××方面，目前国内主要主张采用××，以××为例，A学者在××年指出，采用××的方式有诸多好处：其一是××，其二是××。××年，B学者也对这方面有类似的研究，他认为××，也对××与××的区别和联系进行了阐述。

1.3.2 国外研究现状

例1：国外关于××的研究相对比较完善，许多学者对××进行了深入研究，内容扩展到××领域。其中，A学者和B学者从××角度对××的差异进行了研究，得出实施/研究××的必要性。

例2：从国外的发展趋势和研究现状来看，发达国家对××的研究相对成熟。如××年，

A 学者从××角度对××方面进行了研究，B 学者阐述了目前国际上××对××两方面的争议，一是××；二是××。在他看来，这些争论展现了××的发展趋势。

综合以上分析可以看出，国内研究主要以××为主，主要从××角度/方面/视角/开展了××研究，说明了存在××问题的现状/机制。而国外针对××问题的研究已经非常丰富，大量研究已经证实了/说明了/分析了/提出了××问题的存在。但是缺少/较少从××角度/视角/方面对××问题的分析和研究，因此，本课题基于××，从××方面进行研究分析，以得出/说明/设计/证实××。

此部分可根据情况增加国内外研究阶段设备的图片。

1.4 本课题的主要研究思路

这一小节需要明确本课题研究的具体内容，结合选题梳理论文信息，明确主要研究思路。

例：本文主要对小型花生播种机进行研究（研究主题），旨在设计一款适合南方地区小面积种植并能提高生产效率、减少劳动力的小型花生播种机（研究目的）。因此，本课题主要对小型播种机的各个零部件进行设计，并基于现有播种机的结构进行改进。此次研究的主要思路：

（1）首先阐述本课题的研究背景和现状，提出问题，明确设计内容；

（2）然后详细介绍播种机的相关信息，为所研究的内容做铺垫；

（3）接着对主要内容进行重点研究：采用文献研究法、计算法、实地调研法对设备的各个零部件进行详细设计，包括播种器、播种嘴、扶手、机架、覆膜器、扎膜器等结构；

（4）创新点是整篇论文的难点：利用比较法、实地调研等方法对设备进行改进设计，让两个播种器联排工作，增加播种效率，并在播种的基础上，增加覆膜、扎膜等结构，节约劳动力；

（5）对改进部分进行仿真分析；

（6）最后是结论和意义：经分析发现，将小型单一的播种机通过一定手段使其联排工作，增加覆膜、扎膜的结构后，可应用于南方小面积花生的播种，具有提高生产效率、节约劳动力、设备占地面积小等优点。

图 2.1 为论文研究框架图，其较清晰地展示了整篇论文的主要研究思路。

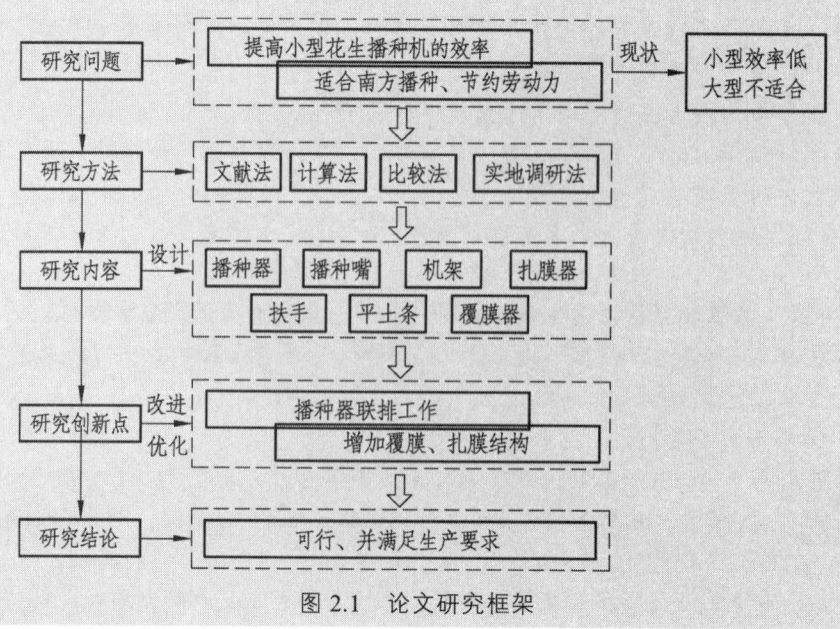

图 2.1 论文研究框架

1.5 本章小结

主要总结本章内容。

2 播种机的结构及工作原理（题目根据情况自拟）

2.1 设备（播种机）的组成结构及功用

（1）首先阐述设备（花生播种机）的功用。

（2）如果设备有不同的种类，可以分别带图陈述其分类原则。

（3）接着详细说明设备（播种机）的组成及功用，此处最好找一张与本次设计相关的设备图（三维、二维、实物的都可以，只要能清晰表达其组成结构即可，最好不要用本次设计的装配图）来一起说明其结构。

例：如图2.2所示的花生播种机，主要由播种器1、播种嘴2、扶手3、平土装置4等结构组成。

1—播种器；2—播种嘴；3—扶手；4—平土装置。

图 2.2 花生播种机示意

其中，每一部分的作用如下：

播种器：……（简单介绍其作用）。

播种嘴：……

扶手：……

平土装置：……

2.2 设备（播种机）的工作原理

参照图2.2，详细介绍该设备的工作原理。

2.3 设备（播种机）的改进思路（题目可自拟）

对比各类相似设备（花生播种机），详细叙述其优缺点，从中找到所要设计设备的不足之处，借鉴其他设备的优点进行改进。

此处需明确设计目的，预计设备生产效率/产量是多少。如果是改进或优化，必须说明以哪一设备为参照基础，该设备与要改进的地方有什么不足之处，提出相应的改进方案等。

3 主要零部件的设计

叙述本章主要对该设备的哪些主要零部件进行了设计。

3.1 播种器的设计

先简单叙述该结构的功用,再叙述此结构(播种器)由××结构、××结构等几部分组成(如果没有,可不写),下面分别对这几部分进行设计。

对零部件进行设计时,尺寸的确定可通过以下几种方式获得:

(1)如果有参考设计公式,可代入相关数据进行计算,以得出零件的对应尺寸;

(2)如果没有参考公式,可借鉴现有设备,确定所要尺寸;

(3)如果都没有,可查找相关资料,根据实际情况说明尺寸来源,合理即可;

(4)如果是标准件,说明选择依据。

有些重要零部件,不仅需要对尺寸进行设计,材料的选择以及热处理方式等信息也需在文中说明(根据实际情况调整)。

得出该结构的设计尺寸后,进行二维和三维图的绘制,将这些图纸放在该零件设计内容的最后部分。

播种器是由播种器盖和播种体组成,下面首先对播种器盖进行设计。

……

结合以上设计内容,此次设计的播种器盖如图 2.3 所示。

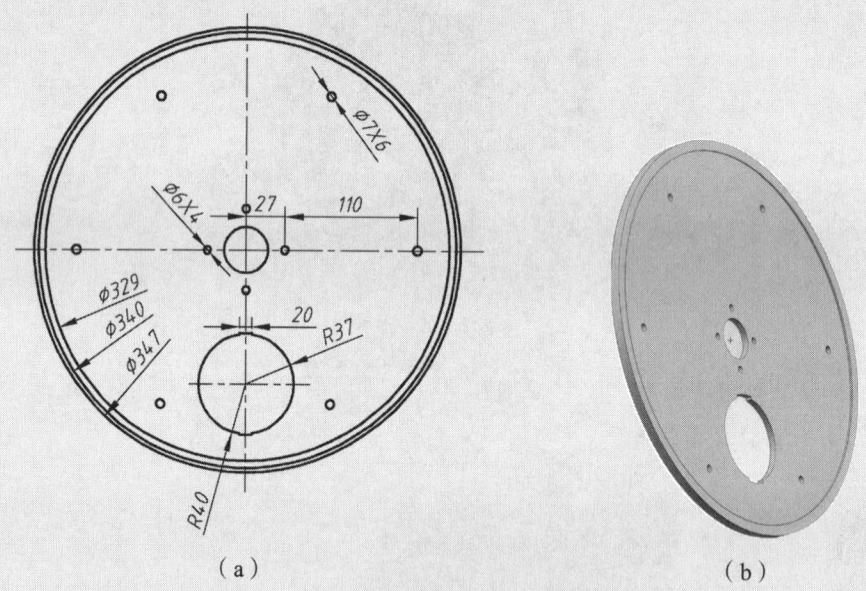

(a)　　　　　　　　　　　　　(b)

图 2.3　播种器盖二维、三维示意

播种体设计方法同上。

3.2 播种嘴的设计

具体设计方法同上。设计完,必须有对应的二维或三维图为设计内容作支撑。如果该设备由几部分组成,将所有的设备设计完并组装在一起后,也需要二维或三维图示意。

3.2.1 播种嘴插土片的设计

……

3.2.2 播种嘴弹簧的选择

将播种嘴插土片、弹簧与播种器采用××方式/××零件装配后(此处可以详细叙述如何装配在一起的,哪个零件通过什么方式连接在一起等),其示意图如图 2.4 所示。

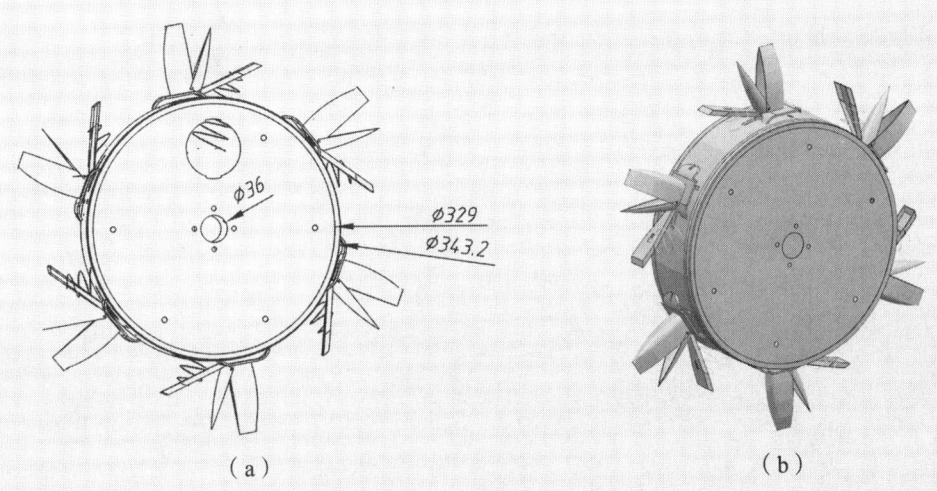

(a)　　　　　　　　　　　　　　（b）

图 2.4　播种器和播种嘴装配后二维、三维示意

3.3　扶手及平土条的设计

3.3.1　扶手的设计

……

3.3.2　平土条的设计

……

如果设计内容较少，可将两部分合在一起进行设计。

3.4　其他相关零部件的设计

……

如果还有其他不是很重要但又不能忽略的零件设计，可以放在此小节进行设计说明。方法同上。

4　播种机的改进/优化设计（题目根据情况自拟）

4.1　结构改进/优化的主要思路

详细叙述该设备改进的具体思路，如果改进时有增加的结构，需要着重强调。

4.2　改进/优化结构的设计

对改进/优化时增加的相关设备分别进行设计，并附二维和三维图。

4.2.1　覆膜器的设计

……

4.2.2　扎膜器的设计

……

4.2.3　机架的设计

……

如果在改进/优化时没有增加设备，就去除上面设计内容，直接进入结构的改进/优化设计部分。

4.2.4　改进/优化结构的设计

……

这一部分涉及两种撰写方法：

（1）如果改进/优化时增加了结构设计，那么需要详细叙述这几个结构该如何装配到设备上，起什么作用等。该设备改进/优化的是哪些部分，与之前的对比，有什么优点，需详细阐述。

（2）如果改进优化时没有增加额外的结构设计，仅对设备的某一部分进行调整，那么这一部分需要详细说明改进/优化结构的内容，具体到结构的位置/尺寸/角度，以及改进后的优点等内容。

改进/优化后二维或三维示意图必须在文中相应位置给出，且需要对改进/优化部分进行仿真分析。此部分是全文的核心，改进/优化部分必须与原设备相兼容，也就是说改进后，原设备也能正常运行。

4.3 该设备动力装置设计

简单叙述此处所设计的动力装置的作用、组成。

4.3.1 选择电机
……

4.3.2 轴的设计
……

4.3.3 链条及相关零部件设计选择
……

4.4 所设计设备的组成及工作原理
……

首先，附上本课题设计的二维或三维图（选择便于叙述的），如图2.5所示。其次，叙述该新设备的组成及工作原理（要结合工作原理，着重介绍创新部分）。

本课题设计的自动补种式小型花生播种机，主要由播种机1、平土条2、机架3……组成，此次着重对播种机1进行详细设计，并基于现有播种机对该设备进行改进设计，改进部分包括……

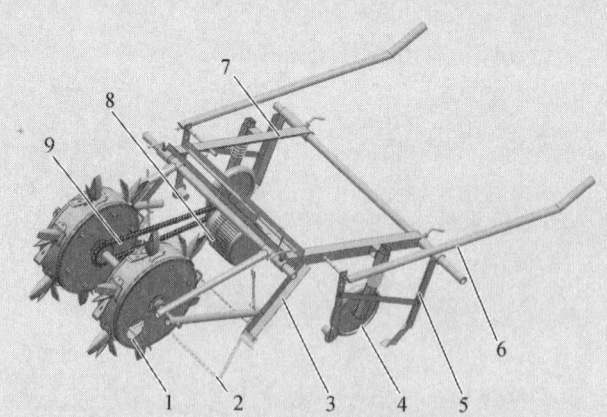

1—播种机；2—平土条；3—机架；4—覆膜滚轮；5—犁土铲；
6—扶手；7—纵向梁；8—电机；9—链条。

图2.5 小型花生播种机装配示意

4.5 对改进/优化部分进行仿真分析（题目可自拟）

此部分利用××分析软件对改进/优化部分进行仿真分析，得出优化前后的分析结果。仿真相关示例可参见本书第4章内容。

……

5　总　　结

这一部分是对整个研究内容和相关工作的总结。首先,叙述设计了哪些结构?采用什么方法?详细阐述创新点,为什么要进行改进/优化?怎么进行改进/优化的?结果怎么样?改进后的优点等内容。其次,分析该设备的运用或本课题的研究意义等。最好附上此次设计的装配图(如图2.5)来加以说明。

2.2　机械专业(工程机械方向)论文示例

"机械专业(工程机械方向)"与"机械专业(通用)"论文正文部分撰写方法基本类似。"机械专业(工程机械方向)"论文,可以选择工程机械设备中的某一结构来进行设计优化,并附××仿真分析软件的分析结果。论文其他部分可围绕优化设计的结构,查找相关资料进行完善。

现以"SY135C履带式挖掘机动臂液压系统的优化设计"题目为例,具体正文框架示例如下:

1　绪　　论

这一章参照"机械专业(通用)论文"绪论部分进行撰写,仍然从以下几方面进行阐述,也可以根据论文题目及实际研究内容进行调整。

1.1　研究背景

……

1.2　本课题研究的意义

……

1.3　国内外研究现状

1.3.1　国内研究现状

……

从20世纪80年代开始生产特大挖掘机,如图2.6所示。

图2.6　特大挖掘机

1.3.2 国外研究现状

……

综合以上分析可以看出……

这一小节可以结合目前的研究情况在适当位置插入相关图片或表格，如图2.6所示。

1.4 本课题的主要研究思路

例：本文主要对挖掘机动臂液压系统进行研究（研究主题），以SY135C履带式挖掘机为研究基础，结合××分析软件，对挖掘机动臂液压系统中的动臂液压缸进行优化设计，以保证挖掘机动臂与其他元件之间更好地相互配合实现复合动作（研究目的）。因此，本课题研究的主要思路如下：

（1）首先对此次设计的内容进行初步了解，确定研究对象和目的；

（2）通过查阅参考文献，介绍履带式挖掘机的相关信息：组成及功用、工作原理、工况分析等；

（3）首先介绍液压系统应满足的基本要求，其次利用文献研究法、计算法、实地调研法对设备的相关零部件进行详细设计，包括动臂、动臂液压装置、动臂与液压装置连接处的相关设计；

（4）首先对比分析不同设备动臂液压缸的优缺点，提出改进意见，其次利用××分析软件，对动臂液压缸的结构进行优化设计；

（5）对比优化前后，进行分析、总结。

如图2.7为论文研究框架图，其较清晰地展示了整篇论文的主要研究思路。

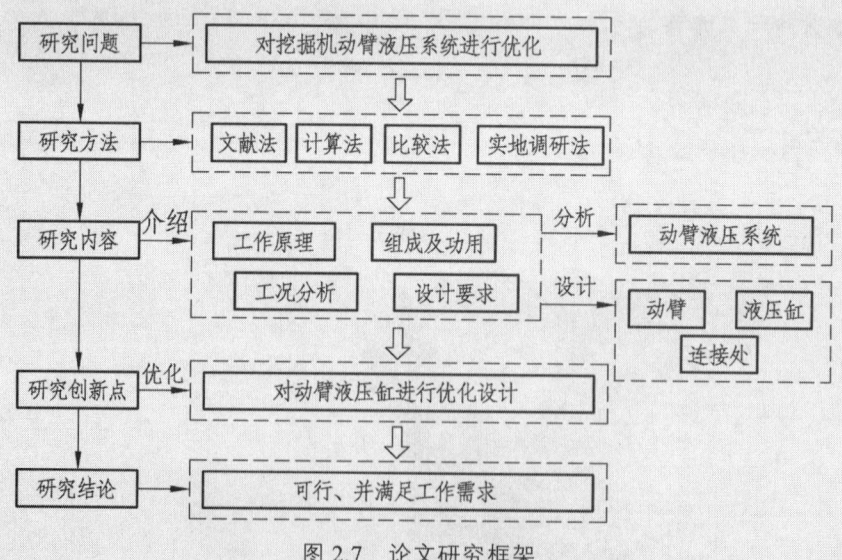

图2.7 论文研究框架

1.5 本章小结

主要总结本章内容。

2 挖掘机的结构及作业流程（题目根据情况自拟）

2.1 设备（挖掘机）的组成结构及功用

（1）首先阐述设备（挖掘机）的组成及功用。

此处最好找一张相关设备的图（三维、二维、实物的都可以，只要能清晰表达其组成结构即可，最好不要用本课题设计的图）来一起说明其结构。

例：如图 2.8 所示的挖掘机，主要由挖掘铲 1、斗杆 2、铲斗液压缸 3、斗杆液压缸 4、动臂 5、动臂液压缸 6、底盘总成 7、平台总成 8 等结构组成。

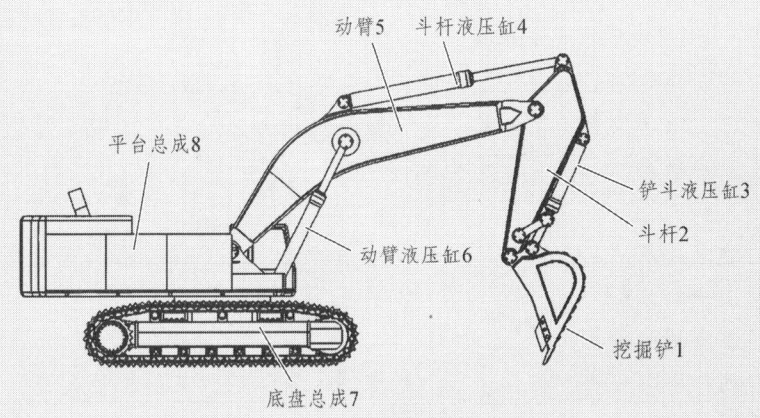

图 2.8 挖掘机示意

其中各部分的功用如下：

挖掘铲：……（简单介绍其作用）。

动臂：……

动臂液压缸：……

斗杆：……

（2）若设备零部件较多，着重介绍需要设计或后面论文涉及的结构。

2.2 设备（挖掘机）的典型作业流程

可适当增加相关图片，详细介绍该设备的作业流程。

2.3 挖掘机动臂液压缸的组成

同上一小节，找一张相关设备结构图，对设备的组成和功用进行介绍。

此小节需要将整体设备（挖掘机）的研究，引向重点设计的部位（液压缸）并进行分析介绍。也可根据实际选题及研究情况，确定其他研究内容。

3 动臂液压系统分析

3.1 液压系统应满足的基本要求

根据挖掘机的工作要求及环境特点，介绍液压系统应满足的要求。

3.2 确定液压系统的主要参数

确定本课题以什么为研究基础？基本信息参数分别是多少？

3.3 动臂液压缸的工况分析

对动臂液压缸工况进行分析。

3.4 动臂液压缸负载分析

……

根据实际选题及研究情况，酌情修改此章节内容。如果是对挖掘机行走装置/工作装置进行研究，那么此章节内容改为"行走装置/工作装置的相关分析"。

4 动臂液压缸的设计

4.1 动臂液压缸的设计

简单介绍动臂液压缸的功用，主要由哪些部分组成。

4.1.1 液压缸设计内容及性能参数

明确液压缸的设计内容：如液压缸内径 D，活塞直径 d，液压缸密封、导向的设计等。

确定设计参数：如液压系统供油量、液压缸最大推力、液压缸的最大行程等。

4.1.2 液压缸主要尺寸的确定及结构设计

……

得出该结构的设计尺寸后，进行二维和三维图的绘制，将这些图纸放在该零件设计内容的最后部分。同上一节"3.1 播种器的设计"中的示例图。

4.1.3 液压缸密封的设计

先叙述密封的作用、分类，设计密封时考虑的因素，以及液压缸什么地方需要密封等。

……

4.1.4 液压缸导向的设计

介绍导向的作用、特点，液压缸内如何进行导向，该如何选择或设计等。

……

4.1.5 液压缸材料的选用

……

将所设计装配好的结构，进行二维和三维图的绘制，附在论文相应位置。

4.2 动臂的设计

介绍动臂在挖掘机中所体现的作用。

设计内容。

……

附二维和三维示意图。

……

4.3 连接处的设计

这一小节主要研究动臂与液压缸的连接方法。

……

因为在挖掘机工作过程中，动臂与液压缸有着密切的联系，因此，会考虑对其连接处进行研究。如果在梳理论文信息时，发现涉及的研究内容较多，可适当去除不太必要的研究对象，着重对重点内容进行设计研究即可。

5 动臂液压缸的优化设计

5.1 结构优化的主要思路

详细叙述该结构需要优化的原因，具体对哪一部分/角度/尺寸/运动方式等进行优化？优化的具体思路等。

……

如果能附图示意哪一部分需要改进更好，最好标注出改进的具体位置、改进思路、改进后的好处以及改进前后对比等内容。

5.2 利用××分析软件进行优化

这一小节利用仿真分析软件对动臂液压缸改进部分进行优化处理，得出优化前后的仿真分析结果，仿真相关示例请参照本书第4章内容。

……

利用仿真分析软件得出结果，如果采用黑白打印不好辨别仿真结果，装订时此部分内容可彩色打印。

5.3 优化结果

对比结构优化前后的分析数据，得出优化结果，并总结优化后的好处。

6 总 结

这一部分是对整个研究内容和相关工作的总结。最好附上此次设计的装配图纸（二维/三维，如图2.5所示），首先叙述设计了哪些结构？分别采用何种研究方法？接着详细阐述为什么要对某结构进行优化？结果怎么样？改进后的优点等（此处需要结合优化结构，再次叙述工作原理，体现优化后的优点）。最后分析该设备的运用或本课题的研究意义等。

2.3 机械专业（模具方向）论文示例

"机械专业（模具方向）"论文参考资料相较于其他专业方向来说较详细，但其论文正文部分（冲压/注塑模具）设计框架与其他专业方向基本类似。因此，在撰写正文部分时，结合选题与参考文献进行完善即可。现以"汽车减震弹簧片冲压模具设计"题目为例，具体正文框架示例如下：

1 绪 论

这一小节参照"机械专业（通用）论文"绪论部分进行撰写，仍然从以下几方面进行阐述，也可以根据论文题目及实际研究内容进行调整。

1.1 冲压模具的概述

……

这一小节可以写研究背景，也可以对汽车减震弹簧片冲压模具进行介绍。

1.2 本课题研究的意义

……

1.3 国内外研究现状

1.3.1 国内研究现状

……

1.3.2 国外研究现状

……

综合以上分析可以看出……

这一小节可以结合目前的研究情况在适当位置插入相关图片或表格。

1.4 本课题的主要研究思路

例：本文主要对汽车减震弹簧片冲压模具进行设计研究（研究主题）。此次涉及的工件为结构简单且对称的汽车弹簧片，该工件需求量大，因此，为了节约加工周期，所设计的模具需满足大批量、大规模生产要求（研究目的）。以下是本课题研究的主要思路：

（1）初步掌握模具的基本信息；
（2）结合汽车弹簧片的尺寸大小、形状，对零件的成型工艺进行分析；
（3）列出多种冲压成型工艺设计方案，根据产品需求做对比，进而选择最优方案；
（4）确定该产品的冲压模排样图设计方法：落料、冲孔、弯曲；
（5）相关工艺设计计算：冲压模具冲裁力的计算、压力机的选取、压力中心的计算等；
（6）对落料冲孔复合模具主要零件进行设计，计算凹模轮廓以及凸模构造尺寸，选择定位零件、卸料方式，选择模架，并确定其余模具零件的构造尺寸或标准规格；
（7）对汽车弹簧片弯曲模的主要零件进行设计；
（8）采用分析软件，对冲压模具冲压成型过程中的模具强度进行仿真分析。

如图2.9为论文研究框架图，其较清晰地展示了整篇论文的主要研究思路。

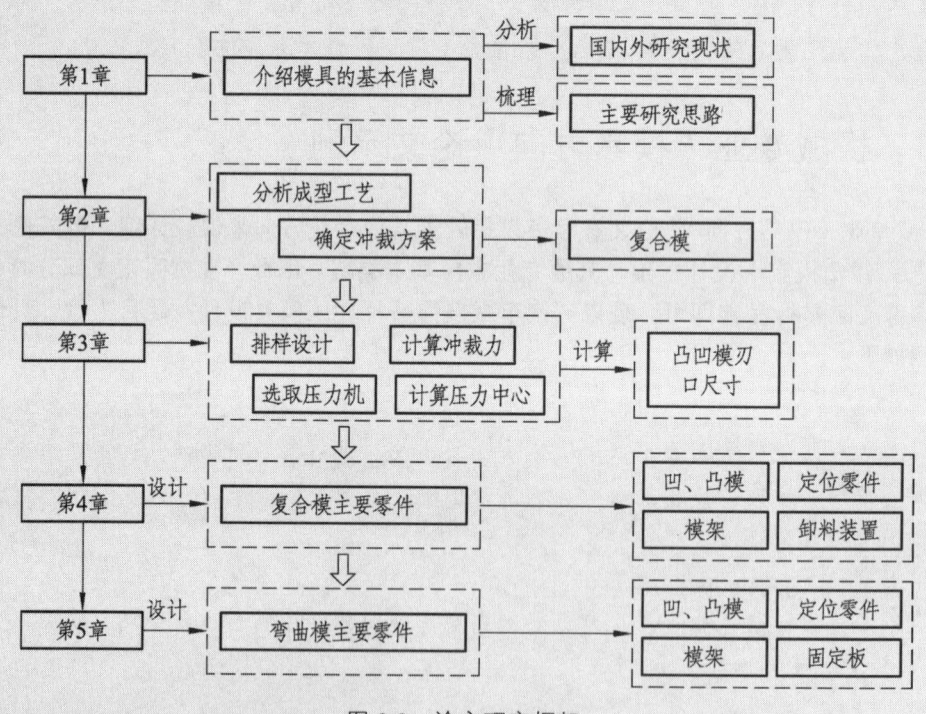

图 2.9 论文研究框架

1.5 本章小结

主要总结本章内容。

2 冲裁件工艺分析及方案确定

2.1 冲裁件的成型工艺分析

首先对汽车弹簧片零件图进行分析，如图2.10所示。
……

该工件适合运用冲压成型工艺。

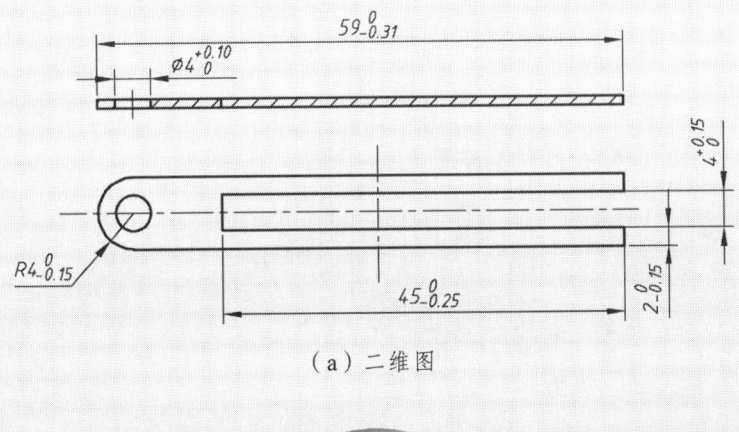

（a）二维图

（b）三维图

图 2.10　弹簧片零件示意

2.2　冲裁件的材料分析

分析材料的力学性能、化学成分、热处理方式等。

2.3　冲裁件结构工艺性分析

主要对零件的尺寸精度、表面质量、结构工艺性展开讨论。

2.4　冲裁件冲裁方案的确定

……

采用倒装复合模冲压技术。

3　冲裁工艺计算

3.1　排样的设计与计算

3.1.1　排样方法

如何合理地将零件放置在原材料上？

3.1.2　确定搭边值

在排样过程中，确定相邻两个零部件之间，以及零部件与条料的边界间所预留的余量。

3.1.3　确定送料步距与条料宽度计算

在冲压模具的操作中，送料步距是指每次将条料送入模具时，相邻条料之间的间隔距离。

……

此小节需确定送料步距与条料宽度的具体数值。

3.1.4　计算材料利用率

……

此次冲裁件的排样示例如图 2.11 所示。

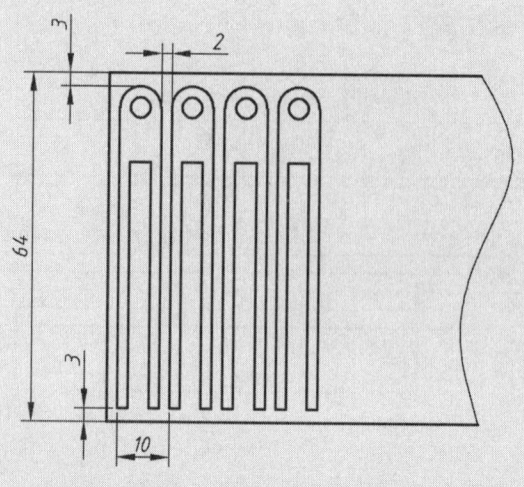

图 2.11　冲裁件排样示意

……

排样图上应标明相关数值。

3.2　冲裁力、压力机的选取

3.2.1　确定冲裁力

这一小节需要确定冲裁力、卸载力、推件力以及总冲压力等。

3.2.2　选取压力机

根据计算结果，选择合适的压力机。

3.3　压力中心的计算

……

确定压力中心后，最好附图示意压力中心所在位置。

3.4　凸、凹模刃口尺寸计算

……

对凸、凹模的刃口尺寸进行详细计算。

4　落料冲孔复合模主要零件的设计

4.1　凹模的设计

……

对落料凹模相关尺寸进行详细计算。最后附上二维和三维示意图。二维图要求标注重要尺寸，并且所标注的尺寸与计算的结果一致。

4.2　凸模的设计

……

对冲孔凸模相关尺寸进行详细计算。附图方法同上。

4.3　卸料板、垫板的设计

4.3.1　卸料板的设计

先介绍卸料板的功用，以及与哪一部件配合工作，重要尺寸是如何确定的？

……

设计完后，附图说明。

4.3.2 垫板的设计

……

垫板结构尺寸如图 2.12 所示。

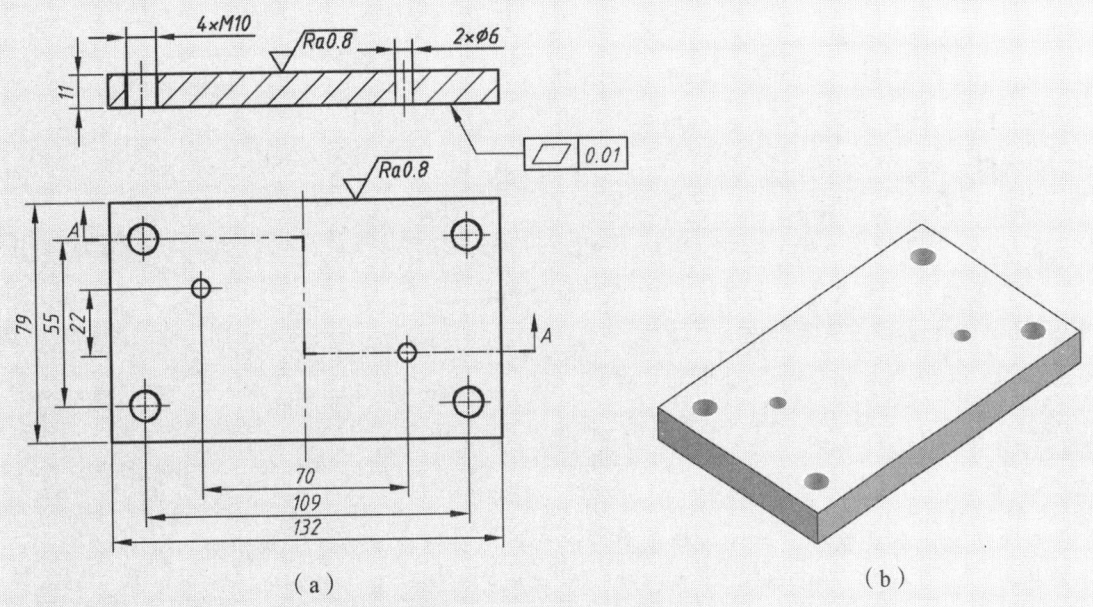

（a）　　　　　　　　　　　　（b）

图 2.12　垫板二维和三维示意

4.4　凸、凹模固定板的设计

4.4.1　凸模固定板

先介绍固定板的功用，以及与哪一部件配合工作，重要尺寸是如何确定的？

……

设计完后，附图说明。

4.4.2　凹模固定板

同上。

……

4.5　复合模模架的选取

介绍模架的功用，以及该如何去选择模架。

……

4.6　定位零件的设计

介绍定位零件的功用，此处用到何种定位零件，具体用在模具的哪个位置，如何获得？

……

5　弯曲模主要零件的设计

因为本课题涉及两套模具的设计，即落料冲孔模和弯曲模，因此需分两节来设计完成。如果同学们的课题只需设计一套模具，可忽略本章节内容，详细设计对应模具的相关零部件即可。

5.1 弯曲模工作部分设计与计算
首先对弯曲零件展开尺寸进行计算,其次确定弯曲模工作部分的尺寸。
……
5.2 弯曲凸、凹模的计算
5.2.1 凸模的计算
……
5.2.2 凹模的计算
……
附图。
5.3 弯曲模相关参数的确定
计算弯曲力,确定弯曲压力机,确定弯曲回弹量。
5.4 弯曲模具主要零件设计
对凸、凹模固定板以及挡料销进行设计。
……
附图。
5.5 仿真分析
可采用××分析软件,对冲压模具冲压成型过程进行仿真分析,如应力应变分析、成型极限分析、模具强度分析、模具变形分析、工艺参数影响分析、排样方案优化分析等。具体可参见本书"4.3 仿真分析的要求"部分。
6 总 结
这一部分是对整个研究内容和相关工作的总结。首先,需要附上最终装配图(二维或三维图都可,哪个表达清晰用哪个);其次,介绍其组成、工作原理;最后,详细叙述本课题研究的内容,设计了哪些零部件,使用什么研究方法等。

2.4 机械专业(机械电子方向)论文示例

"机械专业(机械电子方向)"与"机械专业(通用)"论文正文部分撰写方法基本类似。只是机械电子方向论文选题大多与智能设计制造相关,因此,需要在正文部分适当位置增加相应的控制程序。

现以"三轴联动自动点胶机输送模块的优化设计"题目为例,具体正文框架示例如下:

1 绪 论
这一小节参照"机械专业(通用)论文"绪论部分进行撰写,仍然从以下几方面进行阐述,也可以根据论文题目及实际研究内容进行调整。
1.1 研究背景
……
1.2 本课题研究的意义
……
1.3 国内外研究现状

1.3.1 国内研究现状
……

图 2.13 所示为国内某公司生产的全景视觉点胶机,具有全区视觉高精度定位、高清相机识别等功能。

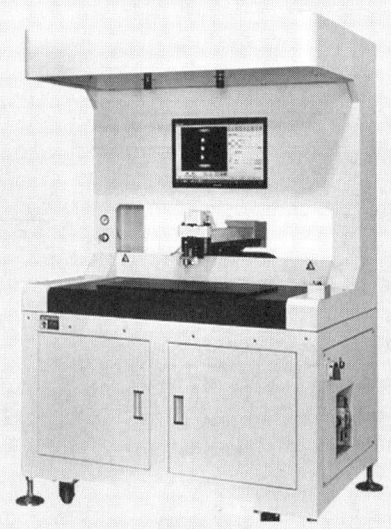

图 2.13　全景视觉点胶机

1.3.2 国外研究现状
……

综合以上分析可以看出……

这一小节可以结合目前的研究情况在适当位置插入相关图片或表格,如图 2.13 所示。

1.4 本课题的主要研究思路

例:本文主要对电子产品组装点胶机的机械结构进行设计,结合桌面可编程点胶机与全自动落地式点胶机而设计一种非标点胶机(研究主题)。以三轴联动点胶机为研究基础,对该设备的输送模块进行优化设计,以达到高效、精准、出胶稳定、断胶干脆的粘胶目的(研究目的)。本课题研究的主要思路如下:

(1)首先,了解研究背景、现状,确定研究对象和目的;

(2)其次,通过查阅参考文献,介绍点胶机的相关信息:组成及功用、分类、工作原理、技术要求及参数;

(3)第三,分析本课题研究内容:利用文献研究法、计算法、实地调研法对设备的点胶模块进行设计,包括滚珠丝杠、丝杠螺母安装座、Y1 轴安装板、Y2 轴连接件、Y1 轴支脚的设计;

(4)第四,分析不同点胶机输送模块的优缺点,提出改进意见,并对其进行优化设计,再基于××分析软件,对改进结构进行优化分析;

(5)第五,为实现生产与工艺加工过程的自动控制,特增加程序控制部分;

(6)最后,对比优化前后,进行分析、总结。

如图 2.14 所示论文研究框架,其较清晰地展示了整篇论文的主要研究思路。

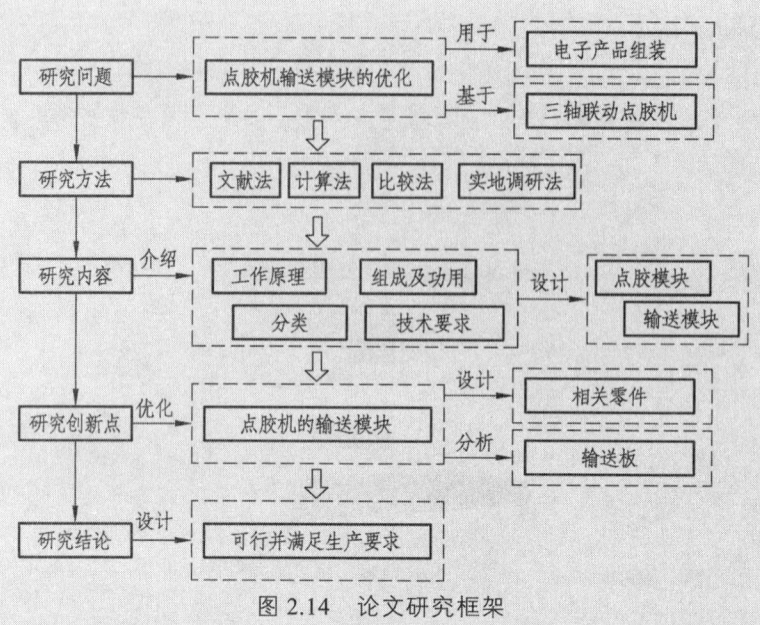

图 2.14 论文研究框架

1.5 本章小结

主要总结本章内容。

2 自动点胶机的结构及工作原理

2.1 设备（点胶机）的组成结构及功用

（1）首先，阐述设备（点胶机）的组成及功用。

此处最好找一张相关设备的图（三维、二维、实物的都可以，只要能清晰表达其组成结构即可，最好不要用本课题设计的图）用于说明其结构。

例：如图 2.15 所示的点胶机，主要由机架 1、输送模组 2、固定模组 3、Y2 轴 4、X 轴 5、Z 轴 6、Y1 轴 7、载具 8 等结构组成。

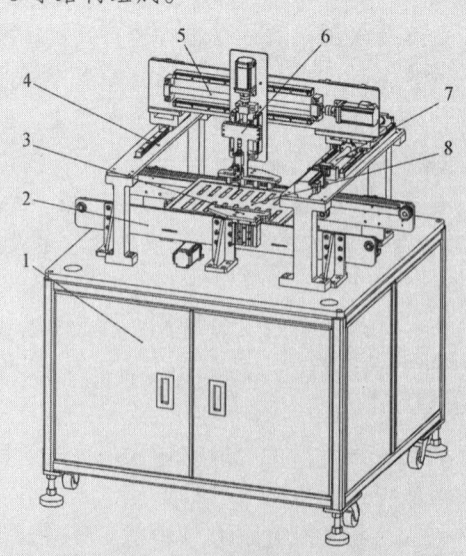

1—机架；2—输送模组；3—固定模组；4—Y2 轴；5—X 轴；
6—Z 轴；7—Y1 轴；8—载具。

图 2.15 点胶机示意

其中，各部分的功用如下：

机架：简单介绍其作用。

输送模块：……

固定模组：……

……

载具：……

（2）若设备零部件较多，着重介绍需要设计或后面论文涉及的结构。

2.2 设备（点胶机）的工作原理

参照图 2.15，详细介绍该设备的工作原理。

2.3 点胶机的分类

根据点胶机的控制系统和结构，可以将点胶机分为以下几类。

……

对比以上点胶机的优缺点，明确以哪一款点胶机作为研究对象，并分析输送模块存在的具体问题，提出改进优化措施。

3 点胶模块的设计

3.1 点胶模块概述

首先介绍点胶模块的组成，其次确定进给运动方式。

3.2 滚珠丝杠的选型与计算

因为点胶部分采用滚珠丝杠传动机构，所以需对滚珠丝杠进行选型与计算。

……

3.3 丝杠螺母支撑座的设计

介绍支撑座的功用，以及位于设备的具体位置及设计过程。

……

将所设计好的零件，进行二维和三维图的绘制，附在论文相应位置，并要求二维图有重要尺寸标注。

3.4 其他相关零件的设计与校核

此小节主要设计哪些零件，各自的功用，位于设备的具体位置，分别采用何种方法获得等。

3.4.1 Y1 轴安装板的设计与校核

……

3.4.2 Y2 轴连接件的设计与校核

……

3.4.3 Y1 轴支脚的设计与校核

……

附图。

如果该部件涉及的零件较多，则可以选取重要的零部件来进行详细设计。最好不要挑选较多简单且对研究内容影响不大的零件进行设计。

4 输送模块的设计与优化

4.1 输送模块概述

4.1.1　输送模块的组成及功用
首先介绍输送模块的组成及功用，其次指出该结构需要改进优化之处。
4.1.2　确定输送方式
……
4.2　同步带的选型与计算
经分析，点胶机的输送部分采用同步带的输送方式。
4.3　固定压板的设计
介绍其功用，位于设备的具体位置，怎么设计的，选用什么材料等。
……
附二维和三维示意图。
4.4　输送板支座的设计与计算
……
4.5　输送板的优化设计
4.5.1　明确优化对象
详细叙述该结构需要优化的原因，具体对哪一部分/角度/尺寸/连接方式等进行优化？优化的具体思路等。
……
如果能附图示意哪一部分需要改进更好，最好标注出改进的具体位置、改进的方法，以及改进前后的对比图。
4.5.2　利用××分析软件进行优化
这一小节利用分析软件对输送板改进部分进行优化处理,得出优化前后的仿真分析结果,仿真相关示例请参照本书第 4 章内容。
……
4.6　载具的设计
根据优化后的结果，设计点胶载具。
……
附图。
……
在撰写××的优化设计部分时，如果改进/优化的结构变动较大，或改进的地方较多且复杂，可选择易于分析的部分进行仿真模拟，并附上改进/优化前后的对比图，说明改进/优化的结果和意义即可。

5　控制系统
这一部分根据选题及实际研究情况酌情增加程序控制内容。
6　总　结
这一部分是对整个研究内容和相关工作的总结，最好附上此次研究设计的装配图来叙述设计了哪些结构，采用什么研究方法。接着详细阐述为什么要对某结构进行优化，结果怎么样，改进后的优点等（此处需要结合优化结构，再次叙述工作原理，体现优化后的优点）。最后分析该设备的运用或本课题的研究意义等。

2.5 车辆工程专业（汽车方向）论文示例

若选题是"汽车××结构的（优化）设计"，则可参照"机械专业（通用/工程机械/机械电子方向）"论文正文部分的撰写方法。"车辆工程专业（汽车方向）"的选题基本与汽车相关零部件设计有关，不管是对某一零部件进行详细设计，还是针对某一结构进行改进/优化设计，或者对某一零件加工工艺规程及夹具设计进行研究等，都可以作为选题方向。

现以"齿轮式差速器壳加工工艺规程及夹具的设计"题目为例，该题目中"加工工艺规程及夹具的设计"是一个整体，对某一结构加工工艺规程进行分析时，需要对其相应的夹具进行设计。具体正文框架示例如下：

1 绪 论

这一小节参照"机械专业（通用）论文"绪论部分进行撰写，仍然从以下几方面进行阐述，也可以根据论文题目及实际研究内容进行调整。

1.1 研究背景

……

1.2 本课题研究的目的与意义

……

1.3 国内外研究现状

1.3.1 国内研究现状

……

1.3.2 国外研究现状

……

综合以上分析可以看出……

这一小节可以结合目前研究情况在适当位置插入相关图片或表格。

1.4 本课题的主要研究思路

例：本文主要对差速器壳的加工工艺规程及夹具进行设计研究（研究主题）。以齿轮式差速器壳为研究对象，制定详细的差速器壳加工工艺规程，用以规范生产流程，保证产品质量，并完成相应夹具的设计，以达到提高加工效率、节约成本的目的（研究目的）。本课题研究的主要思路如下：

（1）首先，了解研究背景、意义，确定研究对象和目的；

（2）其次，通过查阅参考文献，介绍差速器的相关信息：组成及功用、分类、工作原理；

（3）第三，分析本课题的研究内容：首先对零件进行分析，其次制定加工工艺规程，最后完成相应夹具的设计；

（4）第四，根据课题研究内容，利用分析软件选择适合仿真模拟的部分进行分析；

（5）最后，完成绘图，总结。

……

图 2.16 为论文研究框架图，其较清晰地展示了整篇论文的主要研究思路。

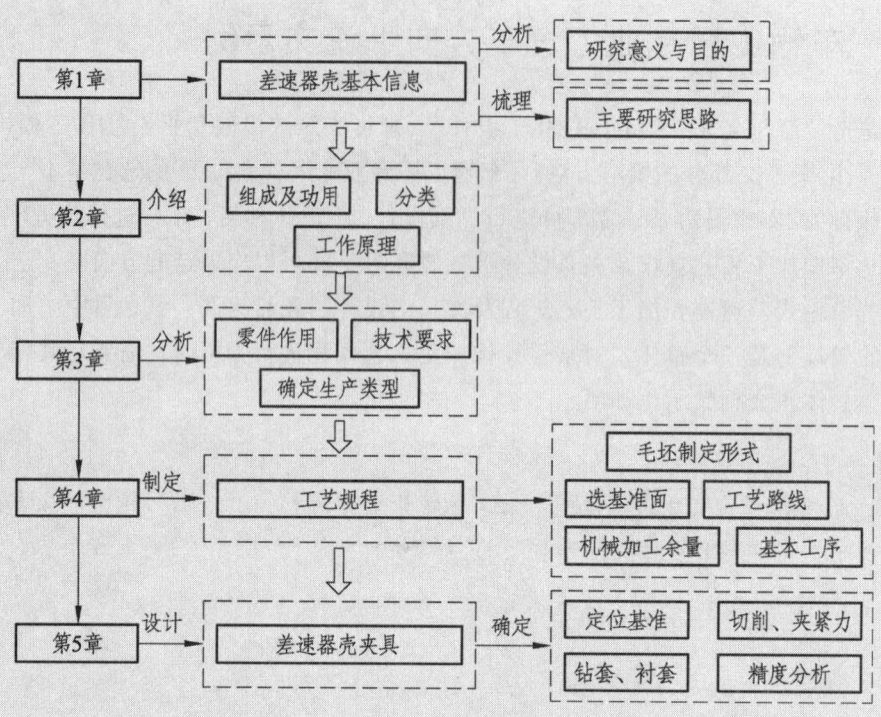

图 2.16 论文研究框架

2 差速器的概述

2.1 设备（差速器）的功用及组成

2.1.1 差速器的功用

……

2.1.2 差速器的组成

详细叙述设备的组成及各部分的功用。

……

此处最好找一张相关设备的图（三维、二维、实物的都可以，只要能清晰表达其组成结构即可，最好不要用本课题设计的图）用以说明其结构。

2.2 设备（差速器）的工作原理

详细介绍该设备的工作原理。

2.3 差速器的分类

……

最好附图介绍，图文并茂。

3 零件分析

3.1 零件的作用

首先了解零件的作用，其次明确其用在什么地方。

……

附零件图纸。

3.2 零件工艺分析

3.2.1 分析零件技术要求

首先对差速器壳零件的技术要求进行分析：零件可以分三组加工表面，如各段外圆表面、内圆孔表面、凸台孔系。

3.2.2 确定零件生产类型

……

可确定该差速器壳的生产类型为中批量生产。

4 工艺规程设计

4.1 毛坯的制造形式

主要介绍毛坯的材料，确定毛坯时需考虑的因素，以及确定毛坯时的工艺措施等。

4.2 基准面的选择

基准面的选择是工艺规程设计中的重要工作之一。

4.3 制定工艺路线

工艺路线方案一……

工艺路线方案二……

工艺路线的比较与分析。

4.4 机械加工余量、基本工时

……

工序一：……

工序二：……

工序三：……

……

工序九：精镗内孔及倒角。

此工序对内孔精镗的切削进给量为0.1，精镗后的零件图如图2.17所示。

……

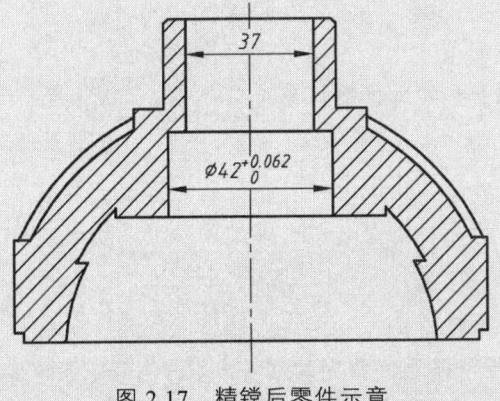

图 2.17 精镗后零件示意

……

以上工序中，凡涉及车削、钻孔、镗孔等加工工序的，需附上图纸说明加工尺寸的变化过程。

5 差速器壳夹具的设计
5.1 夹具设计的基本步骤
夹具设计的基本步骤可以概述为以下几点：
首先，了解夹具的设计目的。
……
5.2 夹具设计要求
5.2.1 夹具的设计要求
……
5.2.2 钻孔夹具设计问题的提出
……
5.2.3 选择定位基准
……
5.3 夹紧装置
5.3.1 切削力、夹紧力的计算
计算钻孔时夹具夹紧所需要的夹紧力。
5.3.2 定位误差分析
……
5.3.3 夹具总体方案
提出夹具总体方案，选择合适的夹紧装置。
5.4 钻套、衬套的设计
钻套的作用是引导钻头进行正常切削，使钻出来的孔满足平行度和垂直度以及尺寸精度的要求。
……
附图。
5.5 差速器壳夹具的设计
综上所述，对差速器壳夹具进行整体设计并附图。
6 仿真分析
选择本课题中可以利用分析软件进行仿真分析的部分，如夹紧力的分析与优化、定位精度的仿真、加工工艺的仿真（切削力与切削温度的仿真、加工变形的预测）等。
7 总 结
这一部分是对整个研究内容和相关工作的总结。首先，确定研究对象和目的，介绍差速器的相关信息；其次，分析本课题的研究内容：分析零件图，确定零件生产类型，选择毛坯，拟定生产路线，确定加工余量等；最后，完成相应夹具的设计。
……
可以附上总装配图（二维或三维图），说明差速器壳在这个夹具上如何定位，限制几个自由度，具体加工零件的哪一位置等。

2.6 车辆工程专业（动车组、机车车辆方向）论文示例

"车辆工程专业（动车组、机车车辆方向）"与"机械专业（通用）"论文正文部分撰写方法基本类似。"车辆工程专业（动车组、机车车辆方向）"论文可以选择动车组、铁路机车、铁路车辆、城轨车辆等设备中的某一结构来进行详细设计优化，并附××仿真分析软件的分析结果。或对设备中的某一零部件进行改进设计，论文其他部分可围绕设计改进部分，查找相关资料进行完善。

现以"基于成都地铁客车转向架轴箱的优化设计"题目为例，具体正文框架示例如下：

1 绪 论

这一小节参照"机械专业（通用）论文"绪论部分进行撰写，仍然从以下几方面进行阐述，也可以根据论文题目及实际研究内容进行调整。

1.1 研究背景

……

1.2 本课题研究的目的和意义

……

1.3 国内外研究现状

1.3.1 国内研究现状

……

1.3.2 国外研究现状

……

如图 2.18 所示的 CL623 型转向架，包含无摇枕结构、焊接式构架、横向抗蛇行减振器等。

图 2.18 CL623 型转向架

……

综合以上分析可以看出……

这一小节可以结合目前的研究情况在适当位置插入相关图片或表格，如图 2.18 所示。

1.4 本课题的主要研究思路

例：本文主要对转向架轴箱进行设计研究（研究主题），以成都地铁5号线客车的转向架轴箱为设计依据，对转向架轴箱起吊问题进行优化设计，有效防止转向架吊运时轴箱与构架分离或脱落，避免转向架起吊或回落过程中对轴承造成损伤（研究目的）。本课题研究的主要思路如下：

（1）首先，对此次设计的内容进行初步了解，确定研究对象和内容；

（2）其次，通过查阅参考文献，介绍转向架、轴箱的相关信息：组成及功用、分类等；

（3）第三，梳理研究内容，利用文献研究法、计算法、实地调研法对轴箱相关零部件进行设计，包括轴箱弹簧、轴箱体、吊耳与吊耳座、轴承的选择，轴箱前、后端盖相关零件的设计；

（4）第四，对比分析轴箱体与其他零部件连接方式的优缺点，提出改进意见，然后利用××分析软件，对轴箱体连接方式进行改进优化设计；

（5）最后，对比优化前后，进行分析、总结。

图2.19为论文研究框架，其较清晰地展示了整篇论文的主要研究思路。

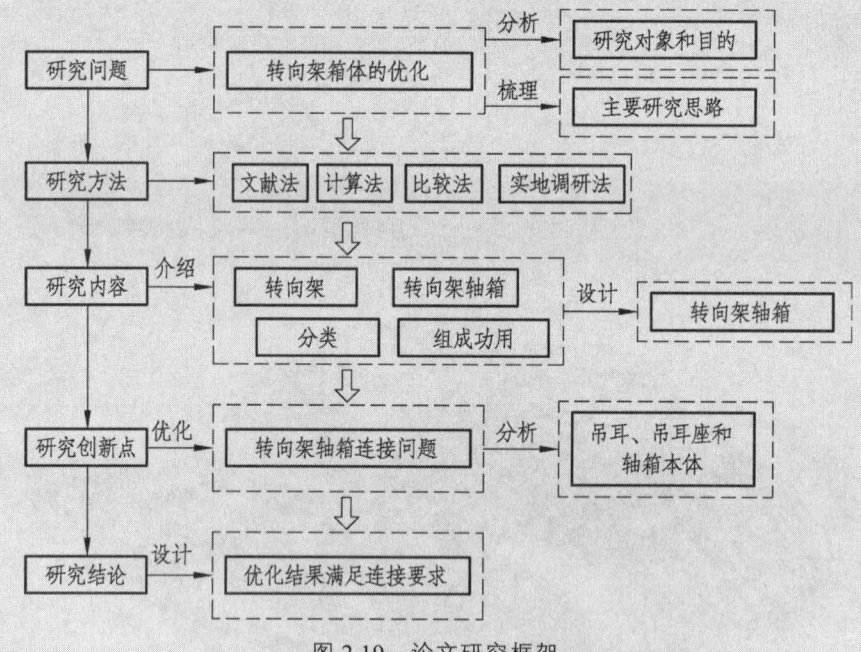

图 2.19 论文研究框架

1.5 本章小结

主要总结本章内容。

2 转向架概述

2.1 设备（转向架）的功用、组成及分类

首先阐述设备（转向架）的功用，其次介绍该设备的组成。

……

此处最好找一张相关设备的图（三维、二维、实物的都可以，只要能清晰表达其组成结构即可，最好不要用本课题设计的图）用以说明其结构。

若设备零部件较多，着重介绍需要设计或后面论文涉及的结构。

2.2 设备（转向架）的分类

……

2.3 设备（转向架轴箱）的功用与组成

2.3.1 轴箱的功用与组成

……

由于本文对转向架轴箱进行优化设计，因此，需要先对该设备进行单独介绍。

2.3.2 轴箱装置的类型

……

此小节需要将整体设备（转向架）的研究，引向需要重点设计的部位（转向架轴箱）并进行分析介绍，也可根据实际选题及研究情况，确定其他研究内容。

3 转向架轴箱主要零部件的设计

3.1 设计的基本要求与主要技术参数

3.1.1 基本要求

设计转向架需要考虑以下几点要求：

……

3.1.2 主要技术参数

……

3.2 转向架轴箱弹簧的设计与装配

介绍轴箱弹簧的基本信息：功用、种类、结构以及与哪个零部件配合工作等。

3.2.1 轴箱弹簧的特性与计算

轴箱弹簧主要有刚度、挠度及柔度三个特性。

……

3.2.2 轴箱弹簧结构参数化设计

以下为成都地铁 5 号线 A 型车转向架轴箱弹簧各项参数。

……

设计完需附上轴箱弹簧相关零件的装配图。

3.3 轴箱体、吊耳与吊耳座的设计

首先，介绍它们位于转向架轴箱的什么位置，起什么作用。

其次，进行设计计算，并分析各零件使用的是什么材料及热处理方式等。

……

附图。

对重要零部件进行设计时，除了要分析详细的设计过程，还要选择该结构的材料和热处理方式，甚至还需要对其进行强度分析等。

3.4 轴承的选择

基于转向架轴箱轴承的实际工况，选择计算地铁客车的轴承。

……

3.5 轴箱前后端盖的设计

轴箱体的后盖起固定轴承的作用,轴箱后盖安装部也称为嵌合结构。在设计轴箱后盖时应注意以下几点:

……

附图。

4 转向架轴箱的优化设计

4.1 结构优化的主要思路

详细叙述该结构需要优化的原因,具体对哪一部分/角度/尺寸/运动方式等进行优化,优化的具体思路等。

……

分析转向架轴箱与构架之间的连接关系,转向架起吊操作非常困难,存在不安全因素。因此……

如果能附图示意哪一部分需要改进更好,最好示意改进的具体位置、改进思路、改进后的好处以及改进前后对比图等。

4.2 轴箱的优化设计

为了解决上述问题,对轴箱的××结构进行优化设计。

设计内容……

附二维和三维示意图。

4.3 利用××分析软件进行优化

这一小节利用相关仿真分析软件对轴箱改进部分进行优化处理,得出优化前后的仿真分析结果,仿真相关示例请参照本书第4章内容。

……

仿真分析得出的结果,如果采用黑白打印不好辨别仿真结果,可彩印。

4.4 优化结果

对比结构优化前后的分析图,得出优化结果,并总结优化后的好处。

……

5 总 结

这一部分是对整个研究内容和相关工作的总结。最好附上此次研究设计的装配图来叙述设计了哪些结构,采用什么研究方法。详细阐述为什么要对某结构进行优化,结果怎么样,改进后的优点等(此处需要结合优化结构,再次叙述与其他零部件配合的工作过程,体现优化后的优点)。最后分析该设备的运用或本课题的研究意义等。

2.7 正文完善建议

1. 正文大纲示例

现以"红枣去核分选机的结构与设计"题目为例,列举正文大纲示例,并结合此大纲提出完善意见。

1　绪　论
1.1　研究目的和意义
1.2　国内外研究现状
1.2.1　国内研究现状
1.2.2　国外研究现状
1.3　研究内容
2　总体方案设计
2.1　总体结构设计
2.2　分选机方案对比及设计
2.2.1　分选机的方案对比
2.2.2　方案分析及确认
2.3　去核方案对比及设计
2.4　动力方式选择
2.5　传动系统选型
3　分选机与去核机的结构设计
3.1　分选机结构系统设计
3.1.1　分选转轴与轴承座结构设计
3.1.2　分选输送带结构设计
3.1.3　分选机电机与减速器的选型
3.1.4　联轴器的选型
3.1.5　V带传动设计
3.2　去核结构系统设计
3.2.1　曲柄滑块机构分析
3.2.2　去核针、推杆及夹板结构设计
3.2.3　模具结构设计
3.2.4　去核机电机的选型
3.2.5　V带传动设计
4　输送带转轴强度校核及轴承校核
4.1　输送带转轴强度校核
4.2　输送带转轴轴承校核
5　三维实体建模
5.1　三维软件选择与整体系统的结构设计
5.2　绘制去核机与分选机的三维模型
6　结　论
……

查看论文目录可大致了解文章内容，从以上目录可以看出：

（1）论文整体结构基本符合毕业论文（设计）要求，且论文所列大纲内容与论文选题基本相符；

（2）第1章和第2章大纲内容也符合正文部分撰写要求；

（3）第3章中的主要零件设计不足；

（4）第4章、第5章也基本满足要求。

单看目录可知：该论文研究深度不够，缺乏新意，勉强满足毕业论文结构要求。若满分100分，通过目录可预打60分。

翻看论文内容：

（1）"1.3 研究内容"里若有较详细的研究思路、研究内容介绍，并且合理，加到65分。

（2）第2章总体方案设计合理，70分。

（3）第3章从"分选转轴与轴承座、输送带、电机、联轴器、减速器"等零件的设计，可以看出分选机主要零部件设计不足。一般对设备零件的设计，除了传动装置，还有其他的主要零部件，如"3.2 去核结构系统设计"中"去核针、推杆及夹板结构"的设计，到这里加到75分。如果只是对以上零部件进行设计计算，没有附上相应的二维和三维图，那么分值会回到70分。

（4）第4章如果有轴的设计与校核，并附有轴的零件图和内力图，分值不变。因为这一部分属于辅助设计部分，但如果设计内容没有达到预期，会拉低分值。

（5）第5章为建模后内容，文中附有质量较高的三维装配图，并参照此图，再次明确该设备的工作原理及设计内容等，分值可加到78分，但质量较差的话，整篇论文可能拿到70分多一点。

（6）最后得分主要是综合整篇论文的结构以及论文的质量、零件图和装配图的完成情况来决定，这里的得分仅是指导老师给出的毕业论文参考分数。

注：每个指导老师评判标准不一样，所以实际分值略有差异。

2. 正文完善建议

结合以上分析情况，以及前面章节中对正文框架的示例，对"红枣去核分选机的结构与设计"大纲提出以下完善建议。

（1）如果只是对"红枣去核分选机的结构"进行设计，就需要在后面章节中对主要零部件进行详细设计。

正文中仅有"去核针、推杆及夹板结构"3个主要零件，以及传动装置和减速装置的设计是不够的，因为毕业设计要求有4个及以上的零件图，并且这些零件图中"齿轮、电机、带轮、联轴器、轴承、键、轴、链轮"等的设计只能算作辅助设计，不算在主要零部件图纸当中。因此，在选择主要零部件设计时，尽量精减传动装置设计和减速器的设计内容。

（2）如果将选题更改为"红枣去核分选机去核结构的改进设计"，就可以围绕"去核结构"对其他相关零件进行设计，研究重点偏向"去核结构"的改进/优化设计。

在"红枣去核分选机的结构与设计"大纲内容不变的情况下，增加某一主要零部件的改进/优化设计且合理，并在正文相应位置也有较好的二维和三维图插入作为支撑，则论文分值可增加到80分及以上。

（3）第1章内容基本相同，主要看"研究内容/研究思路"，可参考前面章节论文示例编写。此处的"研究内容/研究思路"必须与后面正文内容相对应。

（4）第2章建议增加"红枣去核分选机"的组成结构及工作原理相关内容。这样在进行主要零部件设计时,能让读者较清楚地了解设计的是该设备的哪一部分,与哪一部件有关联,作用是什么,是否合理。

(5)第 3 章增加主要零部件的设计,附图说明。

(6)第 4 章增加改进/优化设计部分,详细说明改进原因、改进具体位置、改进结果及优点等,并附图说明改进前后的具体位置。如果是借助××仿真分析软件进行优化,那么需要附上优化后的分析图,得出优化结果,总结优化后的好处,那么论文得分可接近 85 分。

(7)总结部分需附上本课题设计的二维或三维图(选择便于叙述的那个,也可两者都附上),然后再次叙述该设备的组成及工作原理,并分析设计了哪些结构,采用什么研究方法。接着详细阐述创新点,为什么要进行改进/优化,怎么进行改进/优化的,结果怎么样,以及改进后的优点等。最后分析该设备的运用或本课题的研究意义等。若叙述合理、图纸标准,内容也与前文相对照,论文分值可接近 90 分。

按照这个研究思路对论文正文部分进行完善,并保证文中所附二维和三维图的质量,一般论文得分会在 80 分及以上。如果创新点合理并附有仿真分析内容,且有较强的研究意义和应用实践意义,论文得分会到 90 分及以上,基本满足优秀论文评判标准。

2.8 致谢和参考文献

1. 致 谢

致谢属于毕业论文(设计)的一部分,一般位于毕业论文的结尾处。其主要作用是表达对所有合作者的感谢,如对导师、父母、同学等的感谢之词。

论文致谢主要包括以下几方面:

① 简单介绍自身的学习经历与写作实践过程。

② 表达谢意。先对论文指导老师的付出进行肯定,然后总结指导老师或其他老师在论文完成期间对作者的教导、影响、提供的帮助等。

③ 感谢论文完成期间帮助过自己的朋友、师兄/姐/弟/妹、父母、同学等。

④ 感谢、激励自己。

⑤ 总结句。

致谢语言应简短精炼,但需情真意切。致谢是论文的终点,但不是青春的终点。

例如:

云程发轫,万里可期。

行文至此,落笔为终。这段故事始于初秋,终于盛夏,在我人生的黄金时代,我来到了大学本科求学生涯的最后一站,意味着我的本科生涯完美地落下帷幕。目光所至,皆是回忆,身处其中却浑然不知,总觉来日方长,转眼却到了匆匆离别之时,心中纵有万般不舍,也含泪感恩道别。(表达感慨)

一朝沐杏雨,一朝念师恩。感谢导师从论文选题到最终成文,陪我字斟句酌,倾尽所能地点播和指导我。在整个论文完成过程中,导师细心审查,为我指出不足之处,提出修改建议。老师严谨的教学态度,严密的逻辑思维,丰富的学科学识,实事求是的工作作风对我产生了极大的影响,让我在学习和做人方面都受益匪浅。(感谢老师)

万爱千恩百苦，疼我孰知父母。感谢我的父母和家人，在我成长路上的付出，教会我正直，真诚地对待每一个人，感谢你们一路以来的默默陪伴。感谢你们在我求学期间，尊重我的每一步选择，养育之恩，无以回报，愿你们岁岁年年皆平安。（感谢家人）

愿岁并谢，与友长兮。何其有幸，能遇到我的室友、同学、朋友。感谢你们在这漫长而又充满回忆的四年时光中，给彼此带来的快乐与美好。愿我们心存希冀，目有繁星，追光而遇，沐光而行。（感谢室友、朋友）

追风赶月莫停留，平芜尽处是春山。就像张晓风《我在》描述的那样：树在，山在，大地在，岁月在，我在。你还要更好的世界？人生终究会让我们明白，没有谁会无缘无故地出现在对方的生命里。只管穿起对抗挫折的满身铠甲，披荆斩棘，勇往直前。（激励自己）

风有起止，人有聚散，认真生活，不负遇见。

2. 参考文献

参考文献属于毕业论文（设计）中必不可少的一部分，一般位于致谢之后。参考文献是指在学术研究过程中，对已经发表的文献、数据、研究成果等进行引用的列表。

（1）参考文献的作用。

参考文献的作用主要有以下几点：

① 表明引用的来源。提供了借鉴他人成果或观点的权威来源。

② 展示学术诚信。通过引用文献，表明对已有文献的认可与尊重，避免被指责抄袭。

③ 提供进一步阅读和研究的机会。读者可根据引用的参考文献进行深一步的研究。

④ 凸显研究领域的发展和趋势。通过引用最新有影响力的文献，可以凸显研究的发展趋势。

⑤ 增加文章的说服力。引用相关的研究成果和数据来支持自己的观点，可提高论文的说服力。

⑥ 避免重复研究。参考文献可以帮助自己了解已有的研究情况，也可对比发现自身研究的不足之处。

（2）参考文献著录格式与示例。

现以 GB/T 7714—2015《信息与文献 参考文献著录规则》为依据，整理了最常用的 5 类基本文献的著录格式。

① 学位论文——D。

格式：[序号]作者. 题名[D]. 出版地：保存单位，出版年：起页-止页.

例：[1]唐一. 自动点胶机的设计[D]. 成都：西南交通大学希望学院，2022：10-30.

② 期刊类——J。

格式：[序号]作者. 题名[J]. 刊名，出版年份，卷号（期号）：起页-止页.

例：[2]赵扬，姜向荣，李剑峰. 学术论文写作与规范课程的思政教学融合与改革探索[J]. 高教学刊，2024，10（25）：61-64.

③ 普通图书——M。

格式：[序号]作者. 书名[M]. 出版地：出版社，出版年份：起页-止页.

例：[3]王丽娟. 材料力学[M]. 成都：西南交通大学出版社，2019：50-53.

④ 专利——P。

格式：[序号]专利申请者或所有者. 专利题名：专利国别，专利号[P]. 公开日期.

例：[4]邓一刚. 全智能节电器：中国，200610171314[P].2006-12-13.

⑤ 报纸类——N。

格式：[序号]作者. 题名[N]. 报纸名，出版日期（版次）.

例：[5]丁文祥. 数字革命与竞争国际化[N]. 中国青年报，2000-11-20（15）.

在机电类学术写作中，常用的英文文献引用格式主要有 APA 格式、MLA 格式、Chicago 格式以及 IEEE 格式。其中，IEEE 格式在机械工程，尤其是涉及电子控制、自动化等方面应用广泛，在实际写作中，可根据学校、导师的具体要求选择合适的引用格式，并严格按照其规范进行文献引用标注。

① 期刊文章。

格式：[序号]作者姓氏，名字缩写（均为大写）. 文章标题[J]. 期刊名称，出版年份，卷号（期号）：页码范围.

[1] LEE J K，KIM S J.Design and analysis of a new robotic arm for industrial applications[J]. Journal of Mechanical Engineering，2020，35（4）：234-245.

② 书籍。

格式：[序号]作者姓氏，名字缩写. 书名[M]. 出版地：出版社，出版年份.

[2] BROWM A B.Fundamentals of Machine Design[M].New York：Mechanical Engineering Press，2019.

（3）参考文献引用示例。

下面详细介绍如何正确引用参考文献。

第一步：打开"中国知网"，在"主题"栏输入与论文相关的主题词，或论文将引用的参考文献主题词，如"毕业论文撰写注意事项"，点击"搜索"，会列出一系列相关文献。在列表中找到本文正确引用的参考文献，并在相关的参考献前面打对勾。然后点击"导出与分析"→"GB/T 7714—2015 格式引文"，如图 2.20 所示。

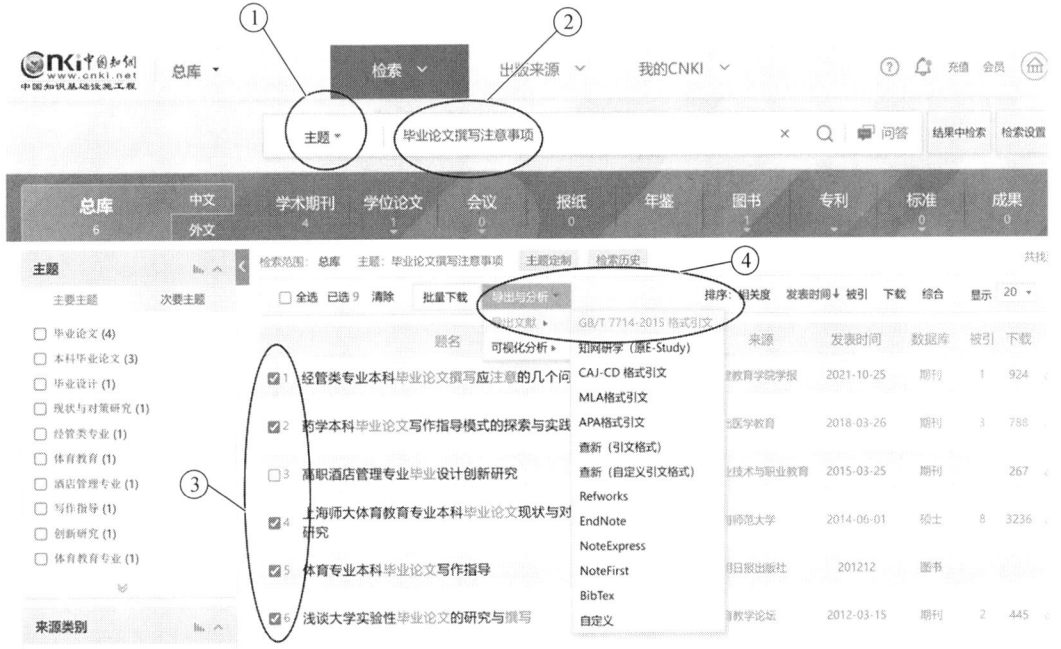

图 2.20　搜索主题词示意

第二步：上一步所勾选的参考文献，出现在如图 2.21 所示的列表中。然后点击"复制到剪贴板"。

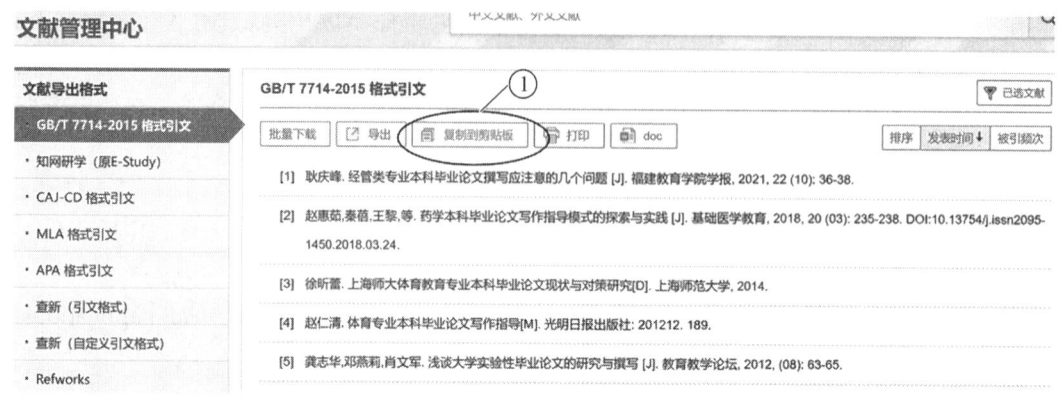

图 2.21　复制参考文献示意

第三步：打开毕业论文文档，粘贴到论文相应位置。如果参考文献格式不对，则参照上文"参考文献著录格式与示例"进行修改。

再"全选"所有参考文献，如图 2.22 所示。点击"鼠标右键"→"段落"→"特殊格式"→"悬挂缩进"→"度量值"→"2"→"确认"。

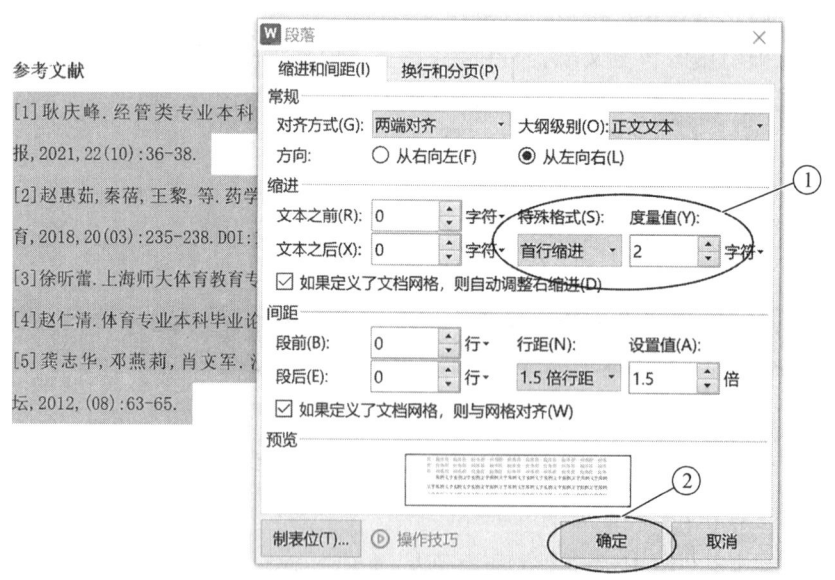

图 2.22　编辑参考文献格式示意

第四步：按住"Alt"键，把所有的标号删除，也可依次删除标号。如图 2.23（a）所示①处已将标号删除。"全选"→"鼠标右键"→"项目符号和编号（N）"，在出现的列表中，选择带中括号的标号，如[1][2][3]……。如果下拉进度条②处也没找到对应格式，则需要"自定义列表"进行编辑。

如图 2.23（b）所示，点击①处的选项（或类似[1]的选项，方便自定义为规定的格式），然后点击"自定义"，出现图 2.23（c）所示的对话框。将编号格式中的"（①）"修改成"[①]"，编辑样式为"1，2，3…"，点击"确认"。

（a）

（b）

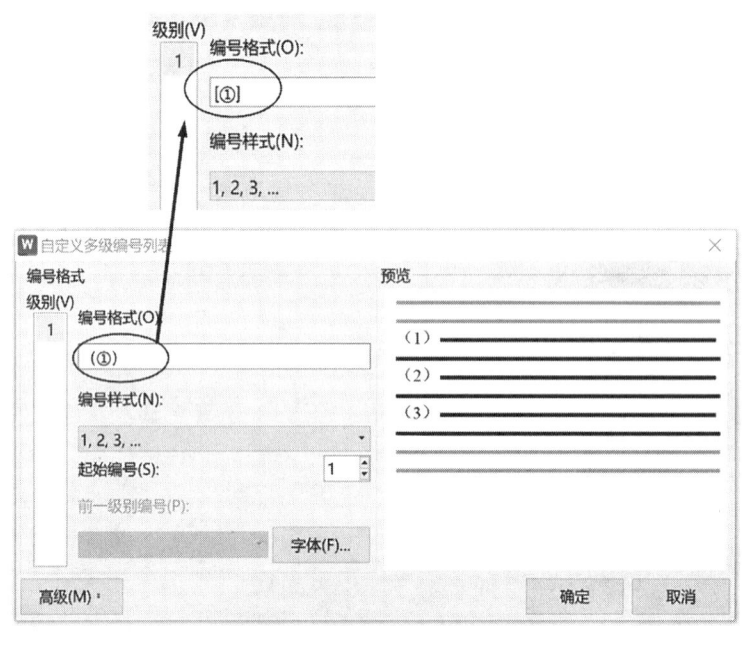

（c）

图 2.23 编辑参考文献标号示意

编辑完成后参考文献格式如下：

参考文献

[1]耿庆峰.经管类专业本科毕业论文撰写应注意的几个问题[J].福建教育学院学报，2021，22（10）：36-38.

[2]赵惠茹，秦蓓，王黎，等.药学本科毕业论文写作指导模式的探索与实践[J].基础医学教育，2018，20（03）：235-238.

[3]徐昕蕾.上海师大体育教育专业本科毕业论文现状与对策研究[D].上海：上海师范大学，2014.

[4]赵仁清.体育专业本科毕业论文写作指导[M].北京：光明日报出版社，2012：189.

[5]龚志华，邓燕莉，肖文军.浅谈大学实验性毕业论文的研究与撰写[J].教育教学论坛，2012（08）：63-65.

第五步：在论文中找到需要引用参考文献的位置，如图 2.24(a)所示①处。点击"引用"→"交叉引用"→"引用内容"→"段落编号"，下拉进度条（见⑤处），选择需要引用的参考文献，点击"插入"→"取消"。

然后选中刚插入的参考文献标号"[1]"，点击"开始"→"上标"按钮就完成了参考文献的引用，如图 2.24（b）所示。

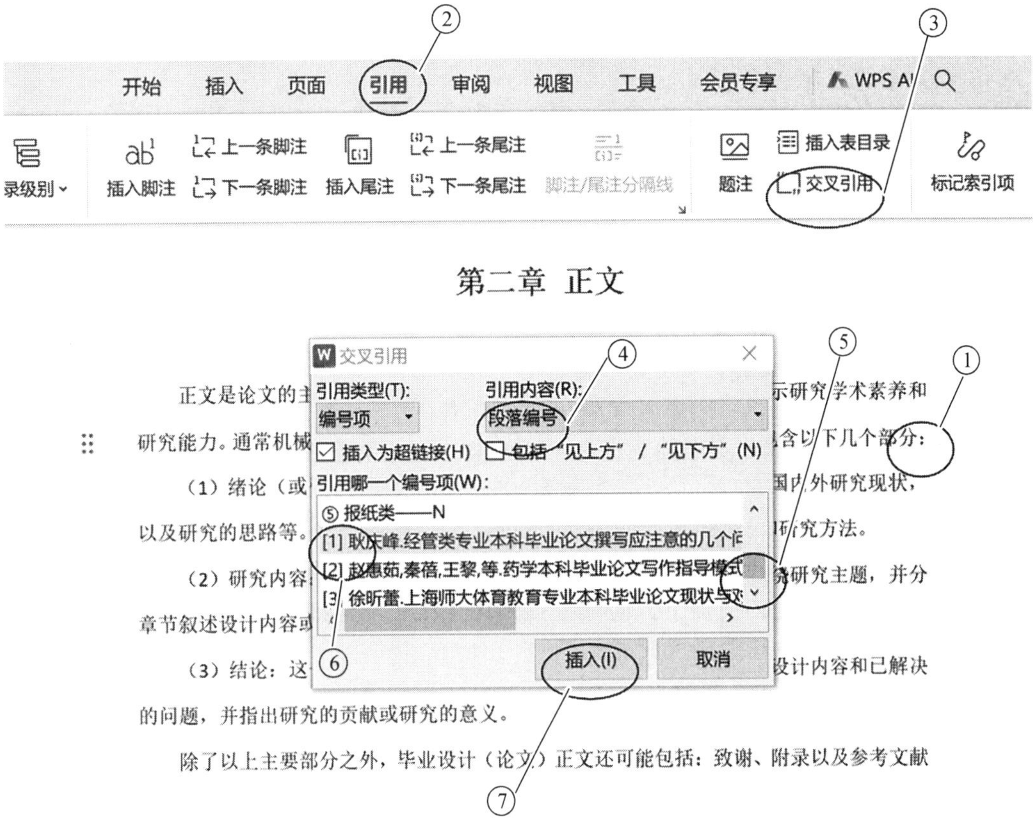

第2章 正 文

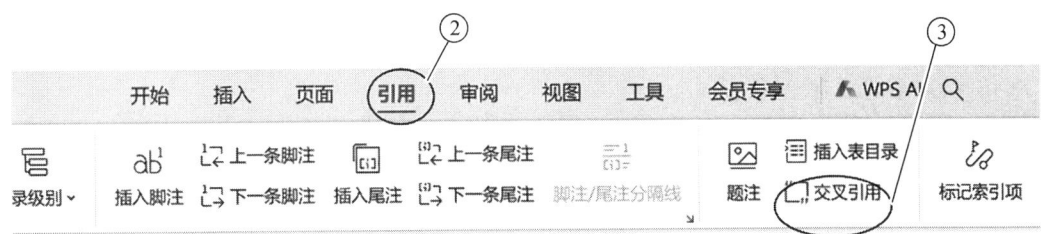

（a）

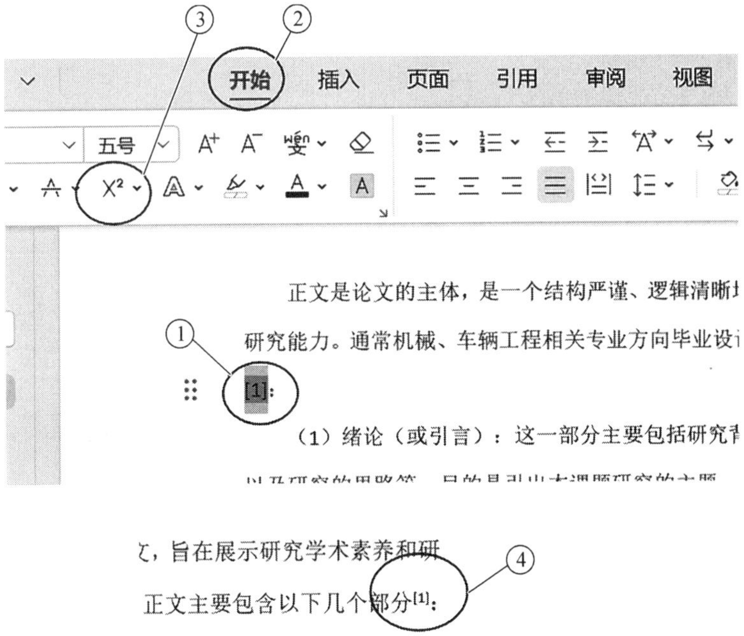

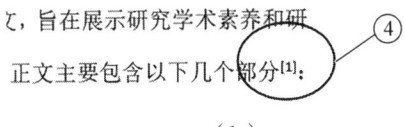

（b）

图 2.24 插入参考文献示意

第六步：重复第五步，就可以依次在文中引用相应的参考文献。当读者需要查阅文中标号处的参考文献时，只需按住"Ctrl"键，单击标号即可。

（4）引用参考文献注意事项。

毕业论文（设计）引用参考文献需注意以下几点：

① 参考文献数量要求至少 15 篇，其中期刊论文占比不少于 20%；

② 要求引用的参考文献不能时间过于久远，近 5 年文献要求占比 90% 以上；

③ 要求引用的来源类型广泛，包括普通图书[M]、学位论文[D]、专利[P]、期刊论文[J]等，最好不要只引用一种类型，比如普通图书[M]；

④ 适当引用外文文献，要求占比 10% 以上；

⑤ 要求所有参考文献在论文正文部分都有引用编号，如[1]，并要求使用"参考文献引用示例"中的方法进行引用，否则参考文献也会被查重；

⑥ 参考文献在正文部分不能随意标注，否则查重时不算在文献引用部分。

3. 附　录

附录是论文主体部分之外的内容，主要用于在不增加论文正文部分的篇幅，以及不影响正文主体内容连贯性叙述的前提下，向读者提供比正文更加详细的研究方法或技术资料，一般放在正文后面。常见的毕业论文附录如下：

① 调查问卷表格；

② 设计图纸；

③ 详细的重复性数据和图表；

④ 正文内过于冗长的公式推导；

⑤ 方便他人阅读所需的辅助性数学工具或表格；

⑥ 论文使用的主要符号的意义和单位；

⑦ 计算机程序源代码；

⑧ 调研报告；

⑨ 翻译部分有关说明。

2.9　毕业论文（设计）答辩

答辩是毕业成果检验的重要环节之一，它对学术质量的保障、学术交流的促进以及学生成长的激励都具有重要意义。同时，毕业答辩也对学生的论文质量、答辩准备、答辩表现以及答辩程序提出了明确要求。

1. 答辩准备

（1）答辩要求。

毕业论文（设计）完成后，需满足以下几个要求方可参加答辩：

① 毕业论文（设计）已完成且与导师确认允许参加答辩。

② 已将毕业论文相关内容上传至"大学生毕业论文（设计）管理系统"中的"毕业论文（设计）"处，审核通过并满足查重率要求。具体操作可参考本书"6.2　知网重复率检查操作指南"进行提交。

③ 指导老师和评阅老师已在"大学生毕业论文（设计）管理系统"中对上传的论文进行评阅打分，且符合答辩要求（60 分及以上）。

④ 指导记录和进展情况记录提交次数满足要求，且指导老师已评阅。

⑤ "大学生毕业论文（设计）管理系统"中"过程文档管理"选项中的其他资料都已提交且符合要求。具体操作可参考本书"6.1 资料准备"进行提交。

只有同时满足以上要求，"大学生毕业论文（设计）管理系统"中的相应位置才会自动生成答辩资格，否则无法参加答辩。

（2）答辩材料。

符合答辩要求的同学，答辩时需准备以下材料：

① 毕业论文纸质版（不需要胶装，装订上即可）；

② 相似性查重报告纸质版；

③ 各类答辩资料，如"答辩记录表""答辩评分表""总成绩评定表"，在"大学生毕业论文（设计）管理系统"对应位置下载打印，需提前填写好基本信息；

④ 答辩 PPT；

⑤ 有图纸要求的专业需按要求打印全套图纸；

⑥ 有实物成果展示的需提前准备。

2. 答辩 PPT 准备

毕业论文（设计）答辩 PPT 在答辩过程中起着至关重要的作用，它不仅是展示毕业设计成果的重要工具，还能帮助答辩者更好地组织思路、梳理逻辑以及缓解紧张情绪，并方便与答辩老师进行有效沟通。准备答辩 PPT 时需注意以下几点：

① 内容精炼：PPT 内容应简洁明了，突出重点，避免冗长和复杂的句子。每个章节应紧扣主题，用精炼的语言和图表表达关键信息。

② 逻辑清晰：PPT 内容应具有逻辑性，各章节之间应相互衔接，形成完整的研究框架。答辩者需要确保 PPT 内容的连贯性和一致性，便于答辩老师理解和跟踪。

③ 视觉美观：PPT 应采用合适的配色方案和排版布局，提高可读性和吸引力。背景、字体、图片等元素应统一风格，避免过于花哨或单调。同时，PPT 中的表格、图片应清晰、准确，能够直观地展示数据和信息。

④ 时间控制：PPT 的页数应适中，根据答辩时间合理分配每个章节的内容。答辩者需要在有限的时间内充分展示关键内容，避免过多冗余或无关紧要的细节。

⑤ 准备充分：答辩前应对 PPT 进行充分练习和准备，确保熟悉每个章节的内容和表达方式。同时，答辩者还需要准备应对答辩老师可能提出的问题，做好充分的心理准备。

在制作答辩 PPT 时，同学们需要认真对待 PPT 的制作和准备过程，确保内容精炼、逻辑清晰、视觉美观、时间控制得当，并做好充分的心理准备，以应对答辩中的挑战。接下来，以"自动补种式小型花生播种机的改进设计"题目为例，对 PPT 制作进行应用举例。

首先，答辩 PPT 要求内容精炼、视觉美观，因此最好不要出现如图 2.25（a）所示的 PPT 页面，即尽量避免直接从文中复制大量段落用到 PPT 的制作中。答辩前，应认真梳理论文重要知识点，构建研究框架，保证答辩内容的准确性和连贯性。根据答辩 PPT 制作要求，优化后的内容如图 2.25（b）所示。研究背景、目的、意义以及国内外研究现状等内容，都可以用类似方法制作成 PPT 内容。

（a）待优化答辩 PPT 页面

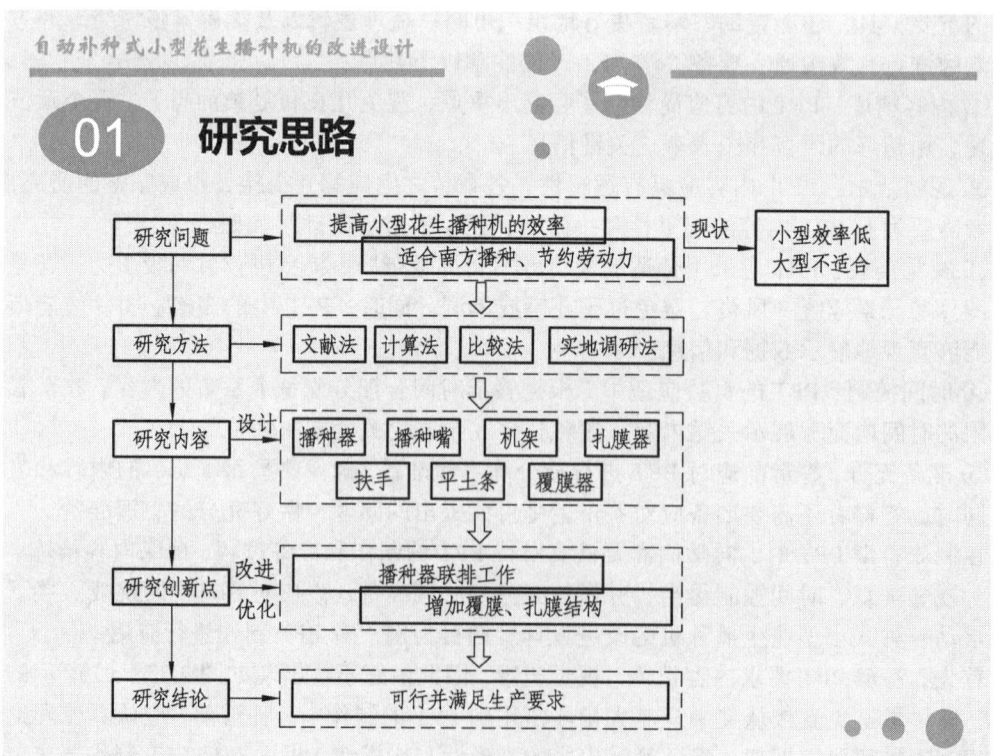

（b）优化后答辩 PPT 页面

图 2.25 答辩 PPT 示意

毕业答辩PPT最重要的是展示同学们的研究内容和成果，因此，不仅需要根据答辩时间合理分配每个章节的内容，还要着重展示研究的创新点。此处尽量不要用他人的研究成果/设计图纸来讲解，最好将自己的研究/设计成果依次展示出来。图 2.26 所示是此次设计的重要零部件，答辩时，需详细介绍该结构的名称、组成、功用，怎么设计的，有没有创新部分等。

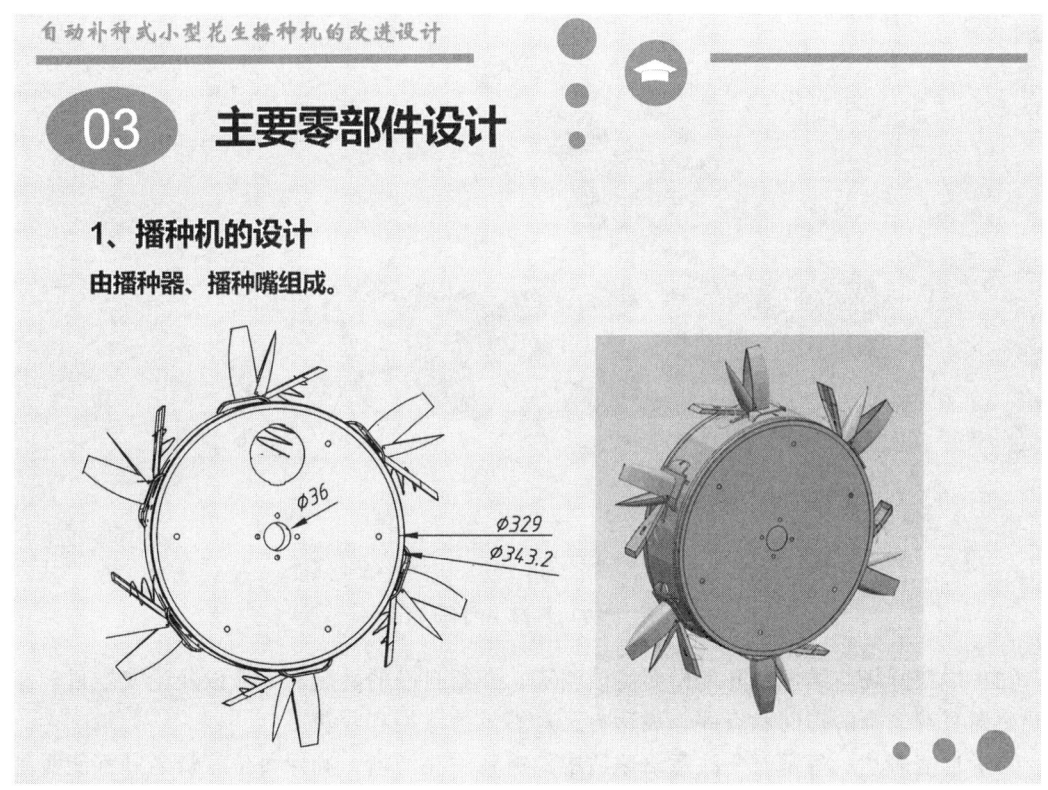

图 2.26　答辩 PPT 示意

毕业答辩需着重强调研究的最终成果，因此，需要将研究成果/设计图纸（二维、三维图均可）用答辩PPT展示出来。图2.27所示是此次课题设计的播种机装配图，答辩时，需简单介绍其工作原理和组成，接着详细阐述该设计的创新点，以及为什么要进行改进/优化，怎么进行改进/优化，改进后的优点等。最后分析该设备的运用或本课题的研究意义等。

3. 答辩技巧

为了能更好地展示毕业论文（设计）的研究成果，答辩时需注意以下几个方面：

（1）充分准备：提前开始准备答辩材料，确保毕业论文（设计）内容完整、逻辑清晰。熟记论文的整体框架、主要创新点、研究方法、实验结果和结论等。对自己的研究或设计有全面深入的理解，并预设一些可能提出的问题并尝试解答。

（2）制作优质PPT：PPT内容应简洁明了，突出研究亮点，避免过多的文字，使用表格、图片和关键数据来展示研究成果。PPT的设计要注意颜色搭配和谐，字体大小适中，确保每位答辩老师都能看清楚。

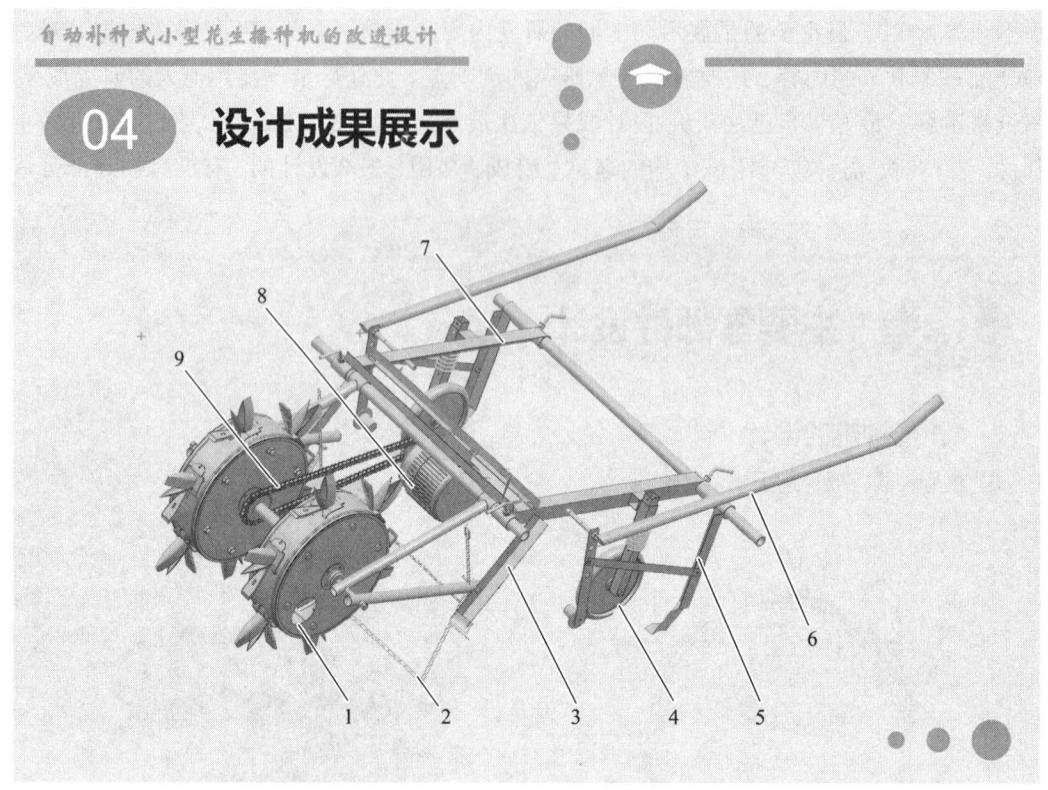

图 2.27 答辩 PPT 示意

（3）注意开场与结尾：开场白要简洁明了，介绍自己的姓名、专业以及论文题目。结束语要感谢答辩老师的提问和点评，表达自己对答辩的珍视和收获。

（4）自信表达：答辩时要注意语速适中，声音洪亮清晰，确保每位答辩老师都能听到你的表述。表达要清晰明了，开门见山，直接入题。回答问题时要在较短时间内迅速做出反应，以自信流畅的语言和肯定的语调来表达自己的观点。

（5）注意礼仪：答辩过程中要注意礼仪，举止大方得体。在听取答辩老师问题时，要认真记录，不要打断评委的提问。回答问题时要注意态度谦逊，实事求是，不要答非所问或转移话题。

（6）抓住重点：无论是自述还是回答问题，都要注意抓住重点，突出主题。避免流水账式的陈述，要言简意赅地表达自己的观点和研究成果。

（7）灵活应变：遇到不懂或没把握的问题时，要谦虚地向答辩老师请教，并实事求是地表达自己的看法。不要勉强作答或回避问题，要积极应对答辩老师的提问和质疑。同时，要注意听取答辩老师的建议和意见，以便在后续的研究中加以改进。

通过对以上答辩技巧的掌握和运用，可以有效地提高毕业论文（设计）答辩的效果和质量。祝同学们答辩顺利！

第 3 章 图纸绘制要求

零件图纸和装配图纸的绘制,是机械专业和车辆工程专业毕业论文(设计)中不可或缺的一部分,它们不仅是机械设计、制造和装配过程中的重要技术文件,也是毕业生展示自己专业技能和实践能力的重要途径。

3.1 二维图纸绘制要求

对机械专业和车辆工程专业毕业生,要求其毕业设计说明书有对应的设计图纸,最少需要 4 张主要零件图和 1 张装配图。需要注意:4 张主要零件图,不包括连接件、齿轮、带轮、键、联轴器,以及简单的传动轴等其他标准件或简单零件图(它们只作为辅助零件图,一般不算在 4 张主要零件图纸中),因此,最终提交的零件图纸加上轴、衬套、卡头、定位销等简单零件图纸需 6~7 张。这里的零件图要能体现所设计设备的主要零部件,要与设计说明书里所计算设计的主要零部件一一对应,不能有某个零件的图纸,但设计说明书里没有相应的设计部分,反之亦不可。

1. 零件图的作用

零件图是制造和检测零件质量的依据,它直接服务于生产,是生产中的重要技术文件,其作用主要体现如下:

(1)表达零件结构:零件图需要反映设计者的设计意图,表达零件的各种技术要求,如尺寸精度、表面粗糙度等。它用一组视图、完整的尺寸和技术要求,选择适当的剖视、断面、局部放大图等,将零件的形状、结构表达清楚。

(2)指导生产制造:零件图是制造零件的主要依据。在生产过程中,工人需要根据零件图上的尺寸、形状和技术要求进行加工和制造。

(3)便于检验和维修:质检部门在检验零件时,也是以零件图为依据来判断零件是否合格。同时,在维修过程中,维修人员可以通过零件图了解零件的结构和技术要求,从而进行正确的维修操作。

2. 零件图的组成部分

零件图表达了单个零件的形状、大小和特征,其内容主要包括以下几部分:

(1)一组视图。

零件图需要综合运用视图、剖视、剖面及其他规定和简化画法,选择能把零件的内、外结构形状表达清楚的一组视图。这些视图应该能够清晰地展示出零件的各个部分和细节，以便制造和检验人员能够准确地理解零件的结构和形状。

如图 3.1 为某模具凸模固定板零件图，图中只通过主视图和俯视图就可以将该零件的结构表达清楚，但为了更清楚地表达内部结构，还对该零件做了阶梯剖视图。

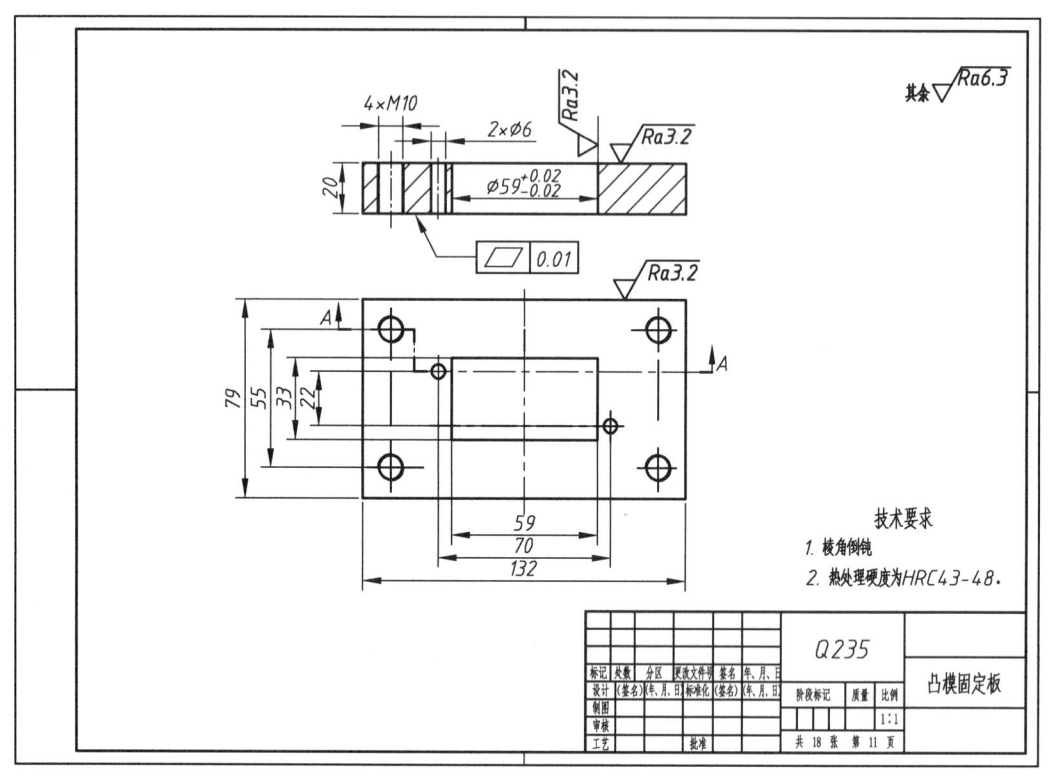

图 3.1 零件图

（2）完整的尺寸。

零件图上应注出加工完成和检验零件是否合格所需的全部尺寸，如图 3.1 所示。这些尺寸应正确、完整、清晰、合理地标注出来，以确保制造和检验人员能够按照图纸要求准确地加工和检验零件。

尺寸标注要符合国家标准的有关规定，包括尺寸线、尺寸界线、尺寸数字等的要求。同时，还需要注意尺寸标注的清晰性和合理性，避免出现重复、遗漏或矛盾的情况。

（3）技术要求。

零件图还需要用一些规定的符号、数字、字母和文字注解，简明、准确地给出零件在使用、制造和检验时应达到的一些技术要求。这些技术要求包括表面粗糙度、尺寸公差、形状和位置公差、表面处理和材料处理等要求。它们对保证零件的质量和性能具有重要意义。

根据零件的具体情况和图纸的布局，技术要求的位置通常应注写在图纸右下角标题栏的上方或其他合适的位置，总的原则是技术要求应放在显眼且不会与其他信息产生冲突的位置。

（4）标题栏。

零件图还包含标题栏，用以说明零件的名称、材料、数量、日期、图的编号、比例以及描绘、审核人员签字等信息。图纸 A0 到 A4 的标题栏基本相同，不同企业或机构可根据内部标准或习惯对标题栏的尺寸进行微调。

零件图标题栏具体规定：

① 标题栏的标准尺寸通常为 180 mm × 56 mm（或 180 mm × 52 mm，依据不同标准版本有所差异）。

② 标题栏的文字方向应与看图方向一致。

③ 标题栏的外框线应为粗实线，内部线条为细实线。

④ 标题栏的右边线和底边线需与图纸的图框线重合。

在绘制零件图时，应确保标题栏符合上述规定，以保证图纸的规范性和可读性。图 3.2 所示为机械图纸（包括零件图和装配图）标题栏示例，摘自 GB/T 14689—2008。

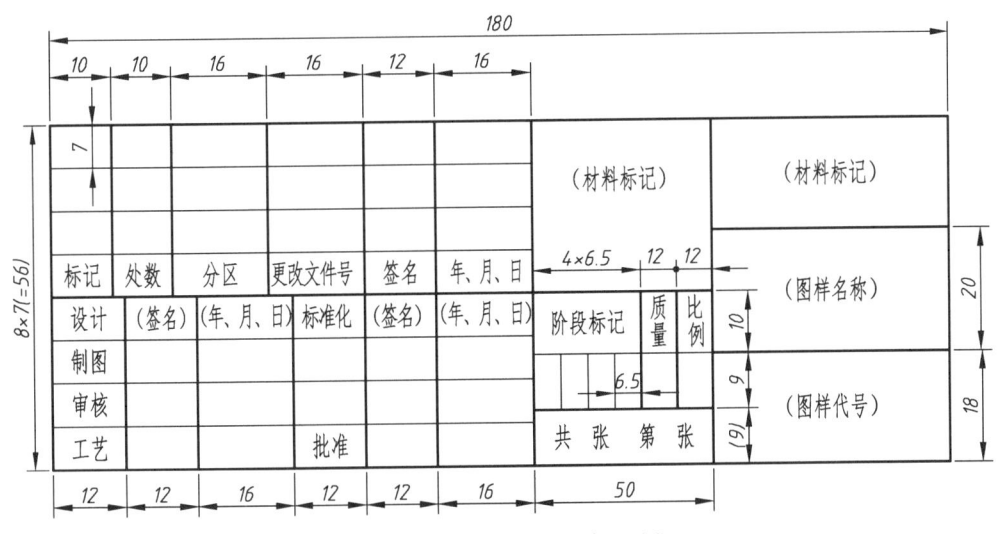

图 3.2 机械图纸标题栏示例

综上所述，机械零件图的主要内容包括一组视图、完整的尺寸、技术要求和标题栏等部分。这些部分相互关联、相互补充，共同构成了完整的零件图，为机械产品的制造和检验提供了重要的技术依据。

3. 装配图的作用

装配图是表达机器或部件的工作原理、运动方式、零件间的连接及其装配关系的图样，它是生产中的主要技术文件之一。具体来说，装配图的作用可以归纳为以下几个方面：

（1）指导生产：装配图指导着零件的加工、制造和装配过程，确保各个零件能够按照设计要求正确地组合在一起，形成完整的机器或部件。

（2）提供技术依据：装配图详细展示了机器或部件的结构、形状和尺寸等信息，为技术人员提供了必要的技术依据。

（3）便于维修和保养：在机器使用和维修时，装配图是必不可少的技术资料，帮助技术人员了解机器的工作原理和构造，快速找到故障点并进行修复。

（4）技术交流与合作：装配图可用作交流技术经验和传递产品信息，帮助不同领域的技术人员理解和合作。

综上所述，装配图在机械设计和制造过程中具有不可替代的作用。它是连接设计、制造、维修和使用等各个环节的重要纽带，为产品的质量和性能提供了有力的保障。

4. 装配图的组成部分

图 3.3 所示为某模具装配图，装配图和零件图一样，包括视图、尺寸、技术要求以及标题栏等几部分，各部分具体内容如下：

（1）一组视图。

用以表达机器或部件的工作原理、装配关系、传动路线、连接方式及零件的基本结构。这部分与零件图类似，只要能表达清楚机器或设备的以上相应关系即可，不一定要用三个视图来表达，而且在必要的时候，应该用剖视图或局部剖视图来表达设备之间的内部装配关系。如图 3.3 中就用了全剖视图来表达模具内部之间的装配关系。

（2）必要尺寸。

必要尺寸包括性能尺寸、装配尺寸、外形尺寸、安装尺寸等，用以表示机器或部件的性能、规格、外形大小及装配、检验、安装所需的尺寸。

（3）技术要求。

技术要求是用符号或文字注写的机器或部件在装配、检验、调试和使用等方面的要求、规则和说明等。

装配图上的技术要求放置的位置与零件图类似，在明细栏上方或图纸下部空白处，具体位置可根据图纸布局和实际需求调整，但通常都会选择在空白处或较为显眼的位置，以便于查阅和理解。

（4）零部件序号、标题栏和明细栏。

装配图中的每个零件都会按一定顺序编上序号，并编制出明细栏，明细栏中注明各种零件的序号、代号、名称、数量、材料等内容。标题栏则需注明机器或部件的名称、图样代号、比例、质量，以及责任者的签名和日期等信息。

装配图标题栏和零件图标题栏在格式上保持一致，但二者在填写内容上存在差异，填写时需加以区分。装配图的明细栏紧挨着标题栏上方绘制，当标题栏上方位置不够时，明细栏其余部分可以画在标题栏左方。如图 3.3 所示，明细栏上的序号应按至下往上递增，这样便于在有漏编的零件时继续往上填写。同时，要求装配图中的序号应按水平或垂直方向排列整齐，按顺时针或逆时针方向顺次排列。图 3.4 为装配图明细栏示例，摘自 GB/T 14689—2008。各栏具体尺寸在实际应用中会根据图纸的布局、设计习惯以及行业标准而有所差异。

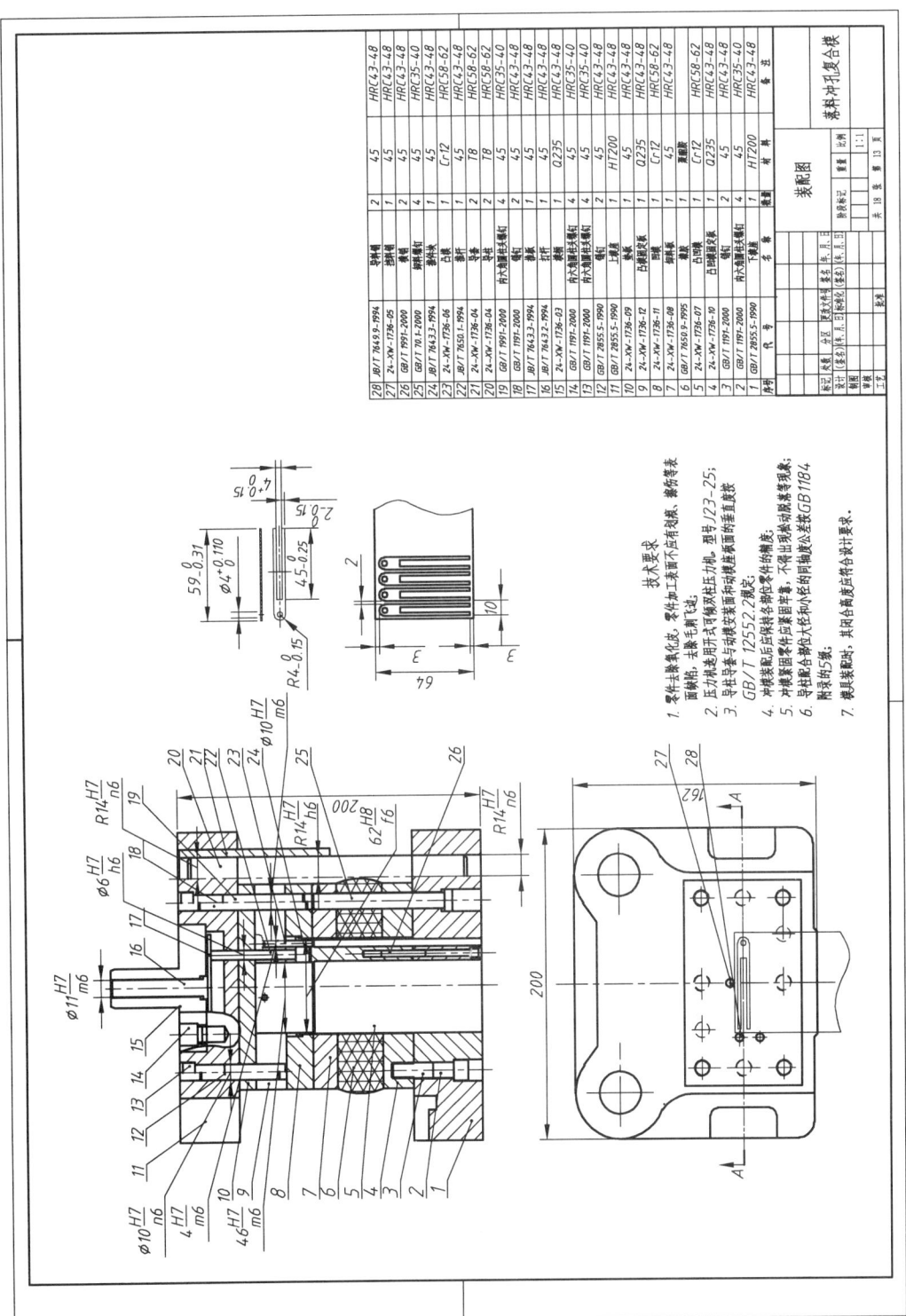

图 3.3 装配图

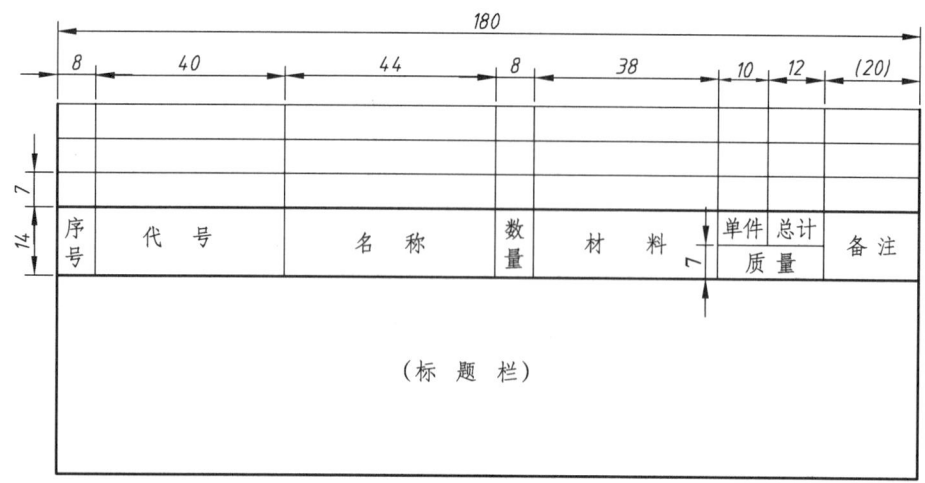

图 3.4 装配图明细栏

下面为历年毕业论文（设计）装配图纸中尺寸标注存在的问题：

① 在标注装配图的对应尺寸时，不需重复标注零件图的尺寸，因为这些尺寸已经在零件图中明确表达。如果重要零件没有相应的零件图纸，可添加。

② 装配图上没有标注装配好后机器或设备的长、宽、高尺寸，如 3.3 图中标注的 $200 \times 162 \times 200$。

③ 没有标注零部件之间要求的尺寸，如在实际制造过程中为控制尺寸和精度，需对装配图上相关零部件之间的公差配合进行标注，如图 3.3 中导柱 20 与导套 21 之间的公差配合关系为 $R14\dfrac{H7}{n6}$。

④ 未根据产品或部件性能和规格来标注尺寸，如 G3/8，代表一种管螺纹的规格，G 代表圆柱螺纹，3/8 表示螺纹代号。

⑤ 没有标注产品或零部件安装基础上或其他零部件上所需要的尺寸。

⑥ 技术要求未放在明细栏上方或图纸下部空白处。

⑦ 装配图中的序号未按顺时针或逆时针方向排列。

⑧ 序号的字高要比标注尺寸数字高度大一号或两号。表 3.1 为 GB/T 14691《技术制图字体》（GB/T 14691）的相关要求。

表 3.1 技术制图字体

内　容	字高/mm	内　容	字高/mm
图样、技术文件条文	5	装配图中指引线上或圆内注写的序号	比尺寸数字大一号
主标题名称栏	7 或 5	图样中用作指数、分数、极限偏差、注脚等的数字和字母	比尺寸数字小一号
图样中标注和尺寸数字	3.5	"技术要求"四字，以确保可读性和醒目性	A0、A1 图纸：7 或 10 其他图纸：5 或 7

第 3 章 图纸绘制要求

5. 机械图样图纸幅面和格式

机械图样幅面又称图纸幅面，指的是绘制图样的图纸的大小。机械图样幅面应遵循国家标准 GB/T 14689—2008 的规定。基本幅面尺寸有五种：A0、A1、A2、A3、A4，其具体尺寸如图 3.5（a）所示。必要时，幅面允许加长，但加长量必须符合国标规定，即图纸幅面可按规定进行加长，加长幅面以基本幅面的短边成整数倍增加。此外，机械图纸通常还包括图框、标题栏、字体、比例、线型等元素，这些元素都有相应的国家标准规定。

图框格式有以下要求：

① 图样中的图框由内、外两框组成，外框用细实线绘制，大小为图 3.5（a）所示的幅面尺寸，内框用粗实线绘制，内外框周边间距尺寸与格式有关，如图 3.5（b）、（c）所示。

② 图框有两种：留有装订边和不留装订边，图框周边尺寸分别如图 3.5（b）、（c）所示。

③ 留有装订边的图框，一般采用 A4 竖装或 A3 横装。

④ 毕业设计没有严格的要求，但一般选用留有装订边的图框。应特别注意：同一产品的图样只能采用一种格式。

截面尺寸	$B \times L$	e	c	a
A0	841×1189	20	10	25
A1	594×841			
A2	420×594			
A3	297×420	10	5	
A4	210×297			

（a）图纸幅面尺寸（单位：mm）

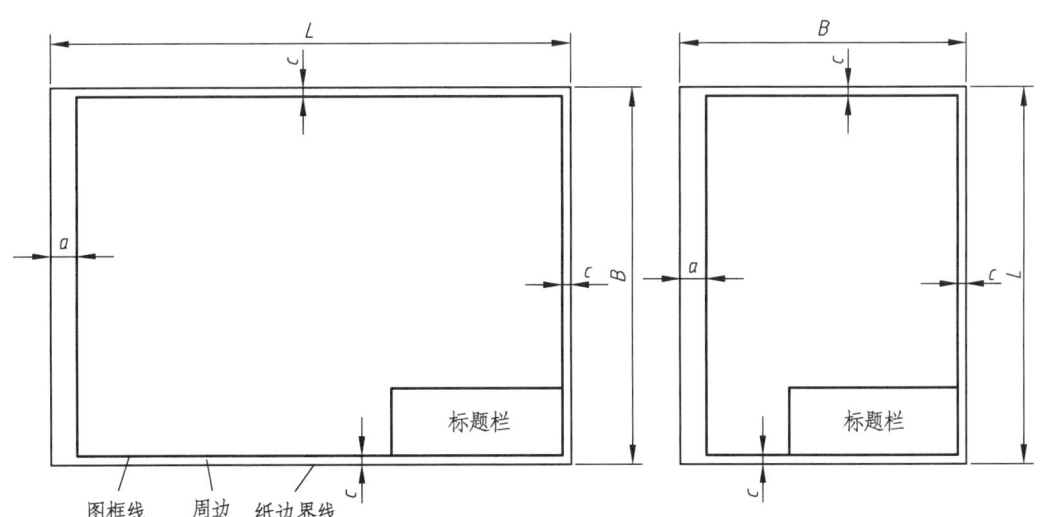

（b）留有装订边图框尺寸

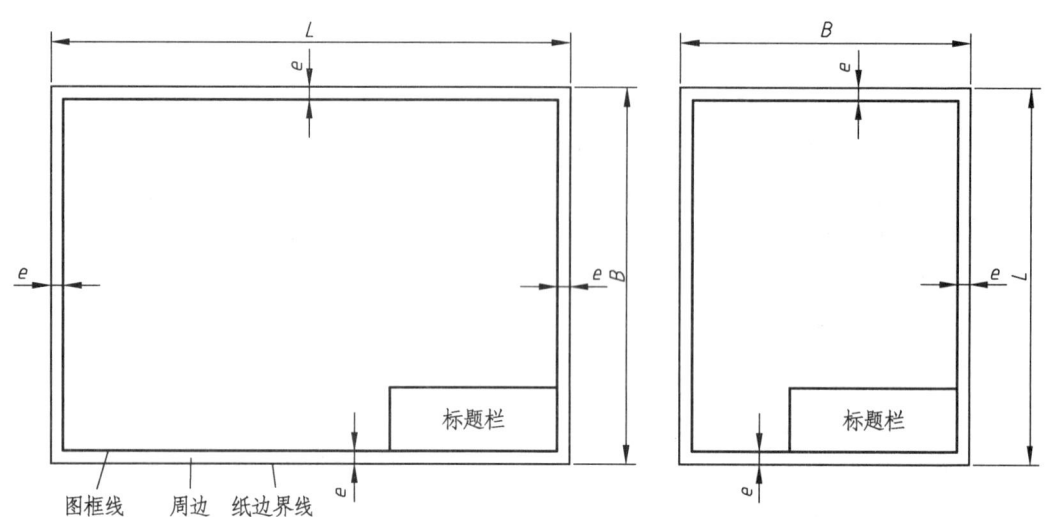

（c）不留装订边图框尺寸

图 3.5　图纸幅面尺寸示例

3.2　二维图形的绘制要求

这一节基于 AutoCAD 2023 绘图软件，在对历年毕业设计图纸中频繁出现的绘制问题进行总结分析的同时，对图层的建立、尺寸/文字的标注、粗糙度和形位公差的设置以及图纸的打印输出等基本操作进行简单介绍。

图 3.6 所示为某毕业生零件图纸，图中粗细实线没有准确应用，中心线和虚线运用不合理，标注箭头不统一，标注字体大小及格式不符合规范等。为了避免今后毕业设计图纸再次出现类似情况，下面将针对以上图纸问题，逐一进行讲解示范。

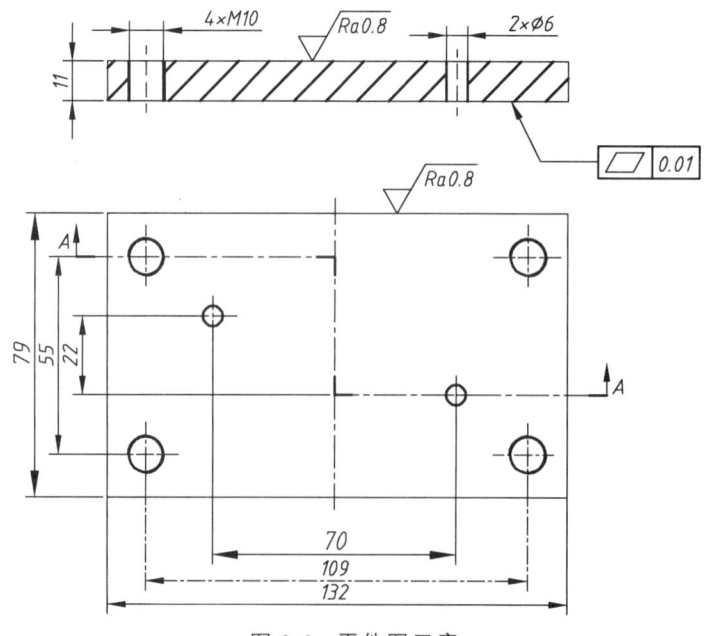

图 3.6　零件图示意

1. 图　层

下面对图层的建立与正确应用进行讲解。

在机械设计图纸中，通常包含多个零件和组件。这些零件和组件可能具有不同的线型、线宽和颜色。通过使用 CAD 图层，可以分别建立不同零件和组件的图层，并设置相应的线型、线宽和颜色。这样，在查看或修改图纸时，可以方便地通过图层管理器快速找到和选择所需的零件或组件，提高绘图和修改的效率。

CAD 中，建立图层的一般步骤如下：

（1）打开图层特性，新建图层。

如图 3.7 所示，可以直接点击工具栏上的"图层特性"按钮，出现如图 3.8 所示的"图层特性管理器"。

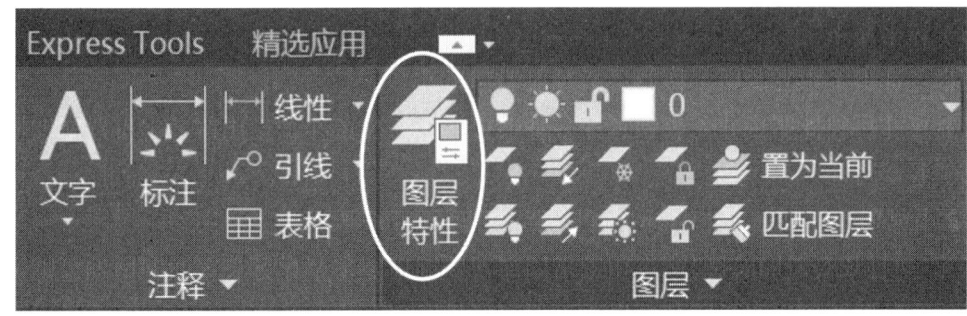

图 3.7　图层特性

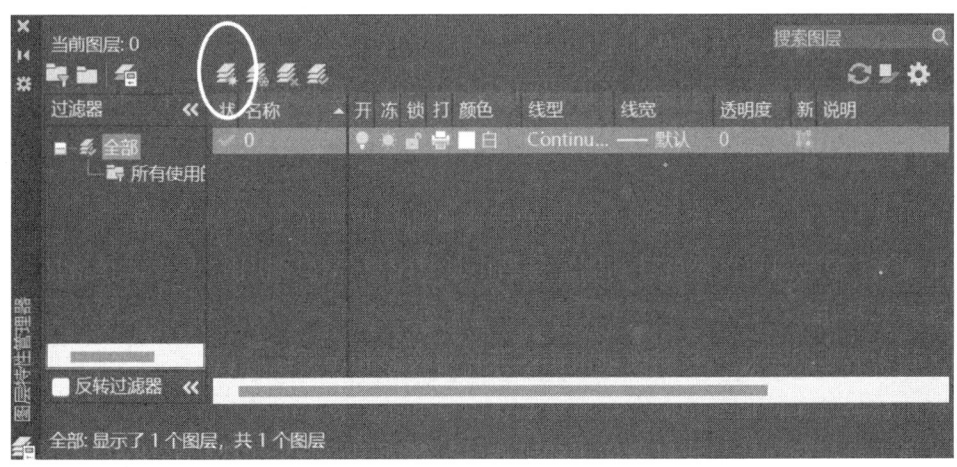

图 3.8　图层特性管理器

图层的数量一般根据实际的需求而定，机械类和车辆工程类制图常使用 4 个图层，即粗实线、细实线、中心线和虚线层。首先，点击图 3.8 中"新建图层"按钮，新建如图 3.9（a）所示的 4 个图层。

（2）图层名称设置。

单击"图层1"更改名字为"粗实线"，同理更改"图层2"为"细实线"，以此类推，修改各图层名称，如图3.9（b）所示。

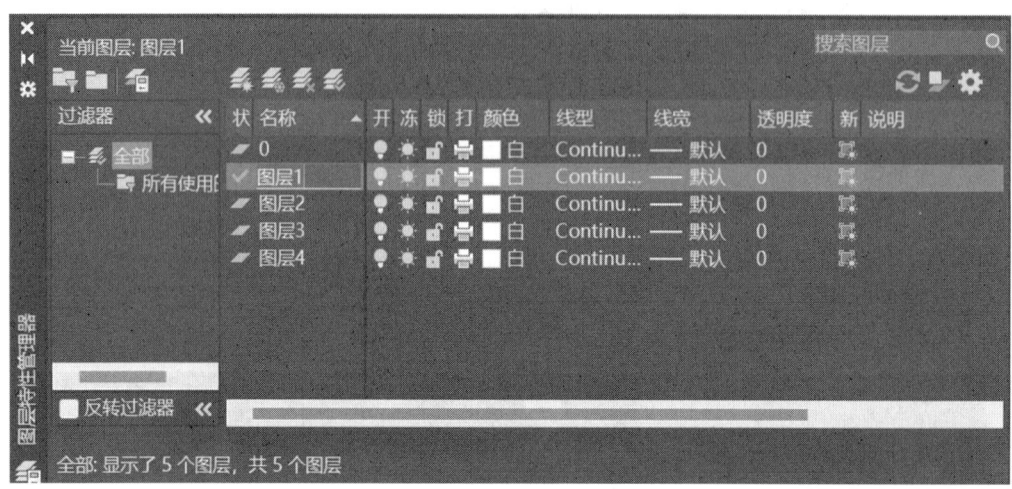

（a）

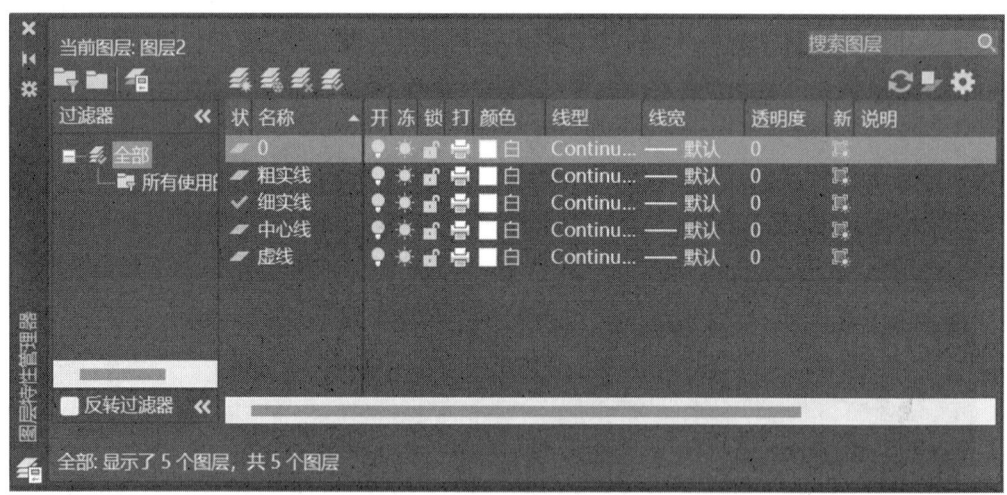

（b）

图3.9 图层名称设置

（3）图层颜色设置。

图层颜色除了粗实线必须是白色的，其他图层颜色可随意设置，但为了方便后续插入毕业论文（设计）说明书里的截图格式统一，即都是白底黑线。所以，此处设置各图层颜色时，建议都设置成白色。

（4）图层线宽设置。

图层线宽的设置，只需点击线宽默认处，就会出现如图3.10右边所示的对话框，选择对应的线宽即可。粗实线的线宽按国家标准设为 0.5，其他则为 0.25，设置好后如图 3.10 所示。

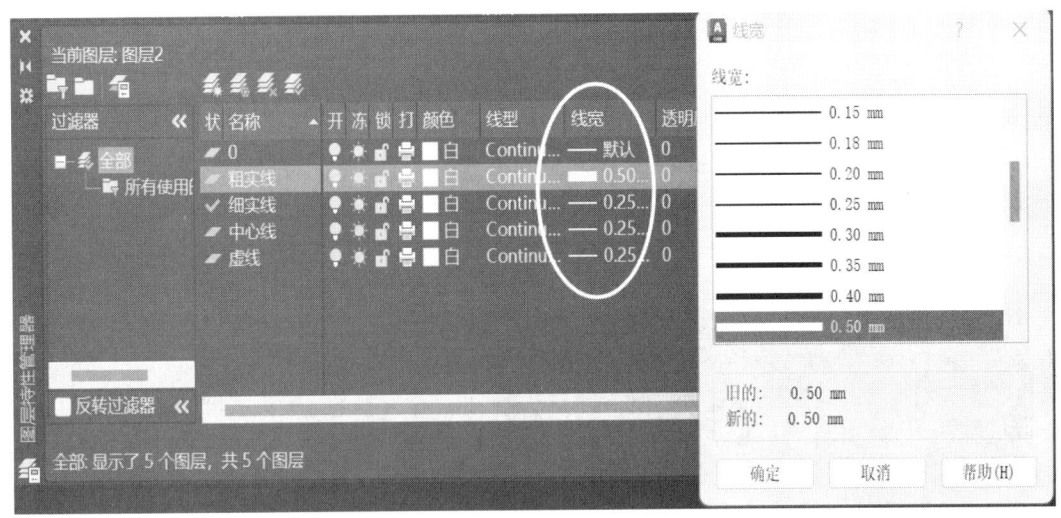

图 3.10　图层线宽设置

（5）图层线型设置。

图层线型的设置，粗实线和细实线线型不需进行设置，只需设置中心线和虚线的线型。具体操作如下：

① 点击中心线线型对应的"continuous"处，出现如图 3.11（a）所示的对话框；
② 点击"加载（L）…"按钮，弹出如图 3.11（b）所示的对话框；
③ 找到名为"CENTER"的线型，点击确定；
④ 在图 3.11（c）所示的对话框中选中刚确定的线型；
⑤ 同理设置虚线线型，在出现的"加载或重载线型"对话框里选择"DASHED"，如图 3.11（d）所示，然后选择其作为虚线线型即可。

设置好的线型如图 3.11（e）所示。图层设置好后，就可以按照绘制要求进行相应图纸的绘制。

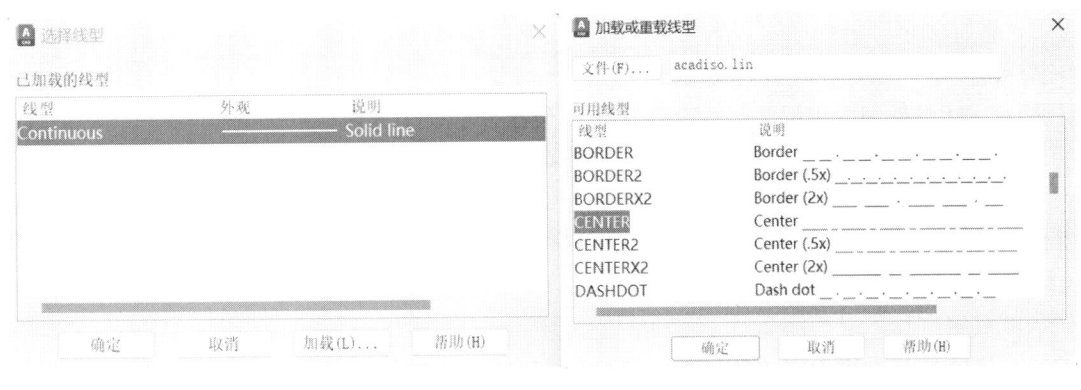

（a）　　　　　　　　　　　　　　　（b）

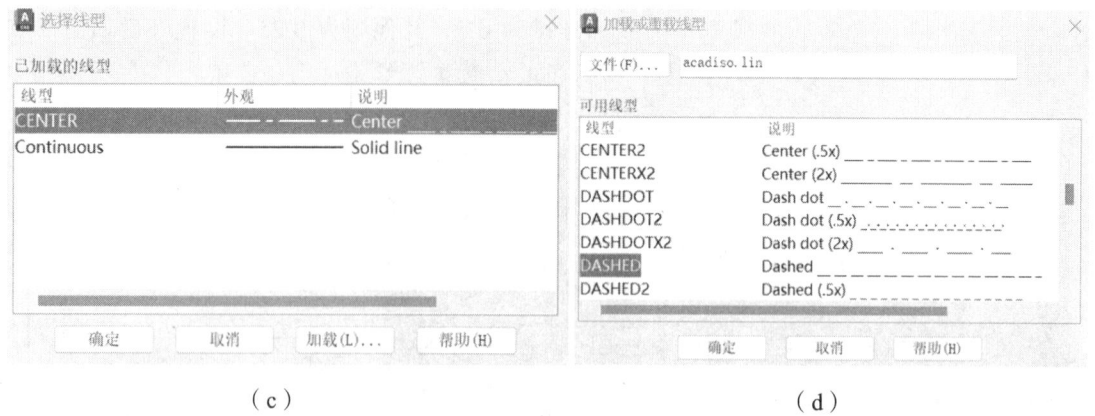

（c） （d）

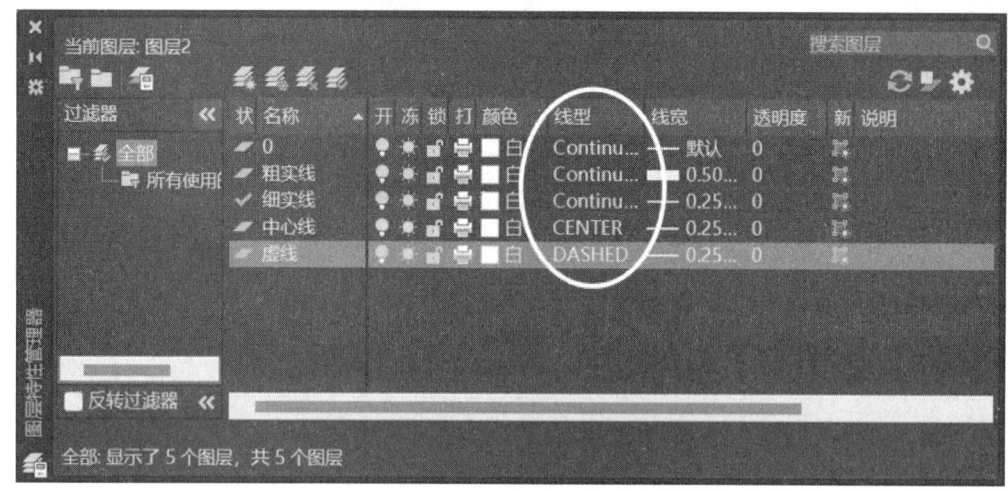

（e）

图 3.11　图层线型设置

2. 文字标注

文字标注在机械制图中至关重要，它主要有以下作用：解释技术要求、明确加工和装配要求、辅助图形表达，以及提供标题栏和注释等内容。

在 CAD 软件中，文字标识有两种方式，即"多行文字"与"单行文字"，机械制图一般选用"多行文字"进行标注。当采用"多行文字"默认的方式进行编写时，不符合机械制图国家标准要求，因此，在进行文字标注之前，需要首先对文字样式进行设置，让其符合国标要求。CAD 机械制图中的文字标注要求主要包括以下几个方面：

① 应使用长仿宋体，并采用国家正式公布的简化字。

② 字体高度（用 h 表示）的公称尺寸系列有 1.8 mm、2.5 mm、3.5 mm、5 mm、7 mm、10 mm、14 mm、20 mm。一般机械制图常用字体高度为 3.5 mm，其他常用字体高度的具体使用情况可参见表 3.1。

③ 汉字字宽一般为字高的 $1/\sqrt{2}$ 倍。

④ 字体的高度称为字体的号数，如 3.5 号字是指字体的高度为 3.5 mm。

⑤ 若需书写大于 20 号的字，其字体高度应按 $1/\sqrt{2}$ 的倍数递增。

⑥ 在同一张图纸上，无特殊要求，一般只允许使用一种号数的字体。
⑦ 字体要端正、笔画清晰、排列整齐、间隔匀称。
下面详细介绍怎么设置文字样式。
（1）打开文字样式设置对话框。
① 点击如图 3.12（a）所示"文字"下方"注释"处的倒三角；
② 在出现的列表里点击"Standard"旁边的"文字样式创建、修改"按钮，如图 3.12（a）所示；
③ 弹出图 3.12（b）所示的对话框，所呈现的文字样式默认是"Standard"，但此文字样式不符合机械制图国家标准，因此需要重新设置文字样式。

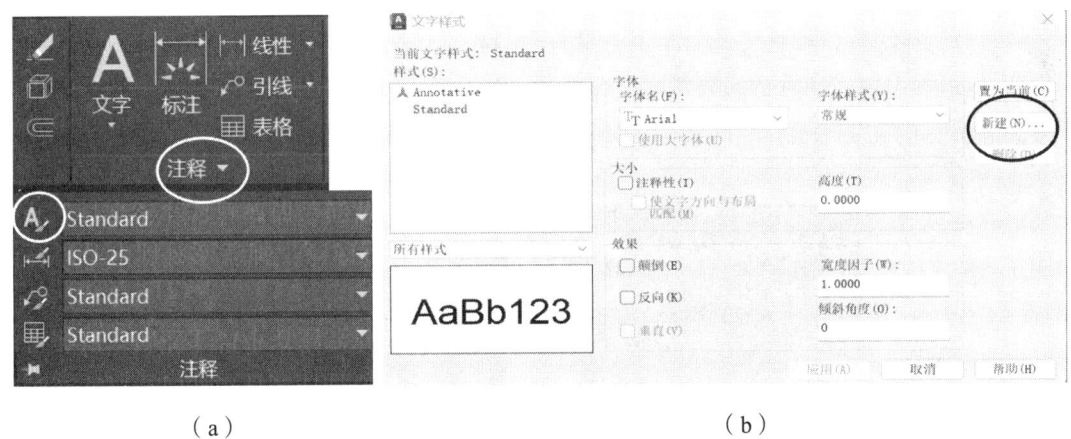

图 3.12　设置文字样式示意

（2）新建文字样式。
① 点击如图 3.12（b）所示的"新建"按钮，出现如图 3.13（a）所示的对话框，修改样式名。此处为了好区分，修改的样式名一般以字体的高度来命名，即"汉字 3.5"。

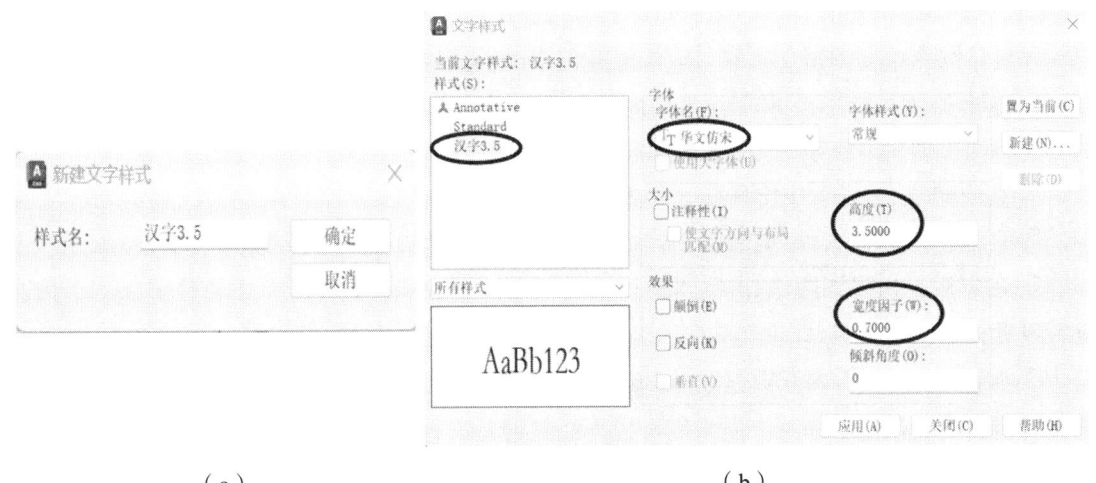

图 3.13　新建文字样式示意

②点击"确定"后,该文字样式出现在列表框中,选中该文字样式,修改相关信息。

③依次在"字体名(F)"的下拉列表框中选中"华文仿宋",如果没有此项,也可选择"仿宋"字体。

④在"高度(T)"处填写需要的字体高度,即3.5。

⑤在"宽度因子(W)"处填写0.7,点击"应用",完成设置,如图3.13(b)所示。

(3)书写文字。

书写技术要求以及标题框里的文字等内容时,启用多行文字进行书写。具体步骤如下:

①点击如图3.12(a)所示注释旁的倒三角,出现如图3.14(a)所示的列表框,确认当前样式就是所设置的"汉字3.5";

②点击"文字",选择"多行文字"进行书写;

③在如图3.14(b)所示的编辑区进行编辑,然后点击任一处退出编辑即可,图3.14(b)下方为编辑后的文字示意。

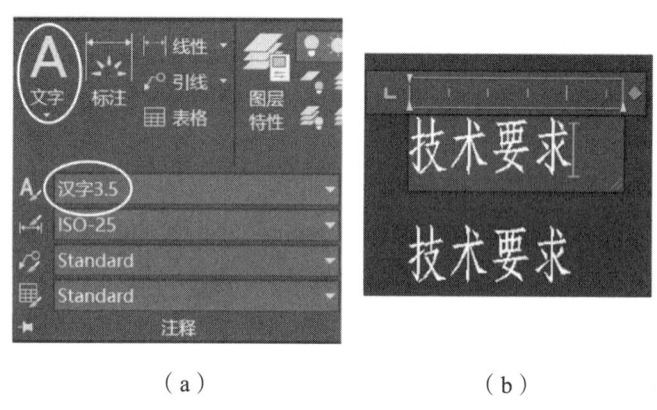

(a)　　　　　　　　(b)

图3.14　文字编辑示意

(4)数字样式设置。

在机械制图中,编辑文字时,可能涉及数字,因此,也需对数字的样式进行设置。

①点击如图3.12(a)所示注释处的倒三角,仍然在出现的列表里点击"Standard"旁边的"文字样式创建、修改"按钮;

②选中图3.12(b)中字体样式下方的"Standard";

③再点击"新建",出现如图3.15(a)所示的对话框,将样式名改为"数字3.5";

④确定后,出现如图3.15(b)所示的对话框,选中"样式(S)"中"数字3.5",依次进行设置;

⑤"字体名(F)"国标推荐选择"gbeitc.shx"斜体,也可以选择"gbenor.shx"正体,国标没有明确规定使用哪一种,同学们可根据绘制情况自行选择;

⑥"高度(T)"改为3.5,其他不变,依次点击"应用""关闭"后即可在需要的地方编写数字。

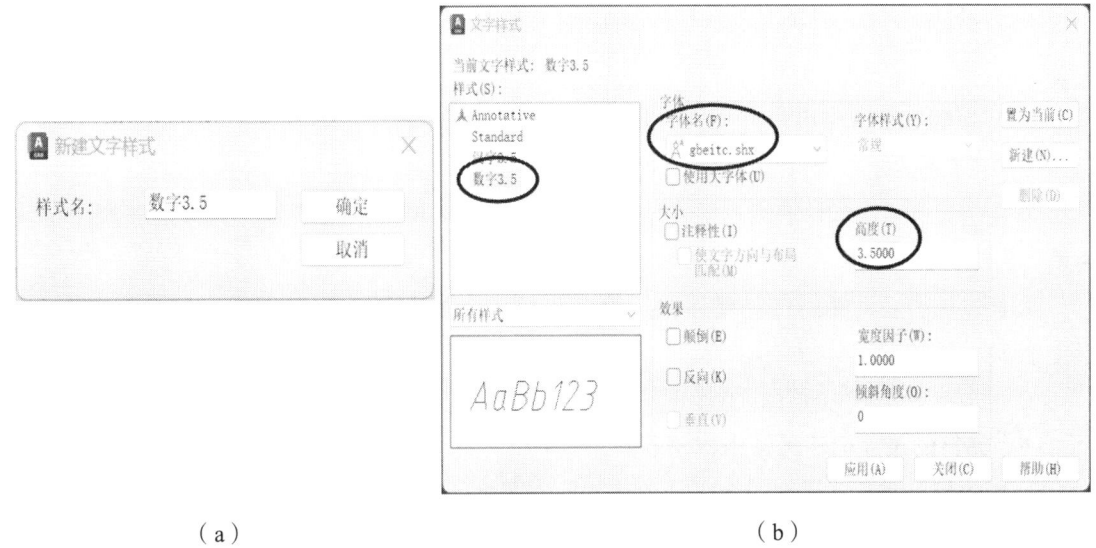

（a） （b）

图 3.15 数字样式设置示意

3. 尺寸标注

1）尺寸标注概述

机械制图标注是机械设计过程中不可或缺的一部分，它将机械零件的尺寸、形状、材料和其他相关信息准确地标注在图纸上，以便制造和检验。图 3.16 是将图 3.6 完善后的机械制图尺寸标注示意图。

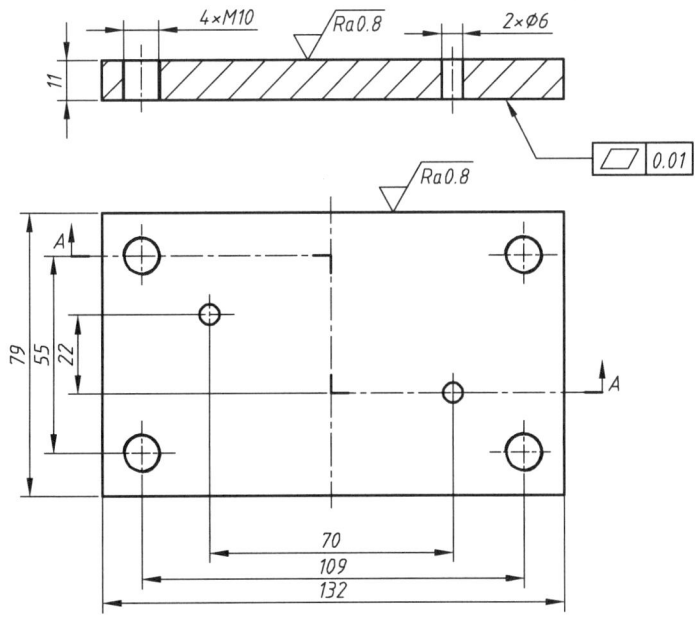

图 3.16 机械制图尺寸标注示意

下面对机械制图标注的相关情况进行详细介绍。

（1）机械制图标注的基本规则。

① 机件的真实大小：应以图样上所注的尺寸数值为依据，与图形的大小及绘图的准确度无关。

② 尺寸单位：图样中的尺寸，以毫米（mm）为单位时，不需标注计量单位的符号或名称；如采用其他单位，则必须注明相应的计量单位的符号或名称。

③ 完工尺寸：图样中所标注的尺寸，为该图样所示机件的最后完工尺寸，否则应另加说明。

④ 标注位置：机件的每一尺寸，一般只标注一次，并应标注在反映该结构最清晰的图形上。

（2）机械制图标注的组成要素。

一个完整的尺寸标注通常由以下要素组成：

① 尺寸数字：线性尺寸的数字一般应注写在尺寸线的上方，也允许注写在尺寸线的中断处。尺寸数字应清晰、准确，且不可被任何图线通过。

② 尺寸线：尺寸线用细实线绘制，不能用其他图线代替。标注线性尺寸时，尺寸线必须与所标注的线段平行。当有几条互相平行的尺寸线时，大尺寸要注在小尺寸外面，以免尺寸线与尺寸界线相交，如图3.16所示。

③ 尺寸界线：尺寸界线用细实线绘制，并应由图形的轮廓线、轴线或对称中心线处引出，也可利用轮廓线、轴线或对称中心线作尺寸界线。尺寸界线一般应与尺寸线垂直，并超出尺寸线的终端一定距离（通常为2 mm左右）。

图3.17所示为尺寸标注的组成。

（3）机械制图标注的特定方法。

① 多个连续尺寸的标注：连续标注时，尺寸线不能封闭。

② 成组要素的标注：对于成组要素，如圆孔阵列，只需标注一个要素，并注明均布（EQS）。

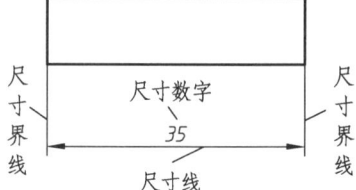

图3.17 尺寸标注的组成示意

③ 配做标注：需要在装配时进行配做的部分，应明确注明"配做"。

④ 倒角标注：45°倒角用"C"表示，其余角度用数字标注。

⑤ 其他特定标注：如退刀槽、砂轮越程槽、V形槽、T形槽、方槽、半圆槽、光孔、螺孔、沉孔、锥度、槽孔等，都有相应的标注方法和符号。

（4）机械制图标注的注意事项。

① 清晰：尺寸布置应力求清晰醒目，不遮挡，尽可能考虑加工的可行性。

② 标准化：标注应遵循国家标准或行业标准，确保图纸的标准化程度。

③ 准确性：标注的尺寸应准确无误，避免制造过程中的误差和浪费。

综上所述，机械制图标注是机械设计中的一项基本技能，它关乎零件的精确制造和质量控制。因此，在标注过程中应严格遵守基本规则和特定标注方法，确保图纸的准确性和可读性。

2）尺寸标注设置

图 3.18（a）所示是利用默认的样式进行标注后的示意图，而图 3.18（b）为按国标要求设置后的尺寸标注示意图。从对比中可以发现以下几点不同：

① 标注的尺寸数字不是国标斜体/正体；
② 尺寸数字精确至小数点后两位时不用逗号分隔，应该用句点分隔；
③ 标注尺寸界限与标注图之间有一段间隔，国标要求两者之间应连在一起。

因此，默认的标注样式是不符合国标要求的。

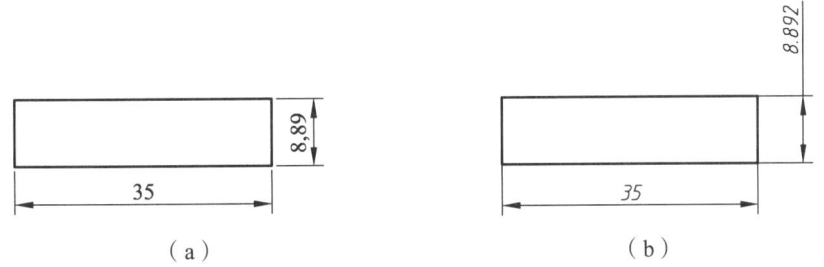

图 3.18　默认尺寸样式标注示意

下面新建一种标注样式，用于标注线性尺寸，步骤如下：

① 点击 3.12（a）注释处的倒三角，出现如图 3.19（a）所示的列表，点击"ISO-25"旁的"标注样式"按钮，出现如图 3.19（b）所示对话框。

② 选中"ISO-25"，点击"新建"按钮，出现如图 3.19（c）所示对话框。

③ 将"新样式名"修改为"线性标注"后，点击"继续"，在出现的图 3.19（d）所示对话框中根据机械制图要求依次修改参数。

④ 将"线"选项下面的"起点偏移量（F）"修改为"0"；将"文字"选项下面的"文字样式（Y）"选为已设置好的数字样式"数字3.5"；将"主单位"选项下面的"精度（P）"确定为精确到小数点后三位，即"0.000"；"小数分隔符（C）"处选为"．"（句点）。

⑤ 全部设置完成后，依次点击"确定""关闭"按钮。

（a）

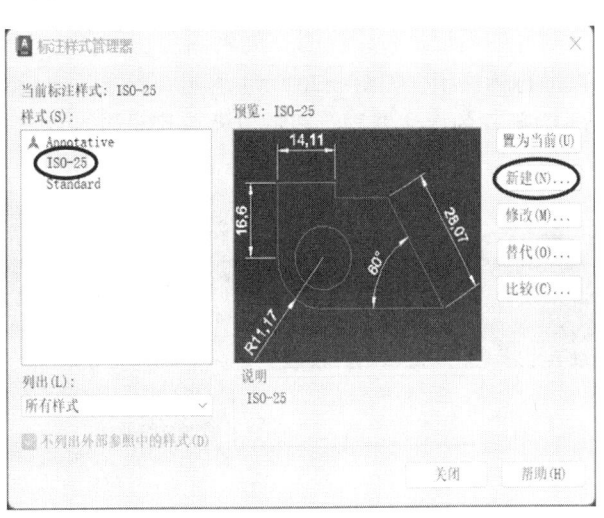

（b）

(c) 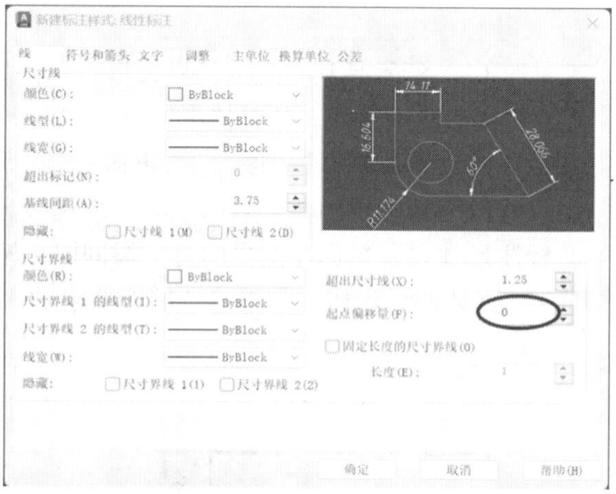 (d)

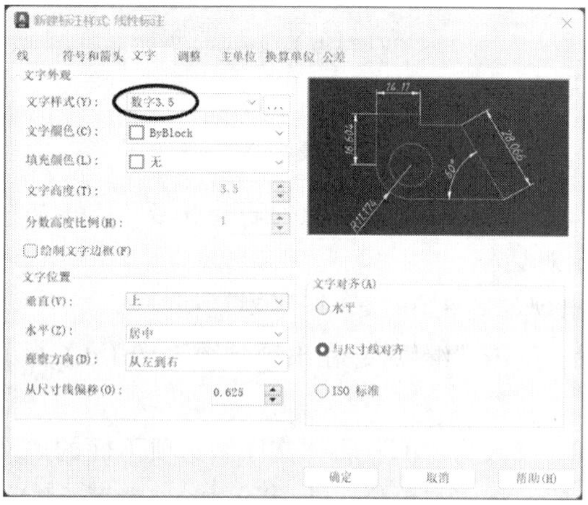

(e) 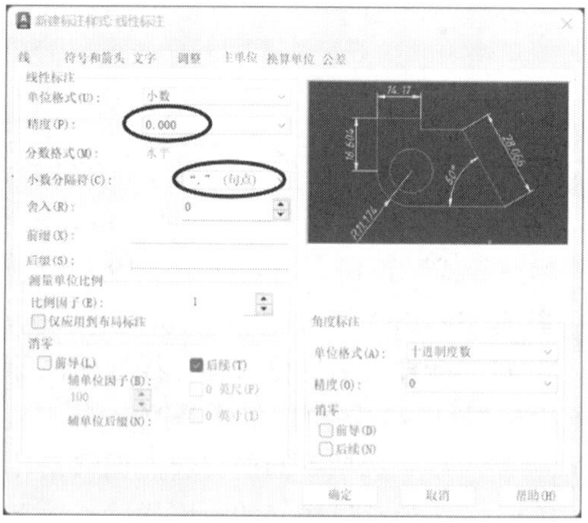 (f)

图 3.19 尺寸标注设置示意

对绘制好的图形进行标注时,先将图层切换到标注图层,并确认选中"线性标注"选项后就可以进行标注了,如图 3.20(a)所示。如果没有设置标注图层,则需先进行设置。如图 3.20(b)为新建的标注图层,线型以及宽度设置选择默认即可。

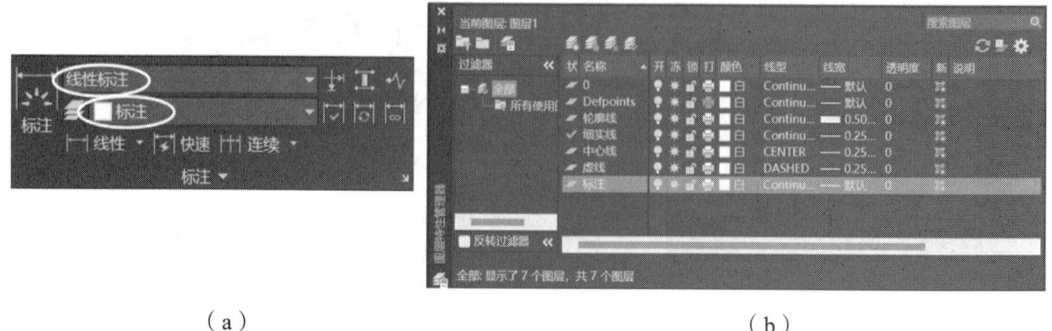

(a) (b)

图 3.20 标注设置

3)粗糙度标注

(1)粗糙度相关信息。

机械制图中,表面粗糙度是一个非常重要的参数,它描述了零件表面的微观几何形状,主要影响零件的性能,起到指导加工精度、评定零件质量、优化生产成本等作用。因此,在机械制图中,会根据零件的功能和使用要求来选择合适的粗糙度参数,并用相应的符号和数值在图纸上进行标注。粗糙度一般有三种类型,最常用的是 Ra(轮廓算术平均偏差),单位微米(μm)。Ra 的数值有第一系列和第二系列两组,一般优先选用第一系列,共有 14 个 Ra 的数值,分别为 0.012、0.025、0.05、0.1、0.2、0.4、0.8、1.6、3.2、6.3、12.5、25、50、100。

根据 Ra 值的不同,可以将粗糙度划分为多个等级,一般来说:

① 粗糙表面:Ra 值较大,通常在 6.3 μm 以上;

② 一般粗糙表面:Ra 值在 3.2 μm 至 6.3 μm 之间;

③ 中等粗糙表面:Ra 值在 0.8 μm 至 3.2 μm 之间;

④ 精细表面:Ra 值在 0.25 μm 至 0.8 μm 之间;

⑤ 超精细表面:Ra 值在 0.01 μm 至 0.25 μm 之间;

⑥ 极高精度表面:Ra 值小于 0.01 μm。

(2)建立粗糙度块。

首先认识粗糙度的符号,粗糙度符号有 3 种,如图 3.21 所示。图 3.21(a)是基本符号,表示表面可用任何方法获得。图 3.21(b)在基本符号加一短线表示表面粗糙度是用去除材料方法获得的,如车、铣、钻、磨、剪切、抛光、腐蚀、电火花加工等。图 3.21(c)在基本符号加一小圆表示表面粗糙度是用不去除材料方法获得的,如铸造、锻造、冲压成形、热轧、冷轧、粉末冶金等,或者是用于保持原供应状况的表面(包括保持上道工序的状况)。图 3.21(d)是在上述三个符号的长边上均加一横线,用于标注有关参数和说明。

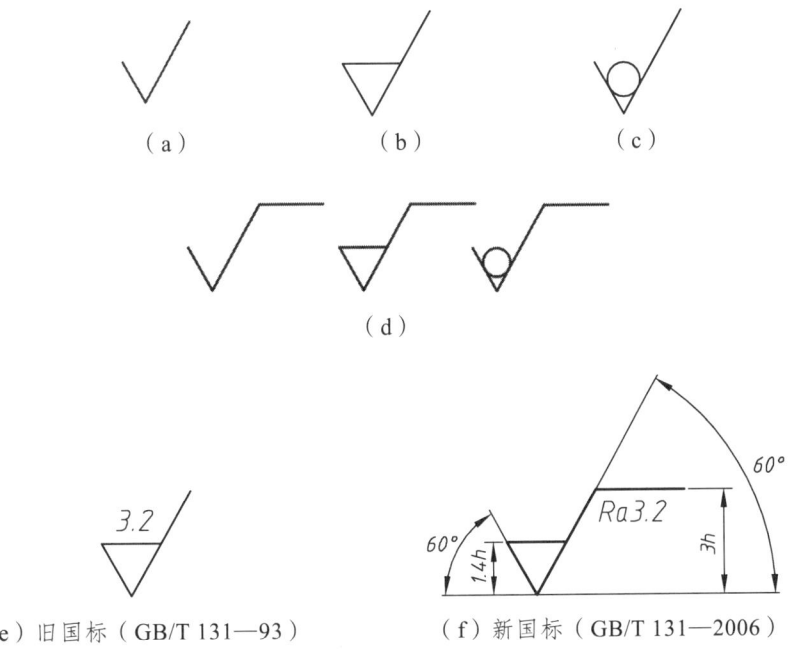

图 3.21 粗糙度符号

在 CAD 里，图 3.21 所示的粗糙度符号不能直接调用出来，因此，需要自行绘制，下面将详细介绍粗糙度块的建立步骤。图 3.21（e）、（f）所示为机械制图中粗糙度标注的新旧国标对比。以下主要讲解新国标粗糙度符号的绘制和标注方法，旧国标可参照此方法完成。对毕业设计图纸中涉及新旧国标粗糙度标注的部分，没有明确规定，同学们可根据各个指导教师及学校的具体要求进行绘制标注。

① 绘制粗糙度符号。

首先，绘制如图 3.21（f）所示的粗糙度图形，图中 h 为字高，若字高为 3.5，则可以根据图中所示具体参数，绘制出粗糙度符号，如图 3.21（d）第二个图所示。

② 属性定义。在命令栏输入"ATT"指令，弹出如图 3.22（a）所示对话框，设置各参数，点击"确定"后，将"$Ra3.2$"放置在粗糙度符号合适位置即可。此处"文字样式（S）"项最好选择前面设置好的"数字 3.5"。

③ 建立粗糙度"块"。

属性设置好后，在命令栏输入"B"指令，弹出如图 3.22（b）所示对话框，名称处填写"粗糙度"；点击"拾取点（K）"，选择图 3.22（c）光标所示位置；再点击"选择对象（I）"，框选整个符号后，点击空格，这个粗糙度块就建好了。

④ 修改粗糙度值。

可以双击粗糙度符号上的"$Ra3.2$"，出现如图 3.22（d）所示对话框，通过修改数据来重新定义粗糙度值。

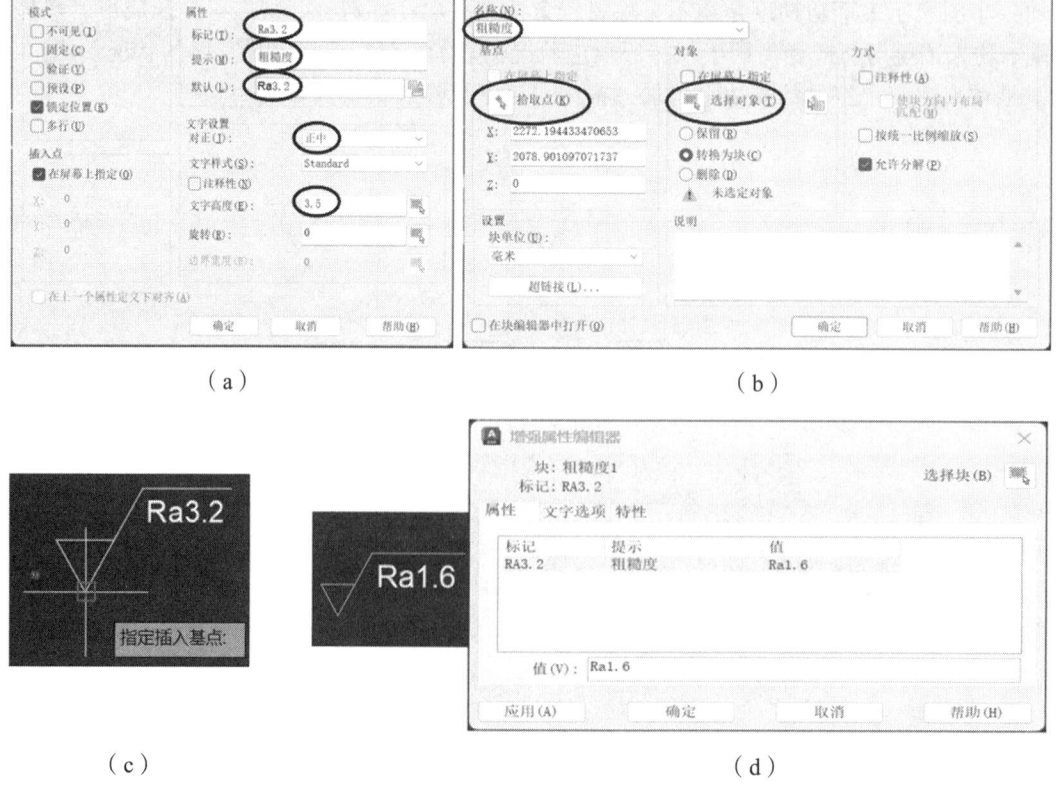

图 3.22 建立粗糙度符号

⑤ 插入粗糙度"块"。

输入"I"指令,点击空格,出现如图3.23(a)所示的对话框,选择做好的块,按鼠标右键选择"插入",就可以把块放在合适的位置。如果方向不对,可以在该对话框下方"旋转"处调整。图3.23(b)为标注粗糙度示意图。

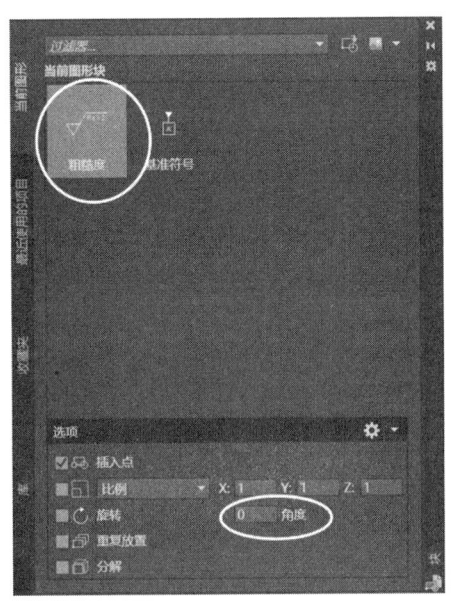

(a)

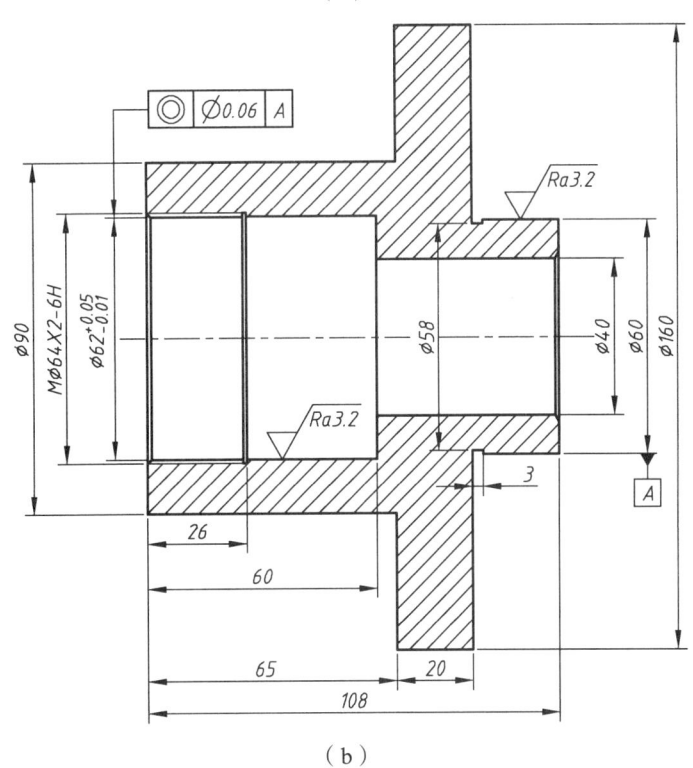

(b)

图 3.23 标注粗糙度符号示意

4)形位公差标注

(1)形位公差概述。

形位公差,全称为形状和位置公差,它涉及零件上点、线、面的实际形状和位置相对于理想形状和位置的允许变动量。这个概念在机械制造中非常重要,因为它能确保零件在制造和装配过程中满足设计的功能和精度要求。形位公差主要包括形状公差和位置公差两大类。

① 形状公差:主要控制零件表面的形状误差,如平面度、直线度、圆度、圆柱度等。这些公差确保了零件的实际形状与理想形状之间的偏差在允许的范围内。

② 位置公差:主要控制零件上各要素(如点、线、面)之间的相对位置关系,如平行度、垂直度、倾斜度、同轴度、对称度、位置度、圆跳动和全跳动等。这些公差确保了零件在装配或使用过程中能够正确配合和定位。

图 3.24(a)所示为形位公差,图 3.24(b)第一个图为旧国标(GB/T 1182—96)基准符号,第二个为新国标(GB/T 1182—2018)基准符号。

(a)   (b)

图 3.24 形位公差和基准符号

(2)标注形位公差。

形位公差具体标注方法如下:

① 在命令栏输入"LE"指令,单击空格,并选择"设置(s)",出现如图 3.25(a)所示对话框。

② 选中"公差(T)"选项,并点击"确认"按钮。

③ 根据命令栏提示,指定两个引线点。

④ 出现如图 3.25(b)所示对话框,根据实际情况依次设置"符号""公差""基准"等各项内容,或进行其他选项的设置,确认后可完成形位公差标注。

⑤ 标注好后,形位公差如图 3.23(b)所示。

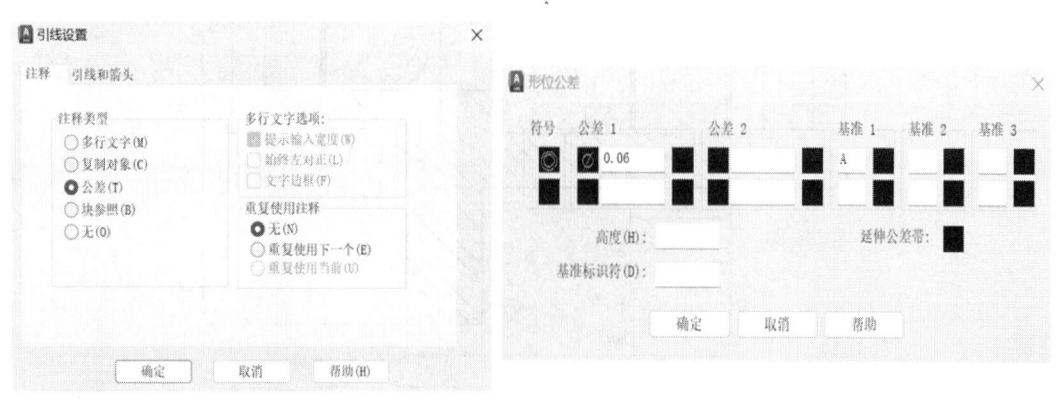

(a)   (b)

图 3.25 标注形位公差

(3）基准符号建立。

① 基准符号的作用。

在 CAD 中，基准符号是一种用于指示和定义设计基准的图形标记。它通常包括一个带有字母和数字的圆形或矩形框，以及一条或多条指引线，用于将符号连接到图纸上的具体基准位置。

基准符号中的字母通常表示基准特征的名称或类型，如平面基准（通常用字母"A""B"等表示）、轴线基准或中心线基准等。国家标准规定，字母 E、F、I、J、L、M、O、P、R 不能用于表示基准。数字则通常用于区分同一类型基准的不同实例，或用于在图纸上引用特定的基准。

基准符号和形位公差在 CAD 设计和制造中相互依存，相互支持，它们共同确保了零件的精度和互换性。基准符号是形位公差标注的基础，形位公差依赖于基准符号的准确性和一致性。

② 基准符号的要求。

基准符号的标准尺寸在 GB/T 39645—2020 中有详细规定：基准符号的高度 h 通常为标注字体高度的 2 倍。基准符号新旧国标的绘制尺寸如图 3.26（a）所示，并且要求在标注时基准符号中的字母应水平注写，即使符号需要旋转，字母也必须保持水平。

③ 基准符号的绘制。

以下主要讲解新国标基准符号的绘制和标注方法，旧国标可参照此方法完成。基准符号的新旧国标基本尺寸分别如图 3.26（a）所示。关于毕业设计图纸涉及基准符号新、旧国标标注的部分，没有明确规定，同学们可根据各个指导教师及学校的具体要求进行绘制标注。

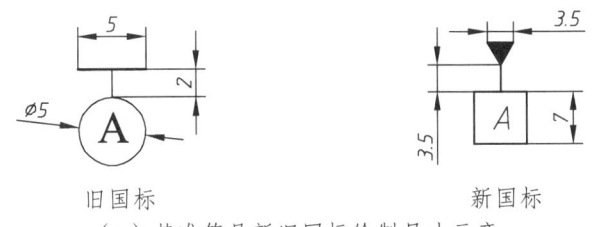

(a)基准符号新旧国标绘制尺寸示意

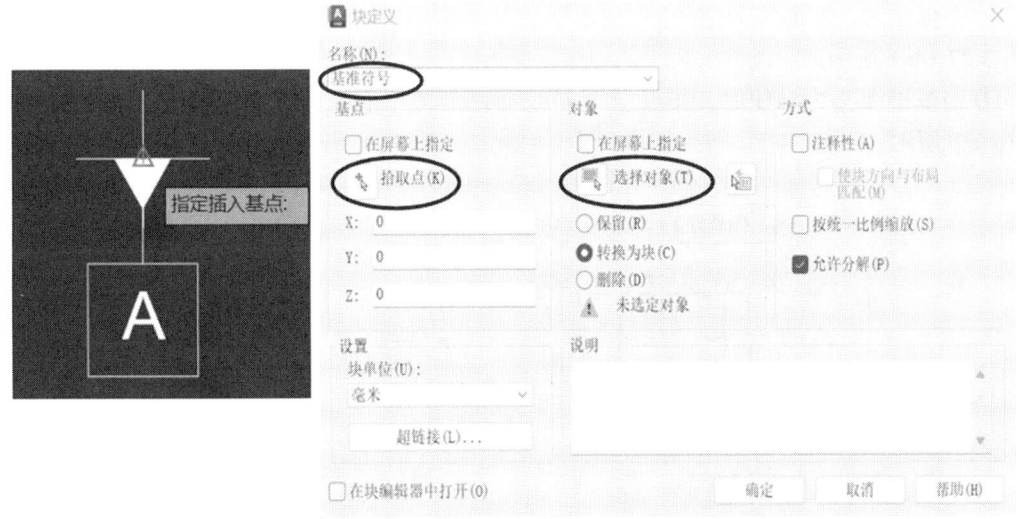

(b)基准符号块建立示意

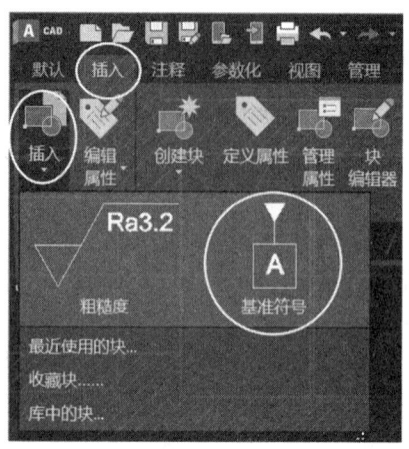

（c）基准符号标注示意

图 3.26 基准符建立及标注示意

④ 建立基准符号块。

该块的建立和粗糙度块的建立基本相似。

a. 在命令栏输入"B"指令，弹出如图 3.26（b）所示对话框，名称处填写"基准符号"。

b. 点击"拾取点（K）"，选择最上端直线中点处。

c. 再点击"选择对象（I）"，框选整个符号后，单击空格，这个基准符号块就建好了。

d. 依次点击如图 3.26（c）所示框选处即可插入基准符号。

图 3-27 为形位公差和基准符号标注示意，标注时需注意以下几点：

① 形位公差不可采用两端箭头标注，应该用基准符号指出设计基准。当设计基准要素为轮廓线或表面时，基准符号应靠近该轮廓线或其延长线，如图 3.27（a）所示。

② 标注形位公差和基准符号时，若以直径外圆为基准保持同轴度，需将形位公差和基准符号与线性尺寸对应。即当基准要素为轴线、中心平面等中线要素时，基准符号的连线应与该中心要素的尺寸线对齐，如图 3.27（b）所示。

③ 在标注时，基准符号中的字母应水平注写，即使符号需要旋转，字母也必须保持水平，如图 3.27（b）所示。

④ 当基准要素为轴线时，形位公差和基准符号都不能标注在中心线上，正确标注如图 3.27（c）所示。

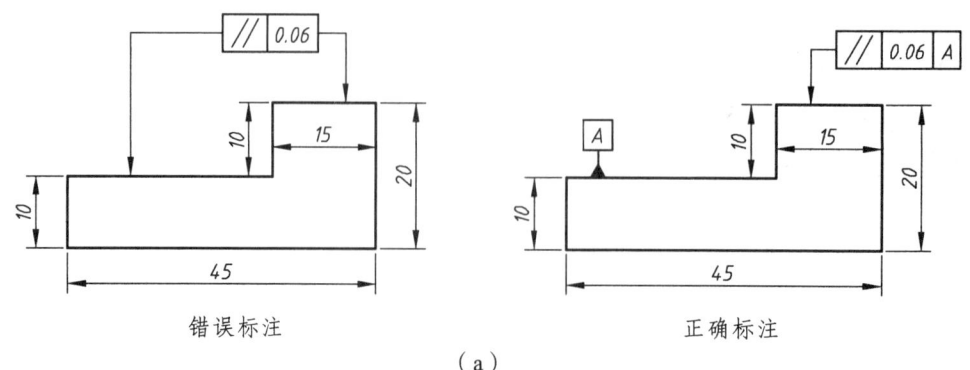

错误标注　　　　　　　　　　　　　正确标注

（a）

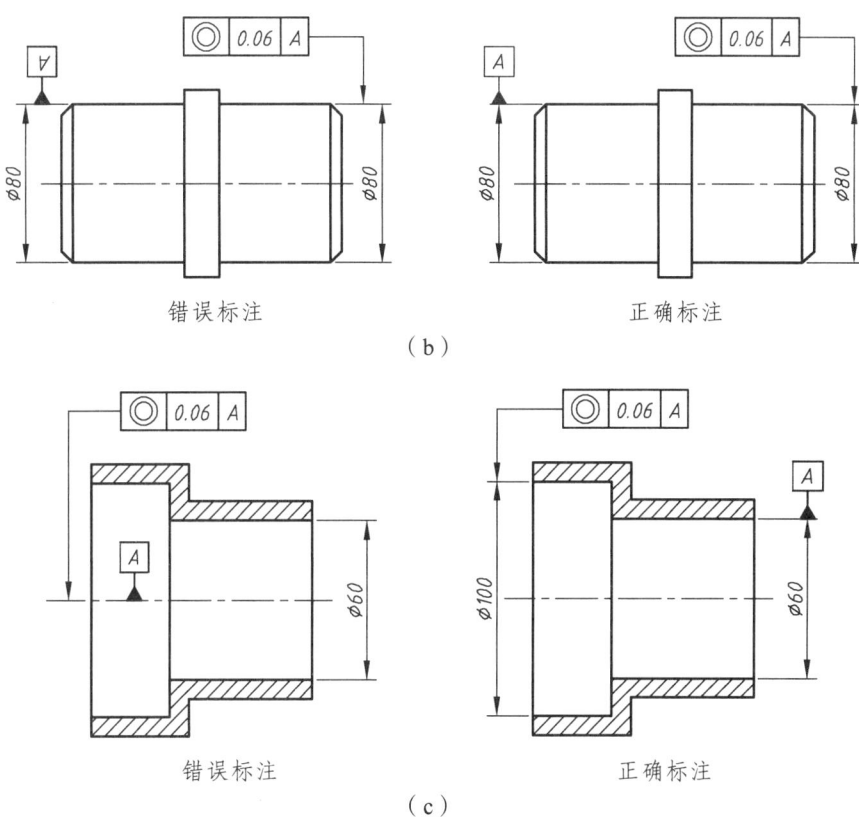

图 3.27 基准符号和形位公差标注示意

标注好后,基准符号可参见图 3.23(b),表示直径为 ϕ62 mm 的外圆加工完后,要以直径为 ϕ60 mm 的外圆为基准,保持同轴(同心)度在 0.06 mm 的公差范围内。

5)极限偏差标注

(1)极限偏差概述。

极限偏差是指极限尺寸减其基本尺寸所得的代数差,它包括上极限偏差(简称上偏差)和下极限偏差(简称下偏差)。

① 上极限偏差是最大极限尺寸减基本尺寸的代数差,通常表示为"+"或"正"偏差。
② 下极限偏差则是最小极限尺寸与基本尺寸之差,表示为"−"或"负"偏差。

这些偏差用于确保制造过程中的零件或产品能够符合预定的尺寸要求,从而保证产品的质量和互换性。在机械制造等工程领域中,极限偏差的精确计算和控制对产品的装配性、功能性和使用寿命都至关重要。

(2)标注极限偏差。

极限偏差的具体标注步骤如下:
① 选择尺寸线,点击鼠标右键,选择"特性(s)";
② 在弹出的特性对话框中,使用鼠标滚轮往下翻,找到"公差"栏;
③ 在"显示公差"下面选择"极限偏差",如图 3.28(a)所示;
④ 将上偏差设置为"0.05",下偏差设置为"0.01",如图 3.28(b)所示。

这样规定的极限公差就标注完成了。标注好后的极限偏差如图 3.23(b)所示。

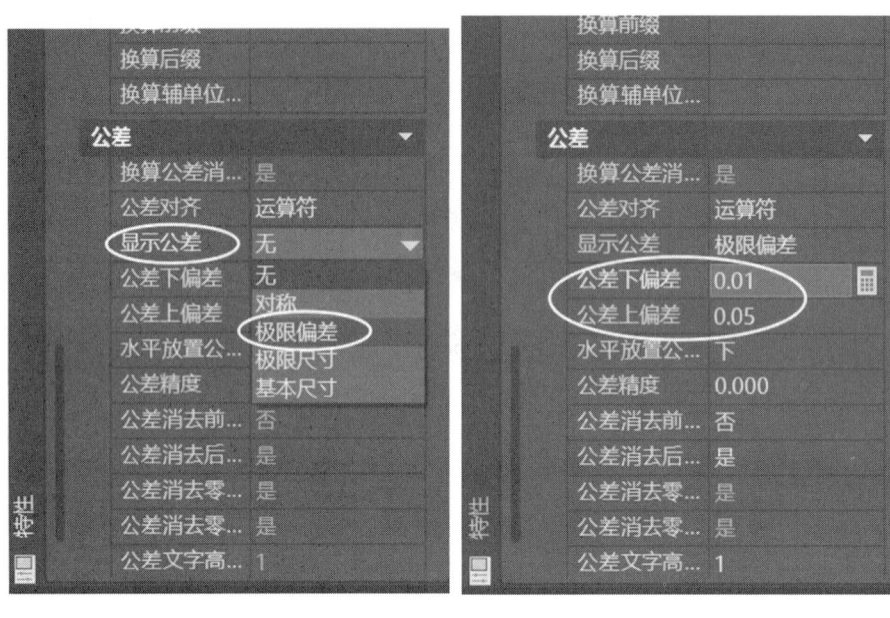

（a）　　　　　　　　　　　　　（b）

图 3.28　标注极限公差

6）装配图序号标注

（1）序号标注相关信息。

装配图中零件标注序号的作用：

① 通过序号可以将视图和明细表联系起来，从而方便对图纸进行管理；

② 序号标注使得工程师和制造商能够快速定位和识别特定的零部件，从而简化了装配过程；

③ 通过给每个零件分配一个唯一的序号，装配图变得更加清晰易懂，工程师和制造商可以更容易地理解装配关系和装配顺序；

④ 在订购零部件时，采购人员可以根据明细表中的序号快速找到所需的零件，并准确提供订购信息及存储信息；

⑤ 通过序号，可以追溯到每个零件的生产批次、生产日期和制造商等信息，从而方便进行质量控制和追溯。

在 CAD 装配图纸绘制中，各零件序号的标注有以下要求：

① 装配图中所有零部件必须有编号；

② 装配图中每个零部件只编写一个序号；

③ 同一装配图中相同零部件应编写同样的序号，并且只标注一次；

④ 装配图中的序号应与明细栏中的序号一致；

⑤ 零件序号注写在指引线的水平线上，字号要比装配图中所注尺寸数字高度大一号或两号；

⑥ 序号应按水平或垂直方向排列整齐；

⑦ 要求装配图中的序号按顺时针或逆时针方向顺次排列，也可按明细栏中序号顺序排列。

（2）序号标注。

装配图序号标注需要使用引线标注，机械制图中，引线标注常用的方法有三种，如图3.29所示，同学们可根据自己的绘图习惯进行选择。

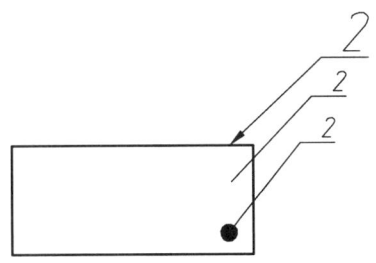

图3.29　三种引线标注示意

下面详细介绍在CAD中，装配图引线标注的方法。

① 输入"LE"，单击空格，输入"S"，单击空格，出现如图3.30所示对话框。

② 在"注释"下面选择"多行文字（M）"。

③ 在"引线和箭头"下方的"箭头"选项中选择需要的箭头形式，如图3.30所示都可以选择。

④ 在"附着"下方可以根据实际情况选择多行文字附着情况，也可直接勾选常用的"最后一行加下划线U"，最后点击"确认"。

⑤ 第一点点击需要标注零件的位置，第二点点击确定引线角度，两次回车后，输入序号值即可。

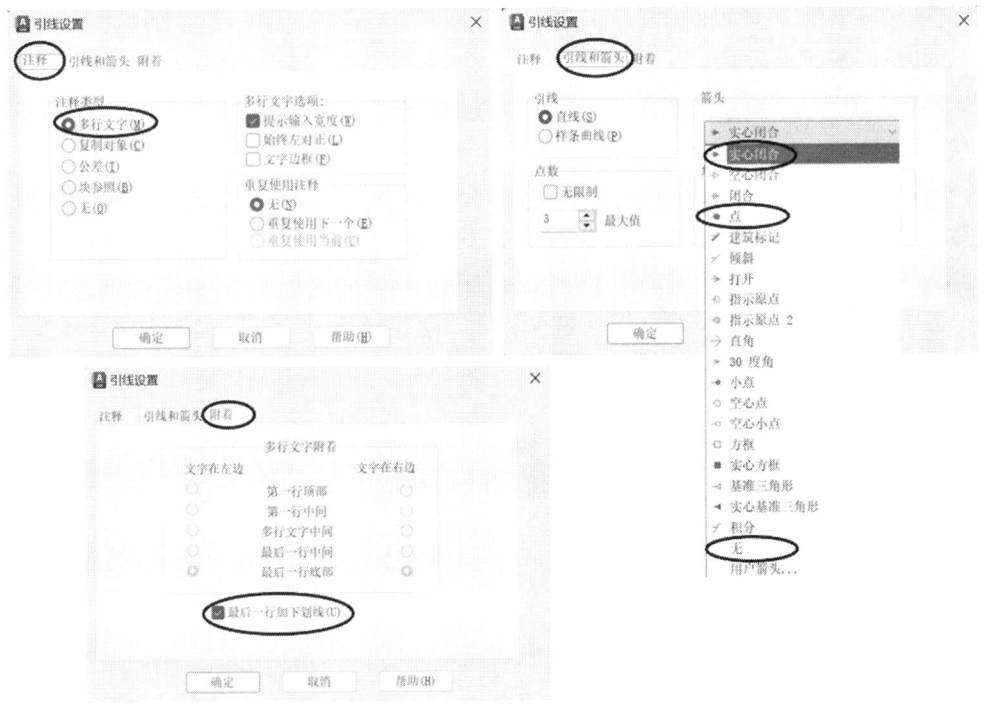

图3.30　引线标注示意

这里需要注意：序号的高度要比标注尺寸数字高度（3.5）大一号或两号，因此，标注好后，需再次双击如图 3.29 所示的序号"2"，修改如图 3.31（a）所示字高为"7"，修改后变化如图 3.31（b）所示，接着依次按要求修改所有的引线序号即可。

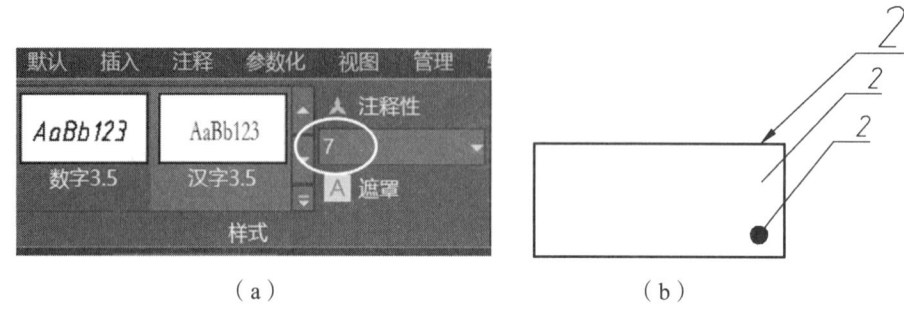

图 3.31　引线标注设置字高示意

4. 剖视图

历年毕业论文（设计）装配图纸出现的诸多问题中，学生对所设计的设备不能准确进行剖视表达的问题尤为明显。下面先介绍剖视图的基本信息，然后列举毕业论文（设计）装配图中不够完善的地方，并进行改善分析。

（1）装配图需剖视的情况。

在机械装配图中，需要剖视的地方通常取决于需要表达的内部结构、装配关系和零件的相互位置。以下是一些常见的需要剖视的情况：

① 内部结构复杂：当机器或部件的内部结构较为复杂，且这些结构对理解其工作原理或装配关系至关重要时，需要进行剖视。例如，齿轮箱、发动机等复杂机械的内部结构，通常需要通过剖视图来清晰地展示。

② 装配关系复杂：在装配图中，如果零件之间的装配关系较为复杂，如需要展示多个零件之间的相对位置、连接方式或配合关系时，也需要进行剖视。这有助于确保制造和装配过程中的准确性和一致性。

③ 零件遮挡：在某些情况下，某些零件可能遮挡需要表达的结构或装配关系。此时，可以通过剖视图来"移除"这些遮挡的零件，从而清晰地展示被遮挡的部分。

④ 重要特征或细节：如果某些重要特征或细节在常规视图中难以表达或容易混淆，可以通过剖视图来突出显示。例如，螺纹孔、销孔等细节特征，在剖视图中可以更加清晰地展示。

（2）剖视图的类型选择。

根据物体的不同形状和结构特点，可以选择不同类型的剖视图来展示内部结构：

① 全剖视图：用一个剖切面完全剖开物体后所得到的剖视图，适用于外形简单且内部结构复杂的物体。如图 3.32（a）所示实物图，其全剖视图如图 3.32（b）所示。

② 半剖视图：当物体具有对称平面时，可以对称中心线为界，一半画成剖视图，另一半画成视图，适用于对称或基本对称的物体，如图 3.32（c）所示。

③ 阶梯剖视图：当物体上有较多的内部形状结构，且它们的轴线不在同一平面时，用假想的几个平行剖切面在物体上形成阶梯状进行剖切，适用于需要展示零件上多个不同部位的内部结构和构造关系，如图 3.32（d）所示。

④ 局部剖视图：用剖切面局部地剖开物体所得的剖视图，适用于需要局部展示内部结构的情况，如图 3.32（e）所示。

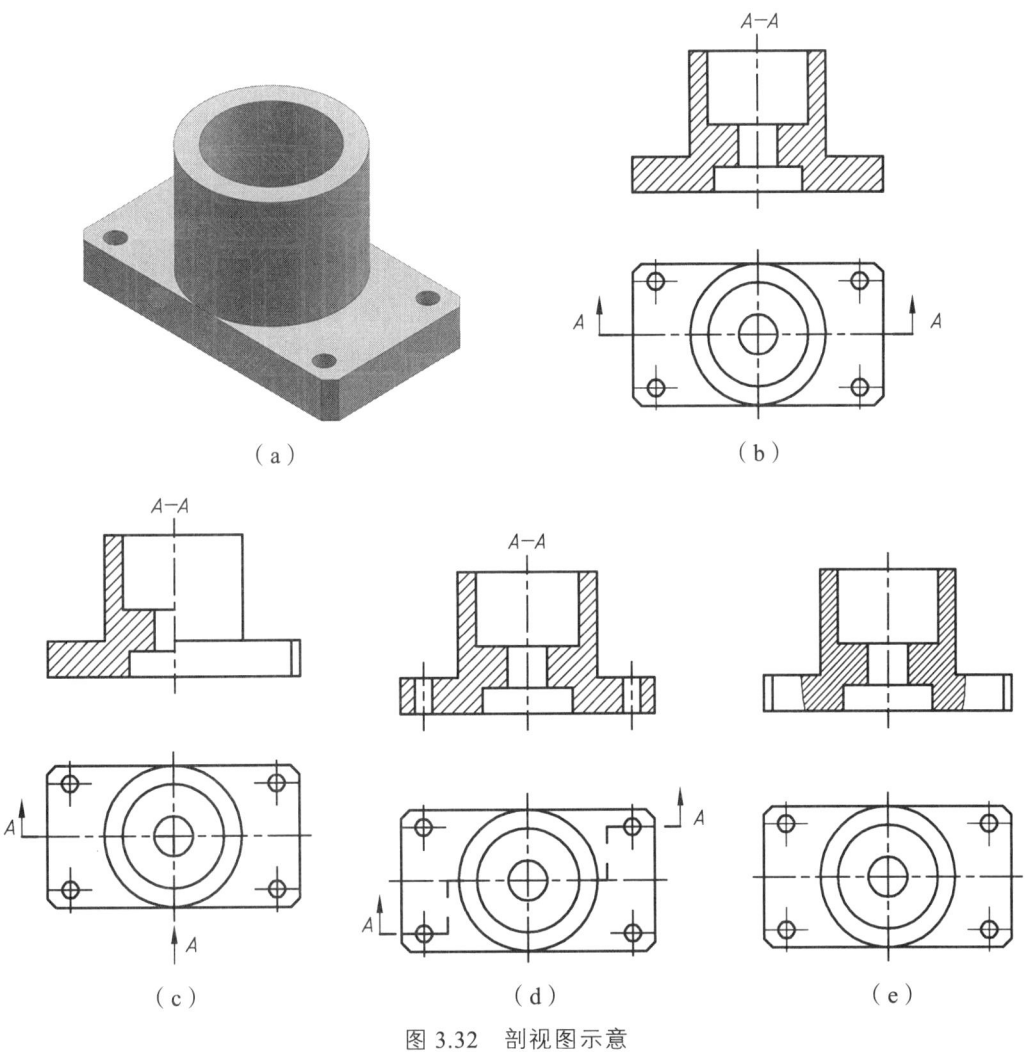

图 3.32 剖视图示意

（3）确定剖切位置的方法。

① 通过物体的对称面或轴线。

当物体具有对称平面或轴线时，剖切面应优先选择通过这些平面或轴线，以展示物体的对称结构。例如，对于左右对称的物体，可以选择通过左右对称面的剖切面；对于前后对称的物体，可以选择通过前后对称面的剖切面。

② 通过物体的内部结构。

剖切面应选择在能够最好地展示物体内部结构的地方，如孔洞、槽、筋板等结构。通过这些结构的轴线或对称面进行剖切，可以清晰地展示这些结构的形状和位置。

③ 考虑装配关系。

在确定剖切位置时，还需要考虑零件之间的装配关系。例如，对于需要展示零件之间配合关系的装配图，可以选择通过配合面的剖切面进行剖切。该孔若要与别的零件进行配合，为了表达清楚其与零件的配合关系，需要对其进行剖切来表达内部配合关系。

④ 避免不必要的剖切。

在满足以上原则的前提下，应尽量避免不必要的剖切。过多的剖切会使图纸变得复杂和难以阅读。因此，在选择剖切位置时，应仔细分析物体的结构和装配关系，确保剖切是必要的和有意义的。

因此，在毕业论文（设计）装配图中，确定需要剖切的位置时，应综合考虑设备的形状、结构特点、加工和装配要求以及图纸的清晰度和可读性等因素。通过合理选择剖切位置和剖视图类型，可以清晰地展示物体的内部结构和装配关系，为毕业论文（设计）图纸的顺利完成提供有力的支持。

（4）装配图示例。

图 3.33 为某同学所绘制的二级圆柱齿轮减速器装配图，图中存在部分不完善的地方，下面将结合装配图绘制标准及剖视图剖切方法对其进行分析完善。主要存在的问题包括以下几方面：

① 技术要求字体不符合要求。"技术要求"四字为确保可读性和醒目性，A0 或 A1 图纸推荐字高为 7 mm 或 10 mm，其余图纸推荐字高为 5 mm 或 7 mm。

② 缺少标题栏。

③ 缺少安装尺寸和整个装配图的总尺寸。

④ 轴与轴套、轴承及其他零件之间的配合关系标注有待完善。

⑤ 4、5、6 处相同的螺栓组为连接箱盖用，需局部剖视一组螺栓来展示内部连接情况。其他地方类似的连接/结构同理，如主视图左下方 6×φ22 孔处，6 个相似的孔，只需剖切一个来表达其内部结构，其余孔用一条中心线来表示即可，主视图中间下方的一条中心线即表示这 6 个孔中的其中一个。同理，中心线也可以来表示相同（有中心线的）结构被遮挡的地方，如俯视图 20 处被遮挡的键用中心线来表示其位置。

⑥ 通气器 9 与箱盖 11 的内部装配关系需进行局部剖来展示，应如同主视图右下方油尺 13 处的局部剖视图。

⑦ 齿轮 26 处与齿轮配合的地方，应进行剖切展示。

⑧ 轴 19 即使剖切时被分成两半，也不需要添加剖面线。因为制图国家标准规定，当剖切平面通过实心零件（如轴、螺栓、螺母等）的轴线时，这些零件通常按不剖绘制，即仍画其外形。原因是剖切这些零件并不能更好地展示其结构特点，反而可能使图纸变得复杂和难以理解。

⑨ 毡圈 34 密封处不是金属材料，因此应该选择网格线来表示剖切部分。机械制图中一般非金属材料（如橡胶、塑料等）采用网格线来与金属材料的剖面线相区分。

⑩ 25、28 处滚动球轴承以及其他处的轴承，剖切部分没有完善。

⑪ 装配图中所标注序号 1~42 和标注尺寸字高一样大。建议标注序号字高要比标注尺寸数字高度大一号或两号。

针对以上问题，将此二级圆柱齿轮减速器装配图进行完善，如图 3.34 所示。同学们在绘制毕业论文（设计）装配图时，可参考此装配图进行绘制，尽量避免以上问题再次出现。

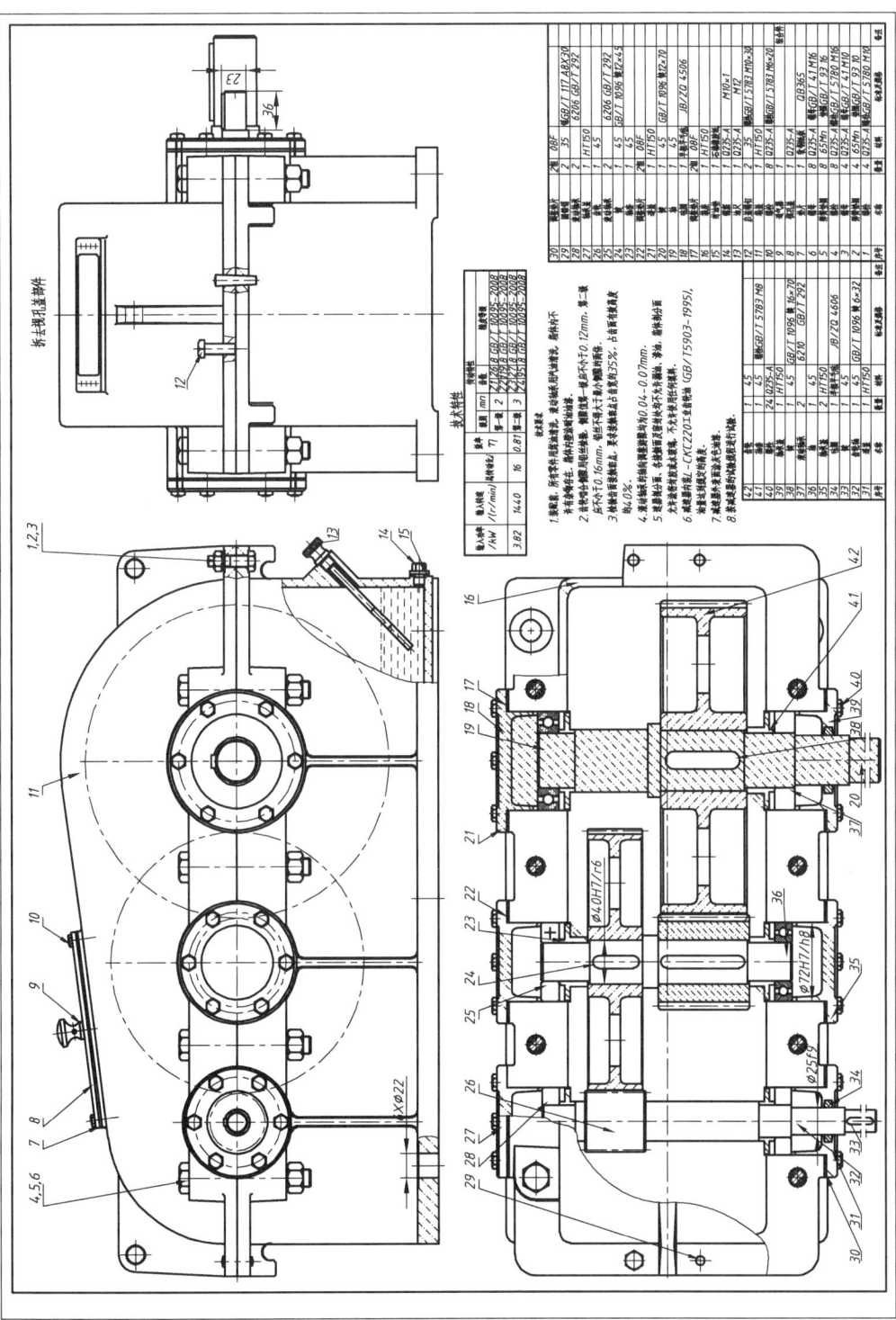

图 3.33 待完善的装配图示意

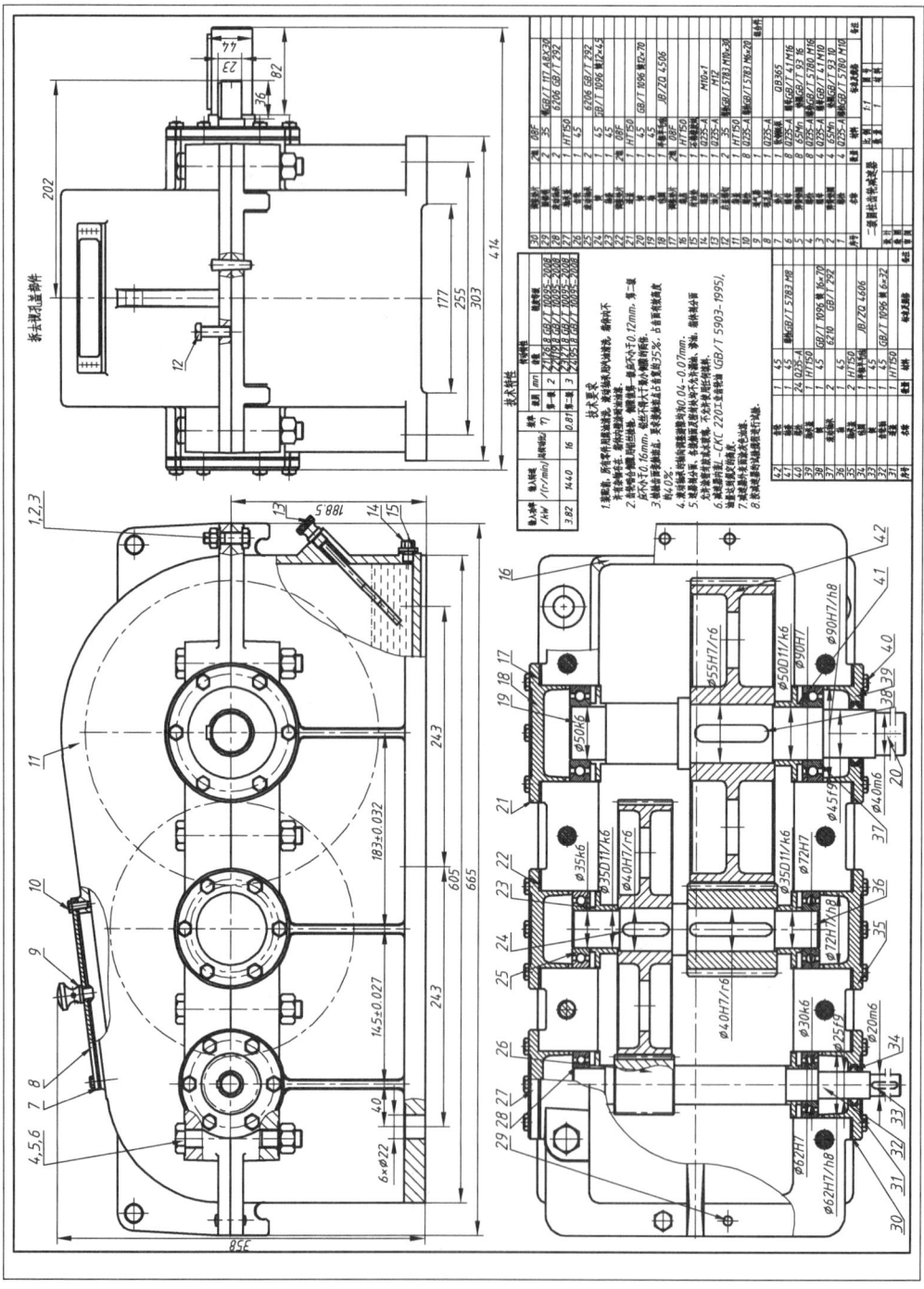

图 3.34 完善后装配图示意

第 3 章　图纸绘制要求

5. CAD 图纸输出

（1）图纸输出的方法。

使用 AutoCAD 绘图软件绘制完需要的图形后，一般需要将其转换成.pdf 格式，这样不仅方便查阅打印，还可以避免在不同设备或软件打开时出现格式错乱的情况，并且方便存储和传输。下面简单介绍如何将 CAD 的 dwg 格式转换成 pdf 格式。

① 打开已画好的 CAD 图纸，按快捷键"Ctrl+P"，出现如图 3.35 所示对话框。在"名称（M）"栏的下拉列表框选择"DWG TO PDF.pc3"。

② 在"图纸尺寸（Z）"栏选择需要输出的纸张大小，一般根据设置的图框大小来选择，包括横向和纵向，比如图框大小为 A3 横向，则选择如图 3.35 所示选项。

③ 勾选"居中打印（C）"和"布满图纸（I）"。

④ 在"打印样式表（画笔指定）（G）"选项，选择"monochrome.ctb"，表示黑白打印，在弹出的对话框中选择"是"。

⑤ "图形方向"根据实际情况选择，此处选择"横向"。

⑥ 在"打印范围（W）"下拉列表框选择"窗口"后，接着框选要打印的部分。

⑦ 点击"预览（P）…"，若没有问题，则点击"确定"；命名名称后，保存即可。

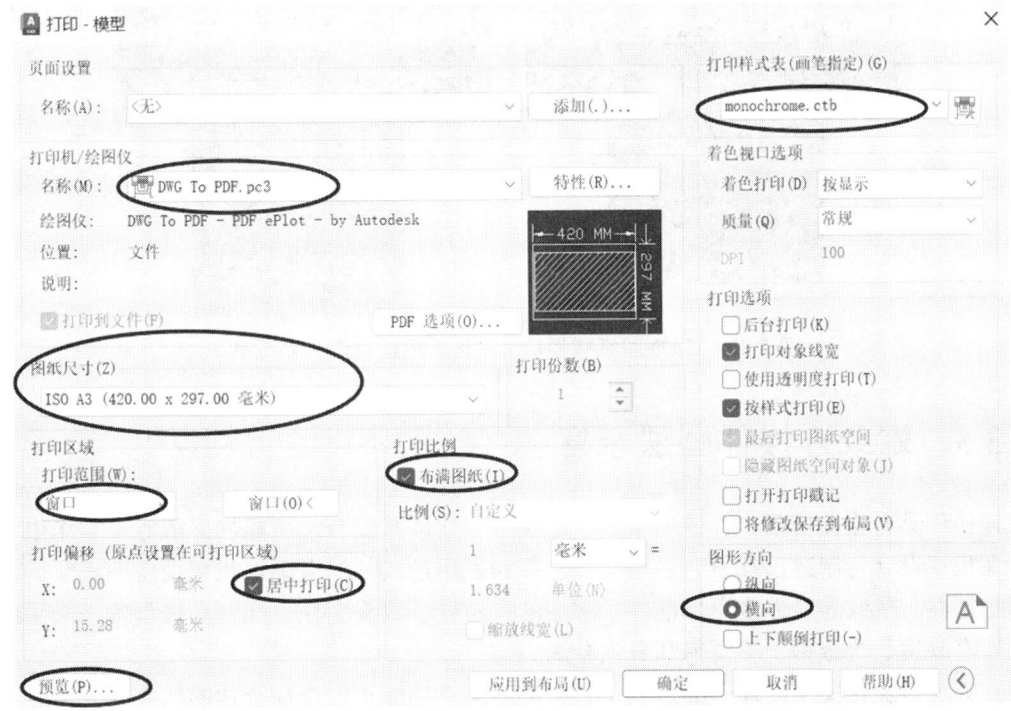

图 3.35　CAD 图纸转换成.pdf 格式示意

（2）转换输出问题的解决方法。

在转换过程中，若打印预览时出现图形显示不全，即绘制页面显示有，但预览时没有，如图 3.36 所示挡料销，在绘制时有剖面线和完整的轮廓线，但导出时显示图形不全。出现这种情况，则需按"Ctrl+A"全选中需要输出的图形，点击如图 3.37 所示"特性匹配"中的"对象颜色",选中下拉列表中的"ByLayer",再选择"线宽"选项下拉列表中的"ByLayer",更新图层后,就可以重新输出完整的图形。

如果设置后打印预览时还是不显示全部图形,则需分别点击图形对应部分,重新设置相应图层,即选中所有轮廓线,点击设置好的轮廓线图层,细实线点击对应的图层,这样就可以换掉不显示的图层进行打印输出。如果是三维图纸直接导为 dwg 格式,也可以按以上步骤解决打印输出不显示问题。

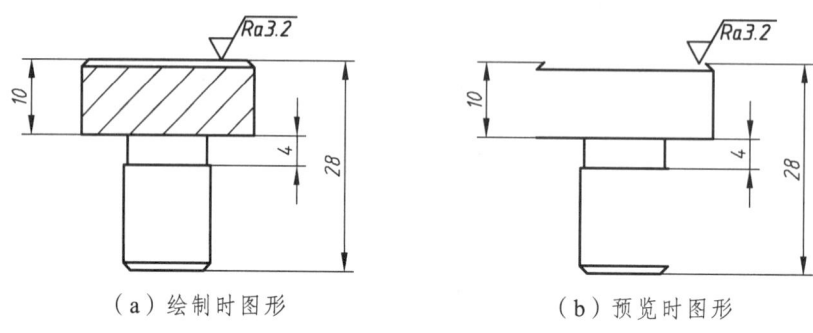

图 3.36 CAD 图纸转换成 .pdf 格式图纸显示不全示意

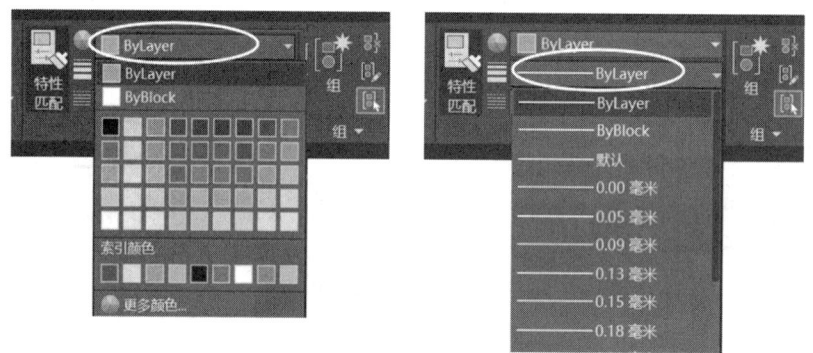

图 3.37 CAD 图纸转换成 .pdf 格式图纸显示不全设置

3.3 螺纹连接件画法示意

连接件具有连接与固定、传递荷载、定位与导向以及安全与可靠性保障等多重作用。因此,在机械设计与制造过程中,必须合理选择和使用连接件,以确保机械设备的正常运转和长期稳定性。螺纹连接件多为标准件,常用的有螺栓、双头螺柱、螺钉和螺母等,采用的材料主要有碳钢、合金钢、不锈钢和有色金属。

在完成毕业论文(设计)的过程中,大部分同学都能正确选择合适的连接件,但对于二维图纸中连接件的画法,还存在很多不足之处。下面将对常用连接件的画法进行展示,方便同学们查阅。

1. 连接件画法

连接件常用于机械设备中机床、泵、变速箱等零部件的连接,在汽车制造和交通运输中,连接件在车轮、发动机、底盘等零部件上的应用也很广泛,以确保设备的安全性和可靠性。

画螺纹紧固件连接时,应遵守下列基本规定:
① 两零件接触面只画一条线,不接触表面应画两条线。
② 两零件邻接时,不同零件的剖面线方向应相反,或方向一致、间隔不同。
③ 对于紧固件和实心零件(如螺钉、螺栓、螺母、垫圈、键、销、球及轴等),若剖切平面通过它们的轴线时,则这些零件都按不剖切绘制,仍画外形;需要时,可采用局部剖切来展示。

(1) 螺栓连接画法。

螺栓用于两个或两个以上不太厚并能钻成通孔的零件之间的连接。为便于装配,通孔直径比螺纹直径略大。

螺栓连接属于可拆卸连接,装配图中,螺栓连接通常采用比例画法。图3.38为螺栓连接画法示意图,图中 d 为螺栓的公称直径,l 为螺栓的公称长度,其值应按以下公式进行估算:

$$l = \delta_1 + \delta_2 + b + m + a \tag{3.1}$$

式中:δ_1,δ_2 为被连接零件的厚度;a 为螺栓伸出螺母的长度,$a=(0.3\sim0.4)d$;b 为垫圈厚度,$b=0.15d$;m 为螺母厚度,$m=0.8d$。

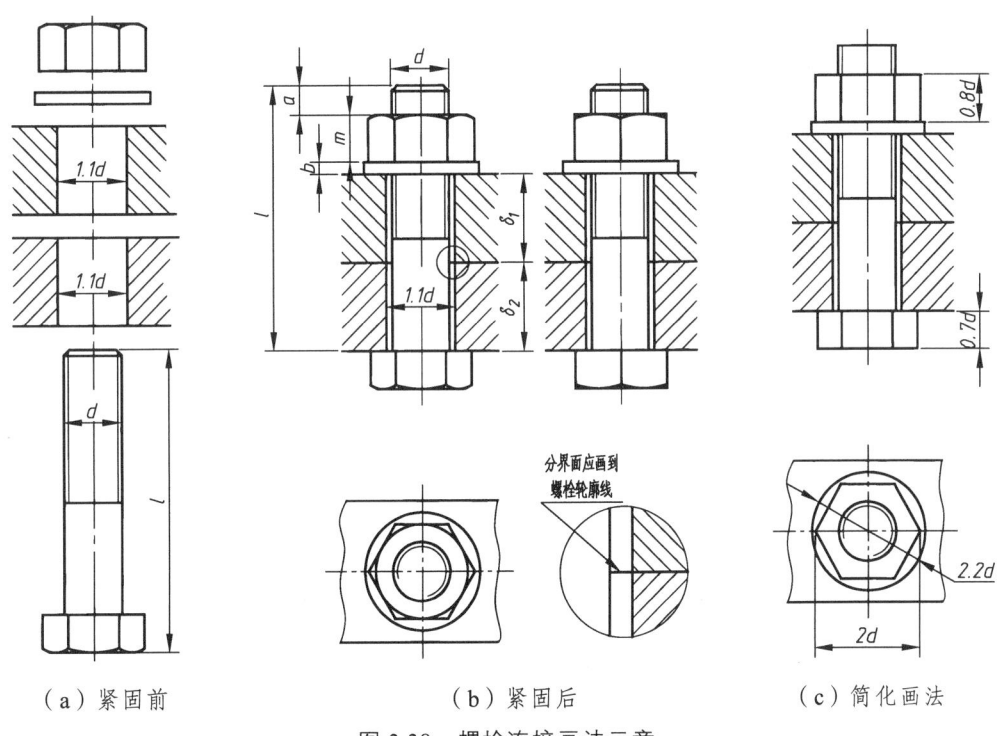

(a) 紧固前　　　　(b) 紧固后　　　　(c) 简化画法

图3.38 螺栓连接画法示意

(2) 螺柱连接画法。

螺柱用于被连接件之一较厚或不允许钻成通孔的情况。用于旋入被连接零件螺纹孔内的一端称为旋入端,与螺母连接的一端则称为紧固端。

螺柱连接属于可拆卸连接,图 3.39 为螺柱连接画法示意图,l 为螺柱的公称长度,其值应按以下公式计算:

$$l = \delta + b + m + a \tag{3.2}$$

式中:δ 为被连接零件的厚度;$a = 0.3d$;$m = 0.8d$。参照标准,选取与标准长度最接近的数值作为螺柱标记中的公称长度。b_m 为旋入端的长度,其与被旋入零件的材料有关,表 3.2 所示为常用零件材料 b_m 相关值。

表 3.2　常用零件材料 b_m 相关值示例

被旋入零件材料	旋入端长度 b_m
钢、青铜	d
铸铁	$1.5d$ 或 $1.25d$
铝	$2d$

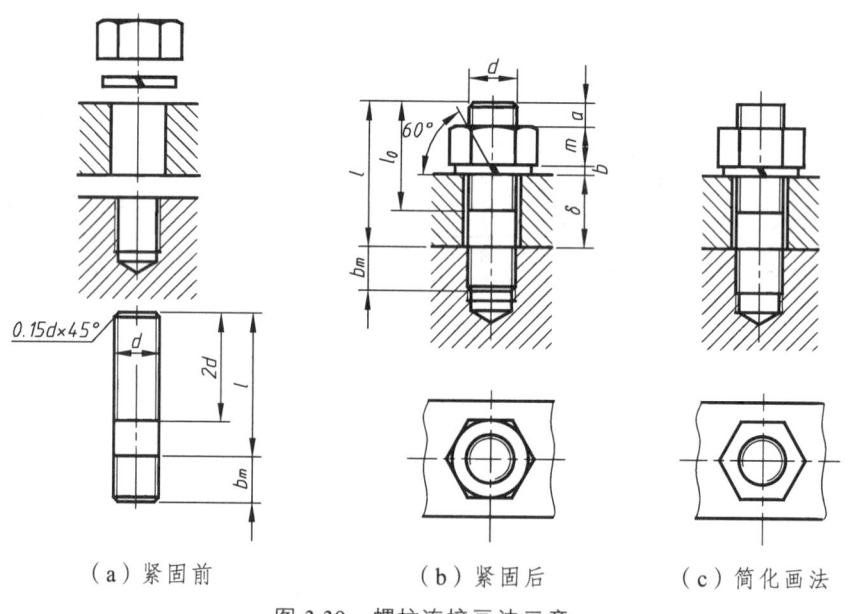

(a)紧固前　　　　(b)紧固后　　　　(c)简化画法

图 3.39　螺柱连接画法示意

(3)螺钉连接画法。

螺钉连接不用螺母,它一般用于受力不大而又不需经常拆卸的地方。被连接零件中一个加工出螺孔,另一个加工出通孔。装配图中,螺钉连接也常采用比例画法。图 3.40 为开槽圆柱头螺钉和开槽沉头螺钉连接画法示意图。螺柱公称长度 l 的值应按以下公式计算:

$$l = \delta + b_m \tag{3.3}$$

式中:δ 为被连接零件的厚度;b_m 为旋入端的长度,其与被旋入零件的材料有关,其值可参考表 3.2。

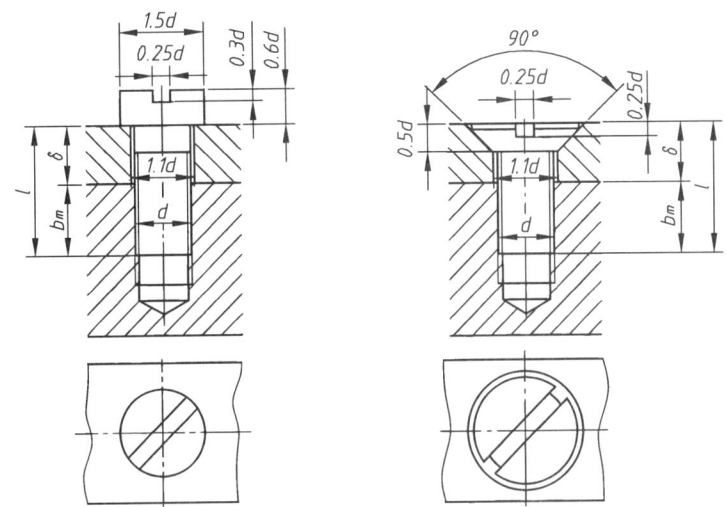

图 3.40 螺钉连接画法示意

常用螺钉连接画法如图 3.41 所示，具体尺寸可查阅相关手册。

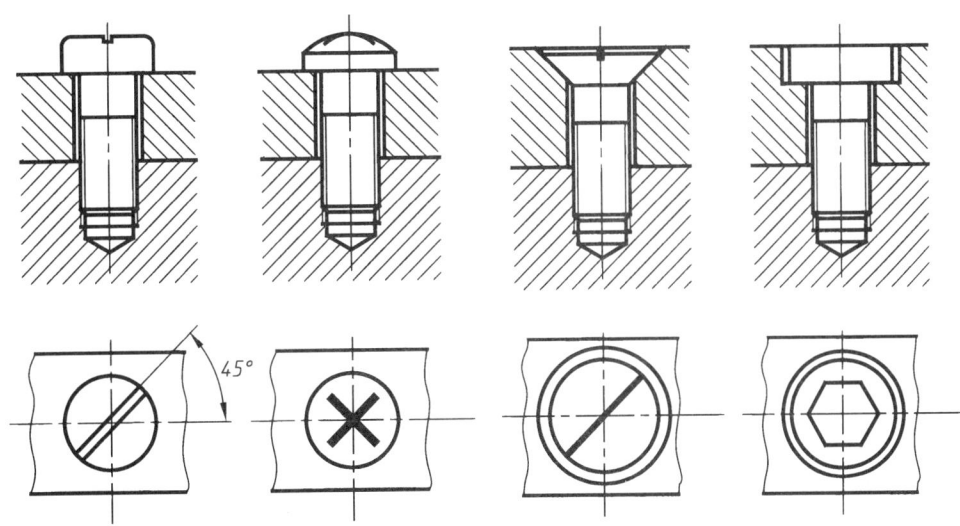

（a）开槽圆柱头螺钉 （b）十字槽盘头螺钉 （c）开槽沉头螺钉（d）内六角圆柱头螺钉

图 3.41 螺钉连接画法汇总对比示意

2. 连接件相关标注

常用螺柱、螺钉、螺母、光孔等连接件相关标注可以在机械设计手册或机械制图标准中查得，这些标注通常遵循国家或国际标准，以确保图纸的准确性和可读性。如图 3.42（a）所示为六角头螺栓。规定标记示例为"螺栓 GB/T 5782—2016 M10×35"时，标注内容一般包括直径、长度、螺纹规格等，其中"M10×35"表示公称直径为 10 mm、长度为 35 mm 的螺栓。可根据装配情况，将螺钉、螺母、垫圈信息填写在装配图明细表的"标准及规格"栏，如图 3.42（b）所示。部分螺钉、螺母、垫圈的标注示例如表 3.3 所示。

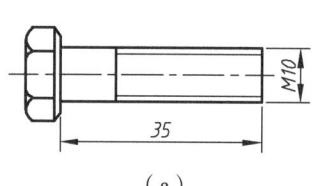

10	螺栓	8	Q235-A	螺栓GB/T 5783 M6×20	
9	通气器	1			组合件
8	视孔盖	1	Q235-A		
7	垫片	1	软钢纸板	QB365	
6	螺母	8	Q235-A	螺母GB/T 41 M16	
5	弹簧垫圈	8	65Mn	垫圈GB/T 93 16	
4	螺栓	8	Q235-A	螺栓GB/T 5780 M16	
3	螺母	4	Q235-A	螺母GB/T 41 M10	
2	弹簧垫圈	4	65Mn	垫圈GB/T 93 10	
1	螺栓	4	Q235-A	螺栓GB/T 5780 M10	
序号	名称	数量	材料	标准及规格	备注
二级圆柱齿轮减速器		比例	1:1	图号	
		数量	1	材料	

(a)　　　　　　　　　　(b)

图 3.42　螺栓标注示意

表 3.3　部分螺钉、螺母、垫圈的标注示例

名　称	规定标记示例	名　称	规定标记示例
双头螺柱A型	螺柱 GB/T 897—1988 AM12×50	内六角圆柱头螺钉	螺钉 GB/T 70.1—2008 M12×50
开槽圆柱头螺钉	螺钉 GB/T 65—2000 M12×50	六角螺母—C级	螺母 GB/T 41—2000 M12
十字槽盘头螺钉	螺钉 GB/T 818—2000 M12×50	六角开槽螺母	螺母 GB/T 6178—1986 M16
十字槽盘头螺钉	螺钉 GB/T 68—2000 M12×50	垫圈	垫圈 GB/T 97.1—2002 16
开槽锥端紧定螺钉	螺钉 GB/T 71—1985 M12×50	标准型弹簧垫圈	垫圈 GB/T 93—1987 16

常用螺纹孔、光孔、沉孔标注如表 3.4 所示，标注示例如图 3.43 所示。在实际标注过程中，同学们可根据图形绘制情况，进行标注。

表 3.4　螺栓、螺孔、螺母、光孔的标注

零件结构类型		旁注法	普通注法	说　明
螺孔	通孔	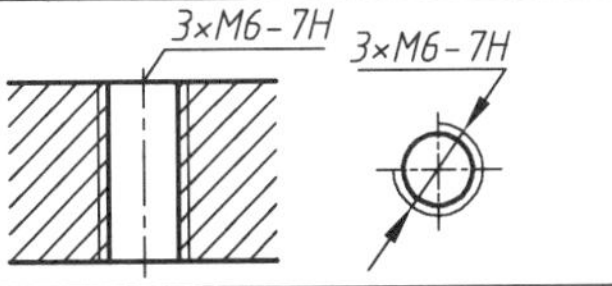 3×M6-7H	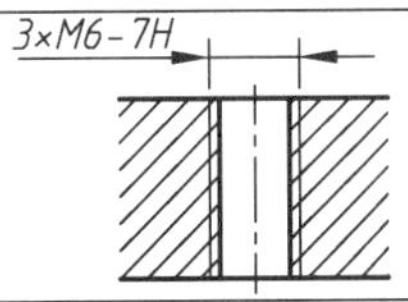 3×M6-7H	3×M6 表示大径为 6 均匀分布的三个螺孔，可以旁注，也可直接注出
	不通孔	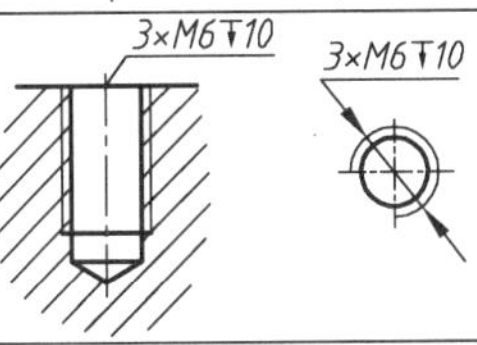 3×M6▼10	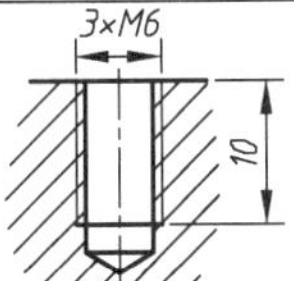 3×M6，10	螺孔深度可与螺孔直径连注，也可分开注出，符号"▼"表示深度
	不通孔	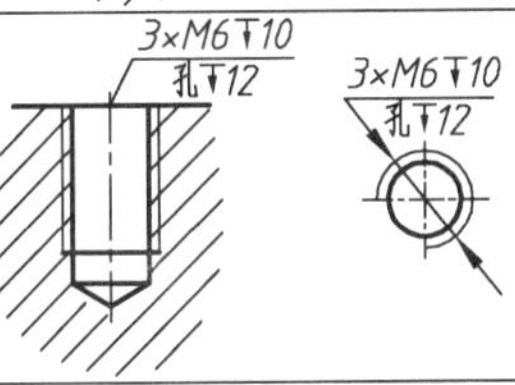 3×M6▼10 孔▼12	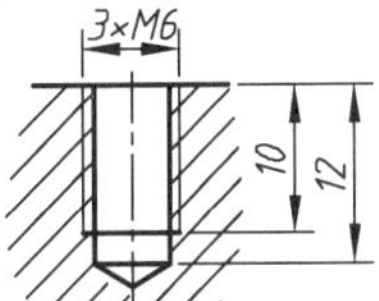 3×M6，10，12	需要注出孔深时，应明确标注孔深尺寸
光孔	一般孔	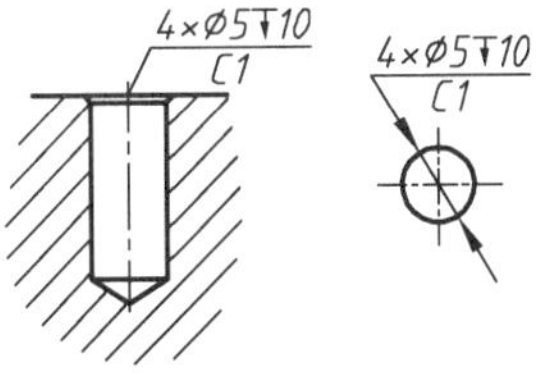 4×∅5▼10 C1	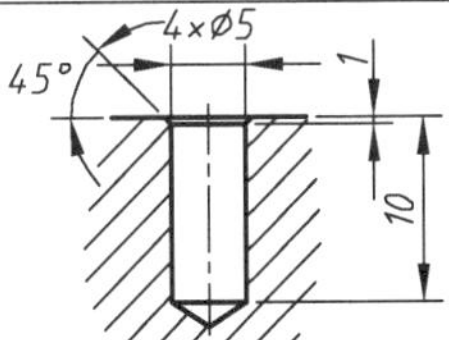 4×∅5，45°，1，10	4×∅5 表示直径为 5 均匀分布的 4 个光孔，孔深可与孔径连注，也可以分开注出
	精加工孔	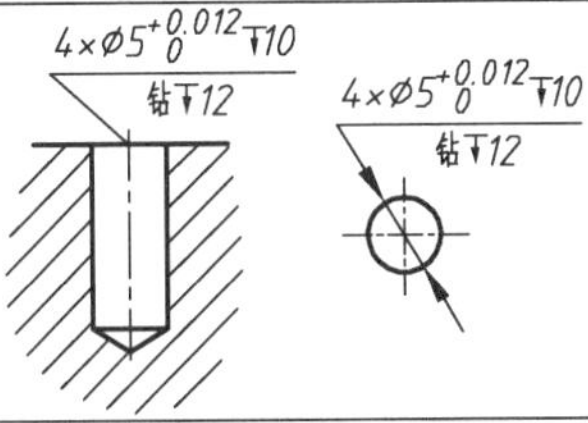 4×∅5$^{+0.012}_{0}$▼10 钻▼12	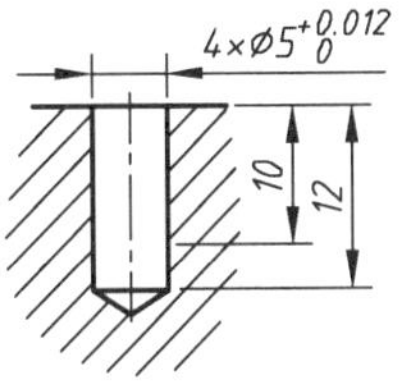 4×∅5$^{+0.012}_{0}$，10，12	光孔深为 12，钻孔后需加 5$^{+0.012}_{0}$，深度为 10
沉孔	锥形沉孔	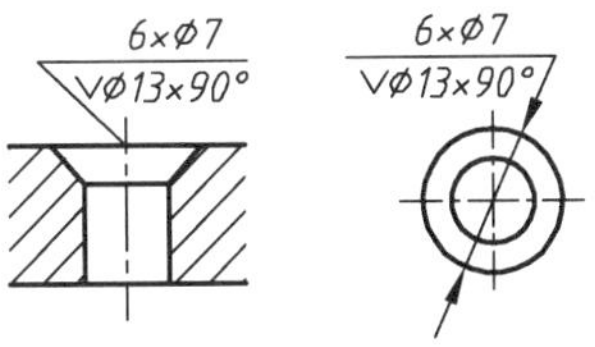 6×∅7 ∨∅13×90°	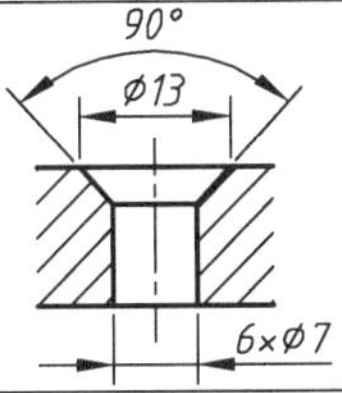 6×∅7，90°，∅13	6×∅7 表示直径为 7 均匀分布的 6 个孔，锥形部分尺寸可以旁注，也可直接注出，符号"∨"表示埋头孔
	柱形沉孔	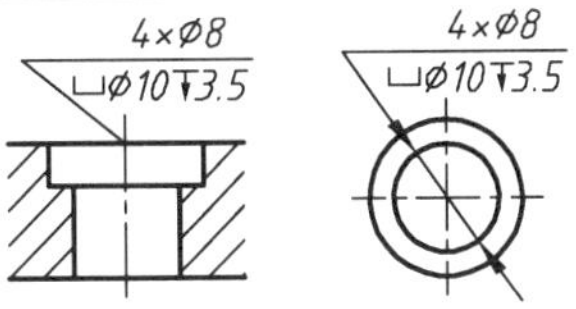 4×∅8 ⊔∅10▼3.5	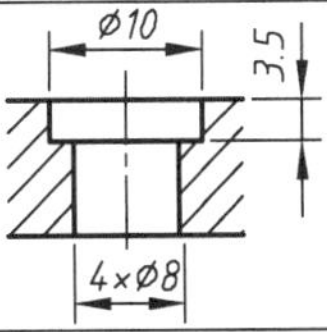 4×∅8，∅10，3.5	柱形沉孔的小直径为 8，大直径为 10，深度为 3.5，均需标注
	锪平面	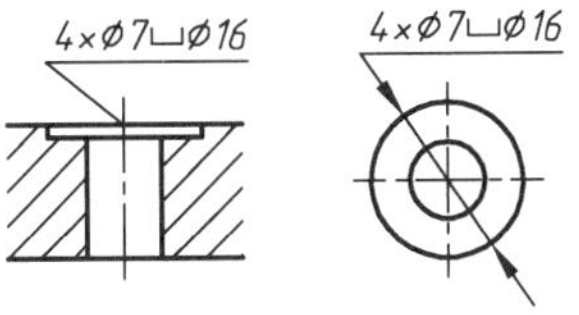 4×∅7 ⊔∅16	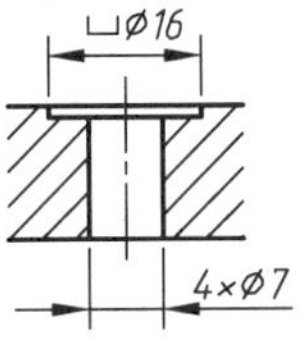 4×∅7，⊔∅16	锪平∅16 的深度不需标注，一般锪平到不出现毛面为止，符号"⊔"表示沉孔或锪平

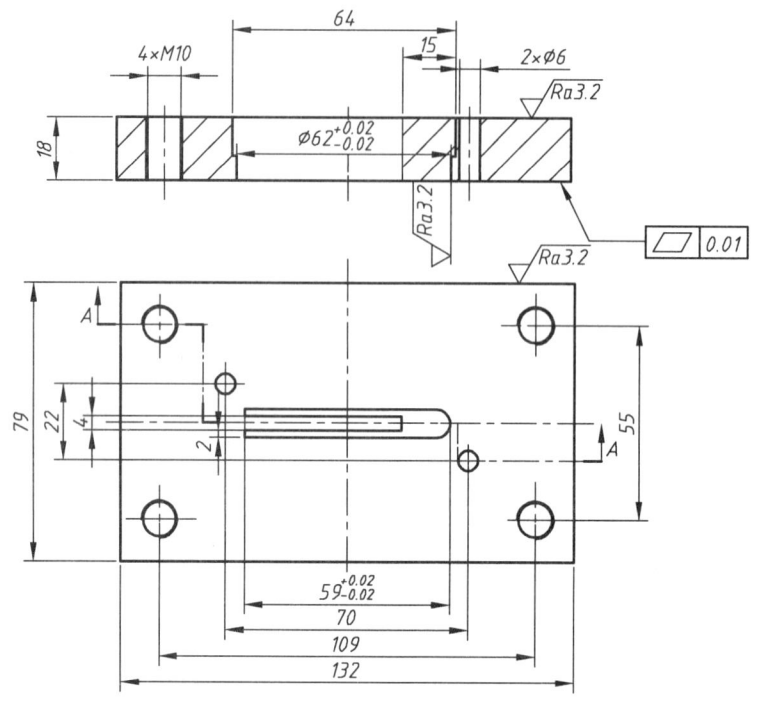

图 3.43 螺纹孔标注示意

3.4 三维图绘制要求

机械专业和车辆工程专业毕业设计最后资料归档中,对三维图纸没有严格的要求。但在毕业论文中,为了清楚地表达各重要零部件的内外效果,并更好地展示所设计设备的整体情况,需要在论文中相应设计部分插入对应零部件/设备的三维图,增加论文内容的可读性和设计的准确性。接下来,简单介绍毕业论文中,涉及三维图部分的要求。

(1)毕业论文中所设计的重要零部件/设备要求必须在论文的相应部分插入对应的三维图。

(2)插入论文中的三维图,一定与文中设计内容相对应,同时也要与绘制的二维图纸尺寸相符合,用于支持或说明文中的论述。

(3)要求论文中涉及的重要零部件需提供三维图纸,包括设备装配三维图,要求与插入文中的二维图纸一样,是成套图纸,即截图的颜色和形式基本相同,如图 3.44 和图 3.45 所示。

(4)论文中所插入的三维图纸,要求清晰、准确、大小适中,确保图形的整体美观,如果图片不太好理解,可标注文字或数字说明。

(5)论文结尾处,最好有所设计设备的装配三维图,用于展示此次设计成果。

(6)对三维图的绘制软件没有具体要求。

(7)如果引用他人图片,需注明出处。

(8)插入论文中的三维图,对颜色没有具体要求,可黑白打印。

下面分别以冲压模具的凸模固定板、凸模为例,展示论文中三维图的插入。

首先叙述该零件的详细设计内容，然后根据设计内容绘制二维图，最后参照设计尺寸绘制出凸模固定板的二维图和三维图，如图 3.44 所示。

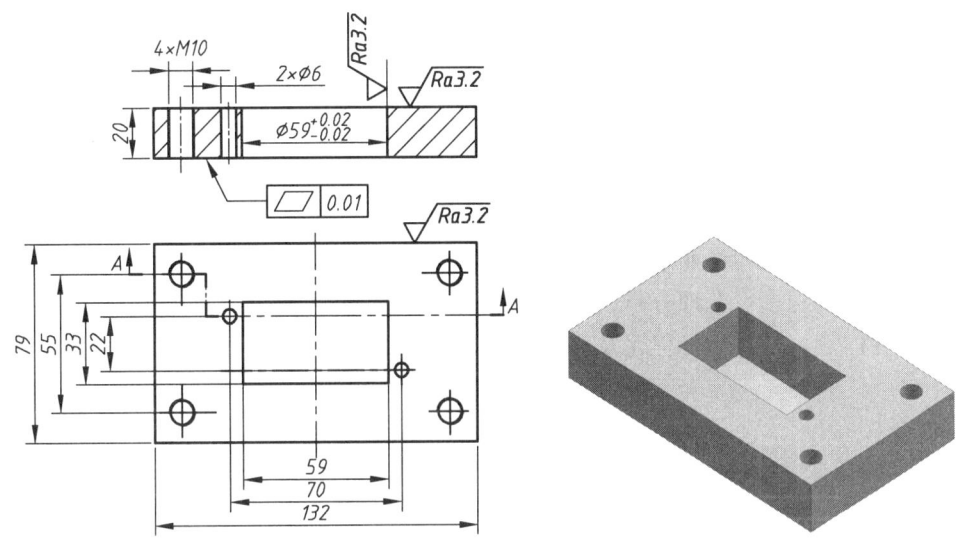

图 3.44　凸模固定板的二维图和三维图

同理，凸模的二维图和三维图如图 3.45 所示。

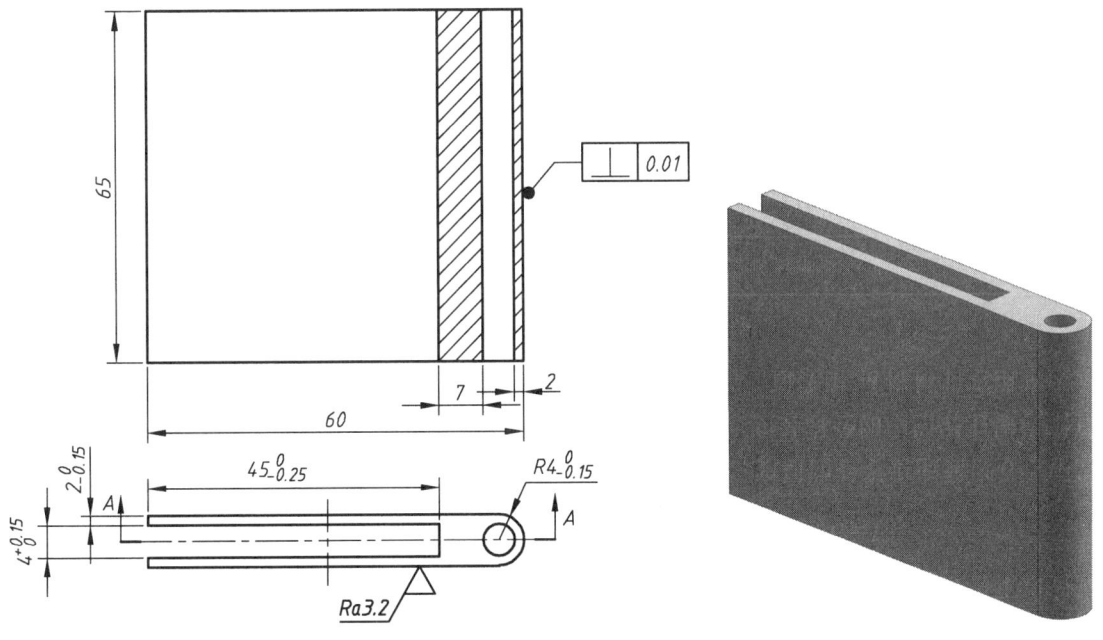

图 3.45　凸模的二维图和三维图

第4章 仿真分析示例及要求

机械专业、车辆工程专业毕业论文（设计）根据实际设计需求，需加入仿真分析部分，针对某一设备或结构进行合理分析，可以验证设备设计的合理性，预测系统性能，并发现设备存在的潜在问题，及时做好优化及改进设计，这对提高设备设计的准确性和可靠性具有重要意义。

4.1 仿真分析概述

毕业论文（设计）中适当地加入仿真分析，不仅有助于发现潜在问题，而且也能帮助设计者验证和优化设计的可行性，并能减少实际制造和测试中的成本和时间。下面对机械专业、车辆工程专业毕业论文（设计）中涉及的仿真分析部分进行探讨。

1. 仿真分析常用软件

常用的仿真分析软件包括但不限于以下几种：

① ANSYS：是一款全球领先的通用有限元分析软件，广泛应用于结构力学、热力学、流体力学等多个领域。ANSYS Workbench 是一款集成化的仿真平台，适合处理复杂工程问题。ANSYS Mechanical 则专注于有限元分析，可以进行复杂的机械系统多物理场耦合仿真。

② SolidWorks Simulation：是基于 CAD 平台 SolidWorks 开发的 CAE 模块，方便设计师直接在三维模型上进行应力分析、振动分析、热分析等。

③ Abaqus：是由达索系统提供的高级有限元分析产品，对非线性、材料失效、接触问题等具有强大处理能力，广泛应用于结构力学、热传导、流体动力学等领域。

④ Autodesk Inventor Nastran：是 Autodesk 公司旗下的有限元分析工具，适用于静态、动态和热力分析，尤其适合进行结构强度和刚度计算。

在选择仿真软件时，需要根据具体的机械系统和设计要求，考虑软件的适用性、精度、易用性等。同时，熟悉软件的操作和仿真流程也是进行仿真分析的关键。

2. 仿真分析的主要步骤

① 确定仿真目的：根据毕业论文（设计）的内容，明确仿真分析需要完成的目的及要达到的模拟效果，如分析机械设备/系统的动力学性能、运动轨迹、应力分布等。

② 搜集资料：进行大量的资料收集，熟悉有关课题的基础理论，搜集需要用到的仿真分析材料。这包括相关设备的模型、参数、材料、边界条件等。

③ 建立模型：根据仿真分析的目的和搜集到的资料，建立设备的仿真模型。这通常需要使用专业的仿真软件，如 SolidWorks Simulation、ANSYS、Abaqus 等。在建模过程中，需要注意模型的准确性、完整性和合理性。

④ 设置参数和边界条件：根据设备工作的实际情况，设置仿真模型的参数和边界条件。这包括材料的属性、载荷的大小和方向、约束条件等。这些参数和边界条件的设置将直接影响仿真结果的准确性和可靠性。

⑤ 运行仿真：在仿真软件中运行所建立的模型，进行仿真分析。在仿真过程中，需要监控模型的运行状态，确保仿真过程顺利进行。

⑥ 结果分析和优化：对仿真结果进行分析，评估设备运行的可行性。如果发现潜在的问题或不足之处，需要对模型进行修改和优化，然后重新进行仿真分析，直到满足设计要求为止。

3. 仿真分析在毕业论文（设计）中的应用

仿真分析在机械专业、车辆工程专业中的应用主要有以下几种，同学们可以根据毕业论文（设计）内容来选择合适的仿真分析类型。

① 动力学分析：通过仿真分析设备的动力学性能，如加速度、速度、位移等，来验证设计的合理性和稳定性。

② 运动学分析：模拟设备的运动轨迹和机构运动过程，以检查机构的运动是否顺畅，是否存在干涉等问题。

③ 应力分析：对设备/结构的关键部件进行应力分析，以评估其承载能力和耐久性，有助于发现潜在的疲劳破坏和断裂风险。

④ 优化设计：通过仿真分析，可以发现设备/结构中的不足之处，并进行优化/改进设计，有助于提高设备/结构的性能，降低制造成本和提高生产效率。

在机械专业、车辆工程专业毕业论文（设计）中，仿真分析最常用于对设备/结构关键部位进行应力分析，用于校核该结构的安全性，或发现其存在的不足之处，有助于对该结构进行优化/改进设计。

4. 注意事项

在进行仿真分析时，需注意以下几点：

① 模型的准确性：在建立仿真模型时，需要确保模型的准确性。这包括几何形状的准确性、材料属性的准确性以及边界条件的合理性等。

② 参数的合理性：在设置仿真参数时，需要根据实际情况进行合理设置，避免参数设置过于理想化或过于保守，导致仿真结果与实际情况存在较大偏差。

③ 结果的验证：对仿真结果进行分析时，需要结合实际情况进行验证。如果仿真结果与实际情况存在较大差异，需要对模型进行修改和优化。

④ 软件的局限性：不同的仿真软件具有不同的功能和局限性。在选择仿真软件时，需要根据实际需求进行选择，并了解软件的局限性和适用范围。

综上所述，在对某设备重要部件进行仿真分析时，需针对分析目的，选择合适的分析软件，明确分析类型，根据分析步骤及注意事项，完成相应的分析内容。

4.2 仿真分析示例

本节基于 SolidWorks Simulation 2022 版本的仿真分析软件,以升降架为例,对该结构的支架强度进行应力分析。

1. 仿真分析目的与资料收集

(1)升降架的作用。

用于仿真分析的三维升降架如图 4.1 所示,其主要功用:将重物或人员升降到一定高度,以便在生产或维护中进行作业。升降架包括剪刀臂(由支架 1、2、3、4 组成)、滑座 5、底板 6 三部分,工作时,滑座处安装的动力设备提供驱动力,使滑座带动剪刀臂沿着底板运动,从而带动升降架升高或降低。

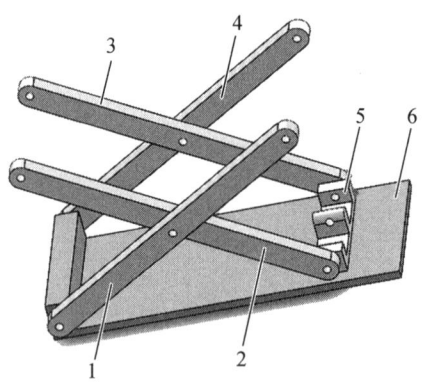

1,2,3,4—支架;5—滑座;6—底板。

图 4.1 升降架示意

(2)仿真分析的目的。

优化该结构中剪刀臂的厚度,来分析剪刀臂在改变其厚度后,是否仍满足强度要求。首先利用仿真软件对所设计的剪刀臂进行应力分析,其次优化剪刀臂支架的厚度,得出两者的应力分布情况。通过分析结果,来校核该结构在优化尺寸后,强度是否也满足要求,若不满足,则继续优化该结构。

(3)资料收集。

此次主要是对一个载重为 500 N 的升降架进行静力学分析,通过优化剪刀臂的厚度,对比分析它们的应力分布情况,评估该结构在承受外部载荷作用下的结构强度和稳定性。通过资料收集,根据升降架的实际工作情况,绘制设备模型,并确定各参数、材料、边界条件等。

2. 建立模型

(1)设置插件。

打开 SolidWorks 建模软件,如图 4.2(a)所示,点击"选项",在下拉列表中选"插件",出现如图 4.2(b)所示对话框,勾选"SOLIDWORKS Simulation"项,点击"确定"后,就可以用 SolidWorks 软件进行仿真分析了。

第4章 仿真分析示例及要求

（a）

（b）

图 4.2 插件选项

（2）建立模型。

在打开的 SolidWorks 建模软件中新建零件，如图 4.3（a）所示，然后绘制图 4.3（b）所示支架。接着绘制滑座和底板的零件图，如图 4.3（c）、（d）所示。最后将所有零件装配成如图 4.1 所示的结构。

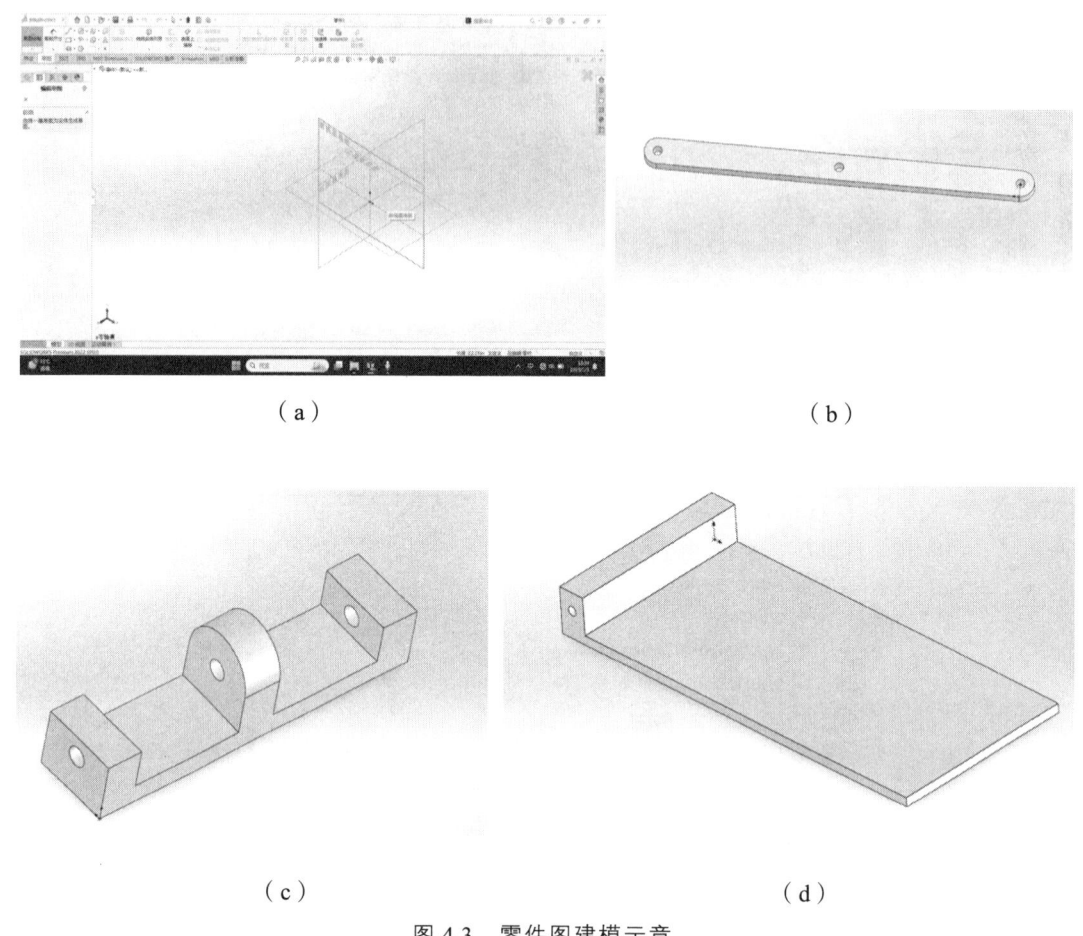

图 4.3 零件图建模示意

3. 设置参数和边界条件

1）新建算例

每个分析都是一个单独的算例，新建算例时，可以指定分析的类型（如静态、疲劳、频率等），并选择适合的网格类型对模型进行划分。这样，SOLIDWORKS Simulation 就能根据所定义的算例，对模型进行有限元分析，计算出模型在特定条件下的位移、应变、应力等结果。

新建算例步骤如下：

① 点击如图 4.4（a）所示"Simulation"，再点击"新算例"。

② 在出现的列表名称处输入分析内容"升降架应力分析"，并勾选"常规模拟"下方"静力学分析"中的"输入算例特征…"项，最后点击上方绿色对勾确认，如图 4.4（b）所示。

③ 接着出现图 4.4（c）所示对话框（有些版本不出现）。根据情况设置"装配体层次关系"以及"要输入的仿真特征"，此处不需对选项进行设置，点击"关闭"。

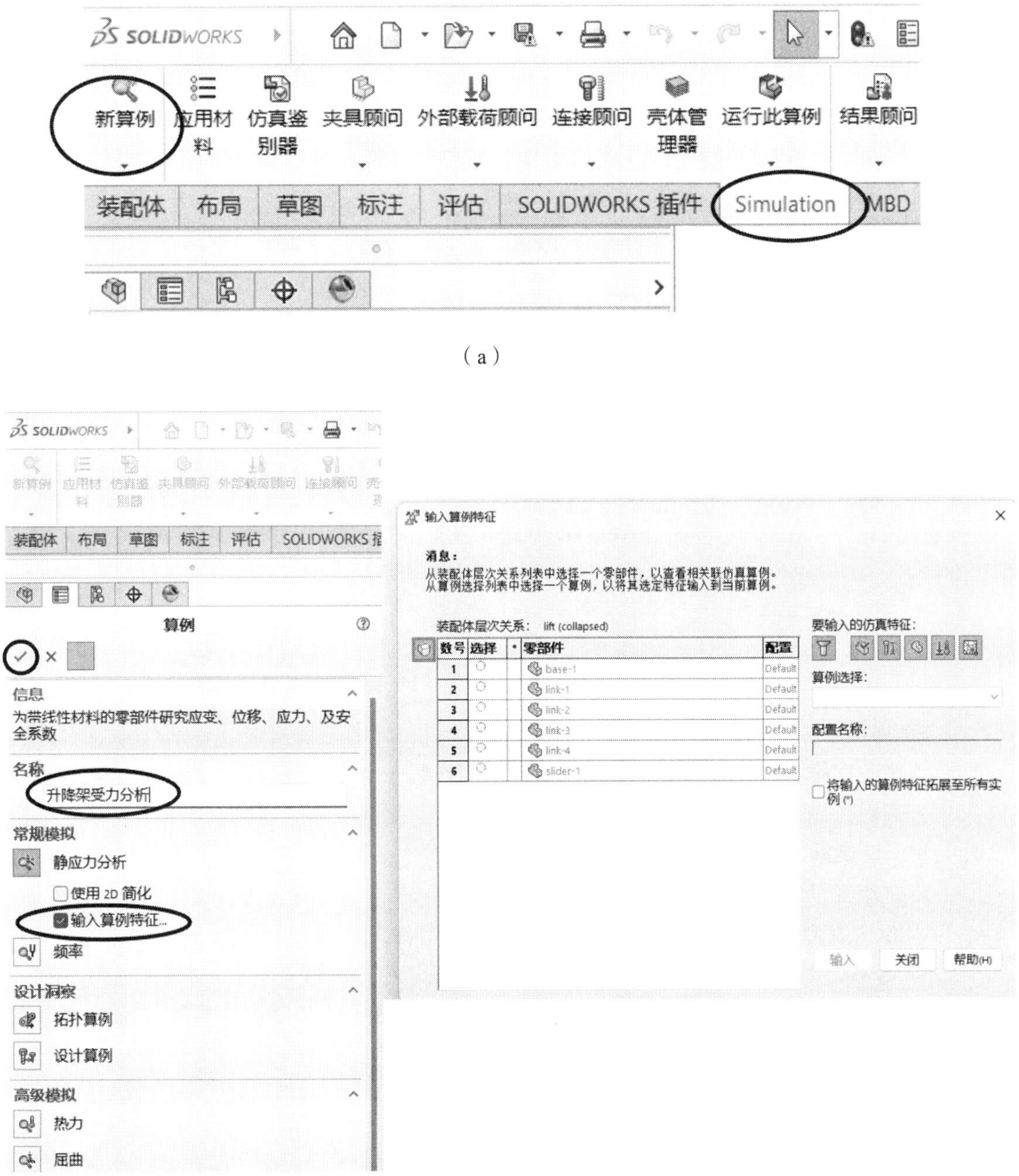

第 4 章 仿真分析示例及要求

（a）

（b）　　　　　　　　　　　　　　　　（c）

图 4.4　新建算例

2）设置材料

选中如图 4.5（a）所示的"零件"，右键选择列表中的"应用材料到所有（M）…"项，根据实际需求选择所需的材料，此处选择"普通碳钢"，如图 4.5（b）所示。点击"应用""关闭"按钮。

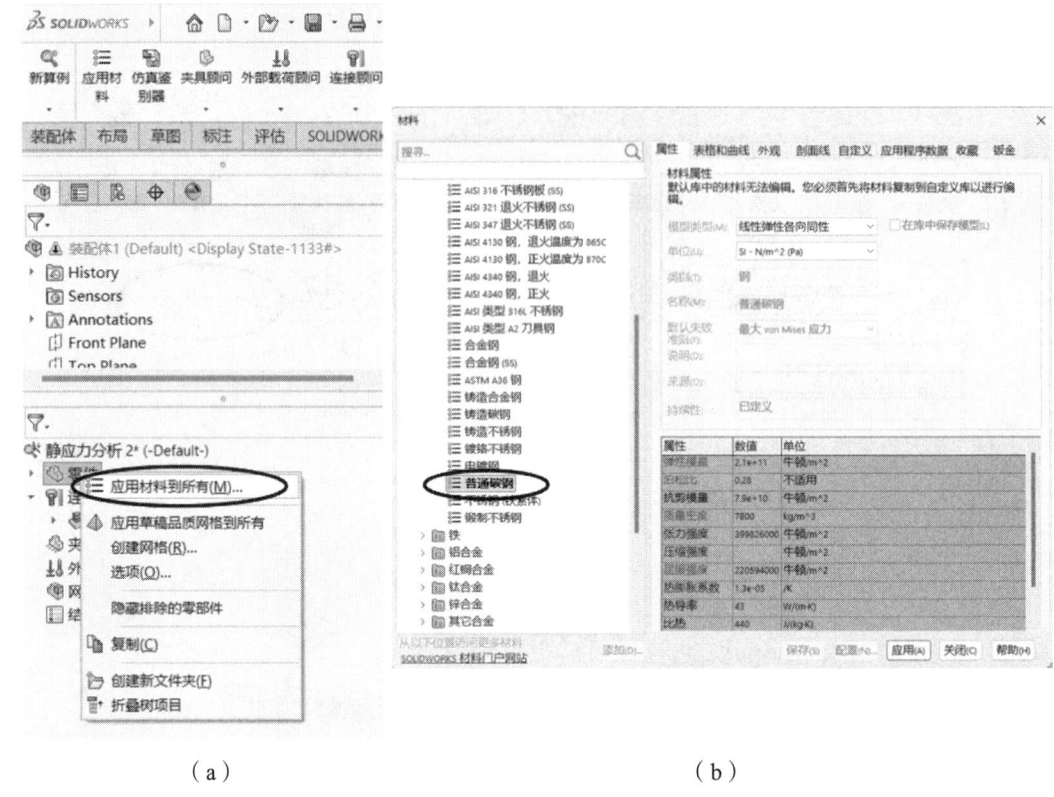

图 4.5 设置材料

3）连接

连接（连接器）用于定义一个实体如何连接到另一个实体或地面，提供一组数学模型，如销、螺栓、弹簧等，以实现零件之间的相互连接。此例需要完成剪刀臂 4 个支架，以及滑座与剪刀臂之间的连接。

下面是剪刀臂支架连接步骤：

① 依次点击如图 4.6（a）所示的"连接""零部件交互"。

② 选中"全局交互（-接合-已独立网格化-）"后，右键鼠标，点击"编辑定义（E）"。

③ 在出现的图 4.6（b）所示对话框中，在"交互类型"下方选择"接触"，最后点击上方绿色对勾确定。

④ 再右键点击图 4.6（a）所示"连接"，出现图 4.6（c）所示列表框，选择"销钉（P）…"进行连接。

⑤ 在出现的图 4.6（d）所示对话框中，确定"类型"下方选项，接着在升降架上选择需要被连接的两个零件接触点。

⑥ 此处选择支架 1 和支架 2 的销钉孔连接处，如图 4.6（e）所示 A 处。

⑦ 希望销钉连接是不变形的，因此需要选择图 4.6（d）所示"连接类型"中的"刚性"。再点击该对话框最上方的"保持可见"按钮，作用为关闭这个对话框后，会提醒显示这两个支架已被连接，最后点击上方绿色对勾确定。

⑧ 继续设置连接剪刀臂的另外两个支架 3、4 连接处，即图 4.6（e）B 处，步骤同上。

第 4 章 仿真分析示例及要求

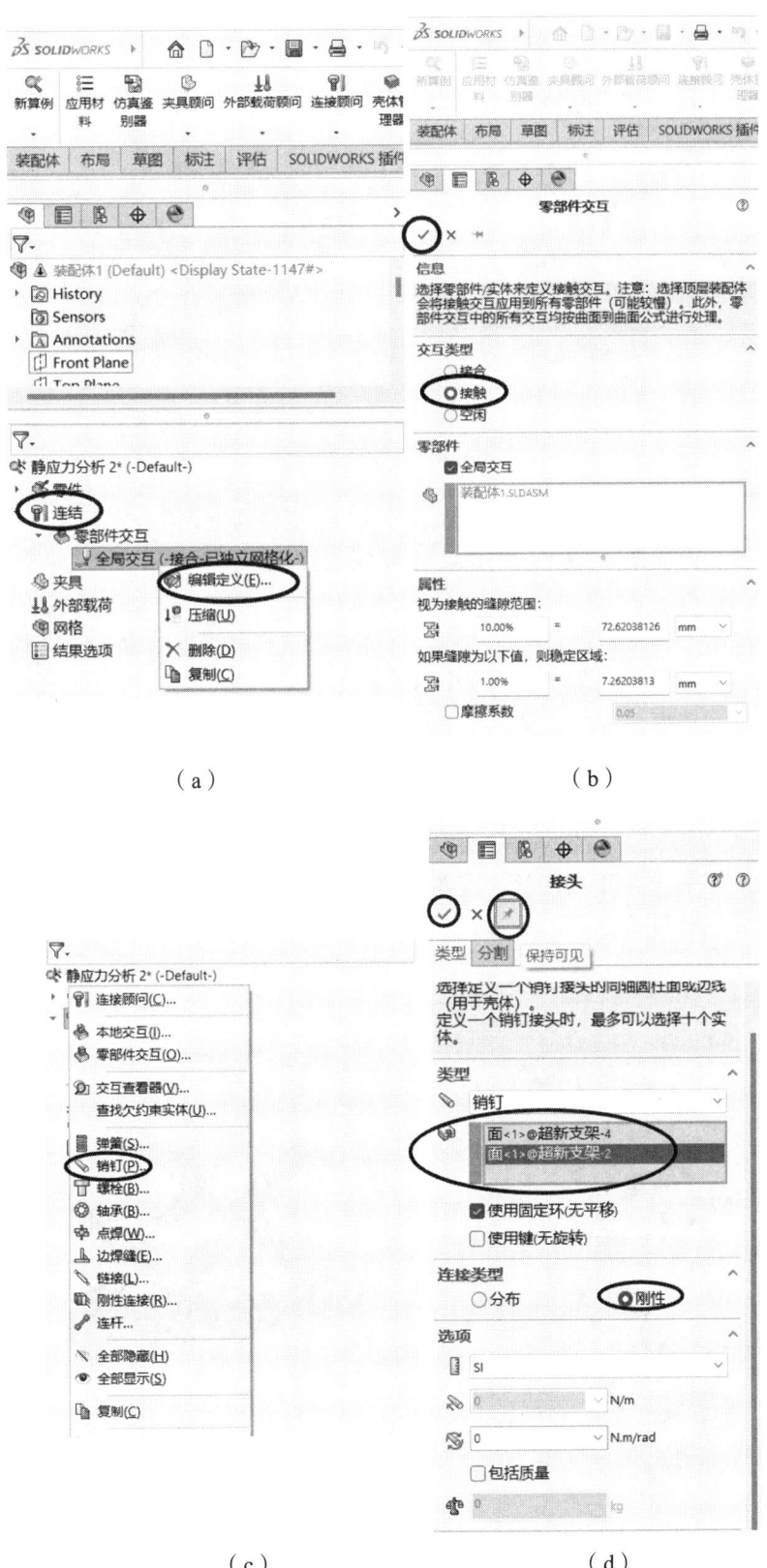

(a)　　　　　　　　　　　(b)

(c)　　　　　　　　　　　(d)

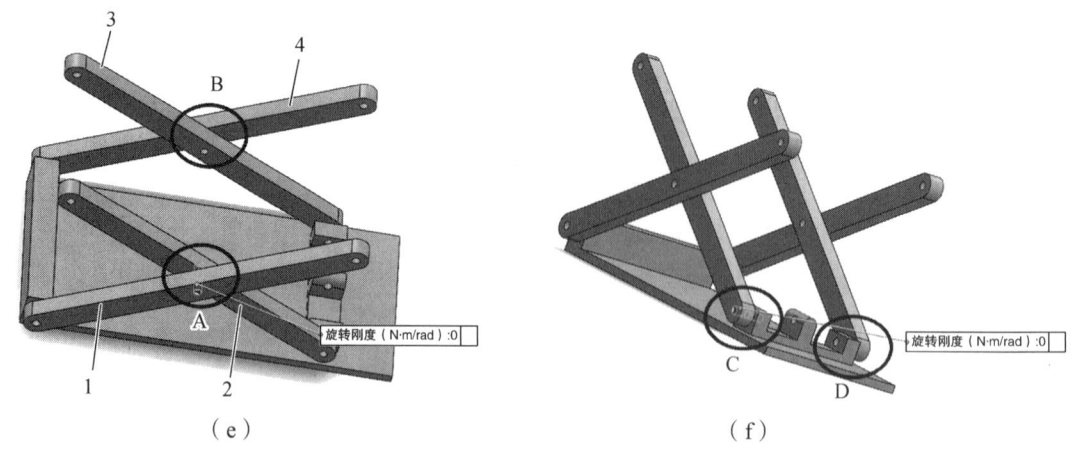

（e） （f）

图 4.6　连接设置示意

滑座与剪刀臂之间的连接仍然用销钉进行连接，步骤同上，需分别选择支架 2、支架 3 与滑座的连接部位，即如图 4.6（f）所示 C 处和 D 处。

4）设置夹具

夹具设置的主要作用是定义固定约束。具体来说，夹具可以约束实体模型的一个或多个面、边或顶点，使这些部分在模拟过程中保持固定，无法移动。受约束的面、边或顶点在所有方向上都会受到约束，从而确保模拟结果的准确性和可靠性。

（1）固定支架。

支架与底板之间是铰链约束，其固定步骤如下：

① 如图 4.7（a）所示，右键点击"夹具"，在出现的列表框中，选择"固定铰链（H）…"。

② 接着同时选择支架 1 与底板、支架 4 与底板之间的连接处，如图 4.7（b）C、D 处，最后点击上方绿色对勾确定。

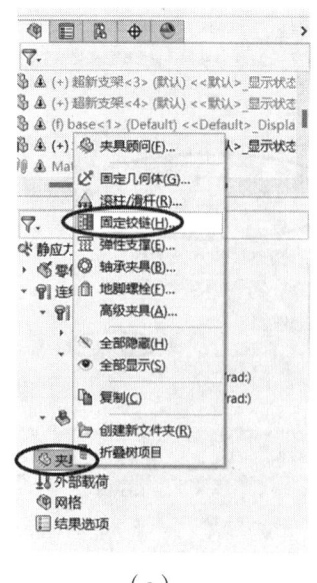
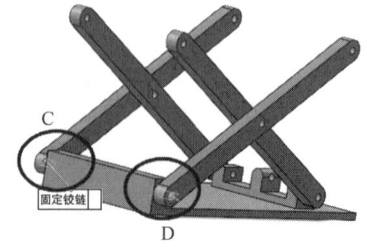

（a） （b）

图 4.7　固定铰链设置示意

（2）固定滑座。

因为滑座上有个动力机构推动它沿底板来回运动，所以需要固定它进行静力学分析，具体步骤如下：

① 如图4.8（a）所示，右键点击"夹具"，在出现的列表框中选择"固定几何体（G）…"。

② 下拉进度条，在左边选项框中，依次点击"高级""使用参考几何体"，接着选中滑座中间连接孔，如图4.8（b）所示。

③ 再点击左侧选项A处，即"方向面、边线、基准面、基准轴"按钮，选择滑座边线如图4.8（c）所示，使其沿这条线的运动量为0。

④ 最后点击上方绿色对勾确定，就固定住了滑座。这样在模拟分析的过程中，滑座就不会沿着如图4.8（c）所示的边线方向运动。

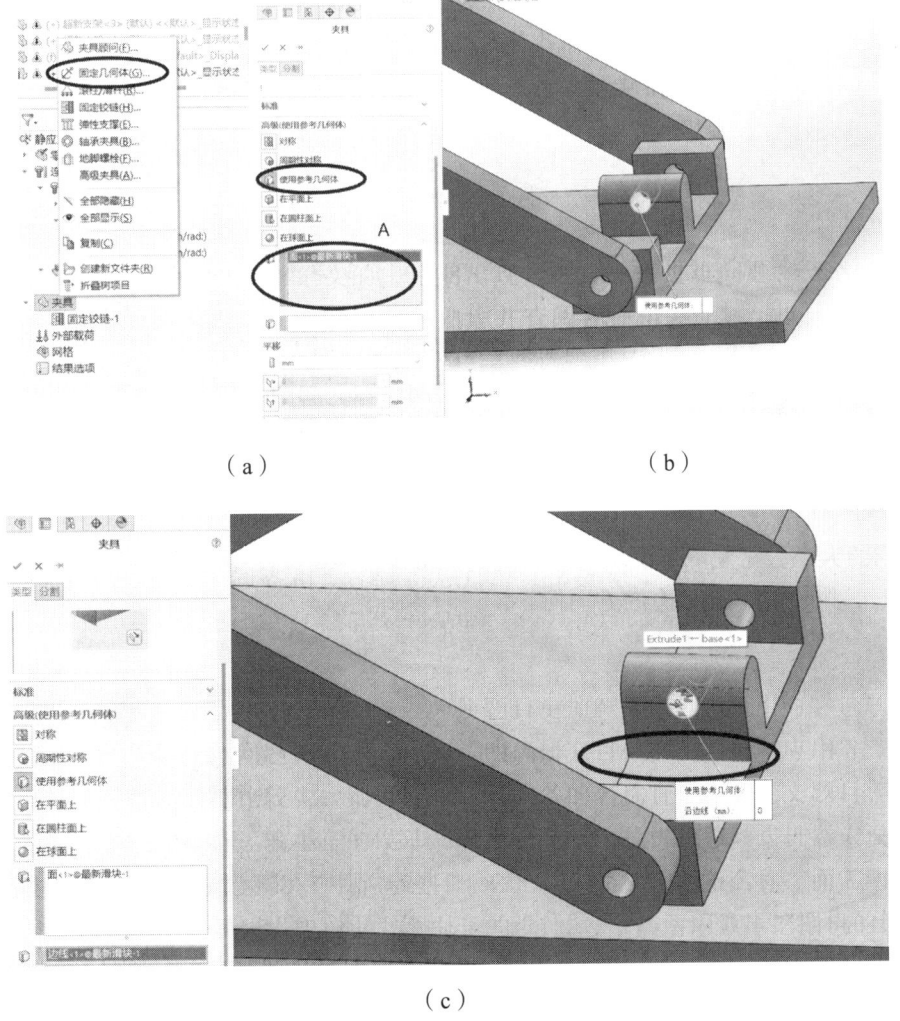

(a)　　　　　　　　(b)

(c)

图4.8　固定滑座设置示意

（3）固定底板。

接下来对底板进行固定，具体步骤如下：

① 同样，右键点击如图 4.8（a）所示选项中的"夹具"，选择"固定几何体（G）…"。
② 再选中如图 4.9 所示的底板最下方，将其固定住，最后点击上方绿色对勾确定。

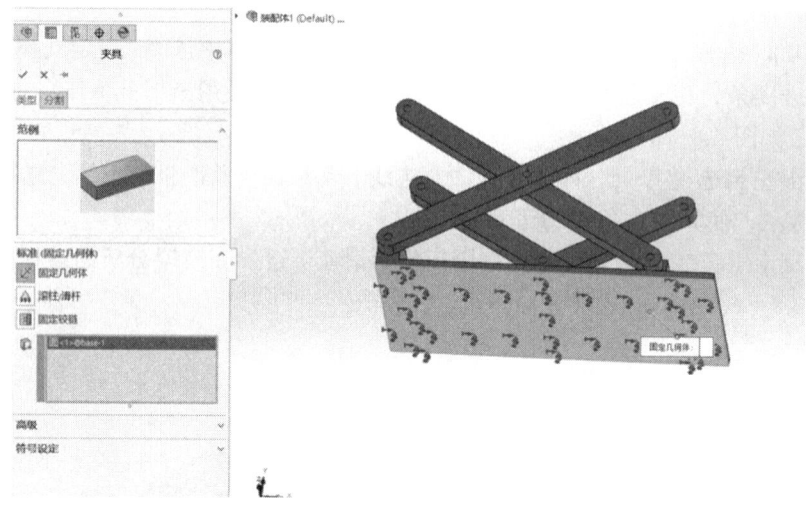

图 4.9 固定底板设置

5）外部载荷

下面给升降架施加外部载荷，该设备的受力点在剪叉架上方的圆孔上。施加荷载具体步骤如下：

① 右击如图 4.8（a）所示"外部载荷"，在出现的列表框中选择"力（F）…"。
② 确认出现在选项框中的内容为 4 个支架的名称，如图 4.10（a）所示。
③ 然后选择支架上 4 个受力孔，受力情况如图 4.10（b）所示。
④ 接着选中如图 4.10（c）中"选定的方向"，在图 4.10（b）中所示的滑座边线，确定施加力的方向。
⑤ 力的大小根据实际情况填写，此处为 500 N。再观察图中力的方向是否正确，如果不合适就点击"反向"，此处力的方向向下，符合实际情况。

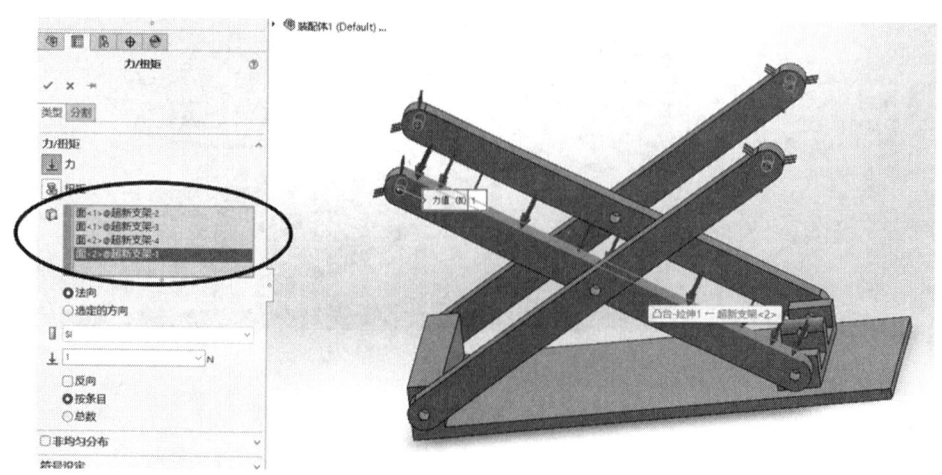

（a）

第4章 仿真分析示例及要求

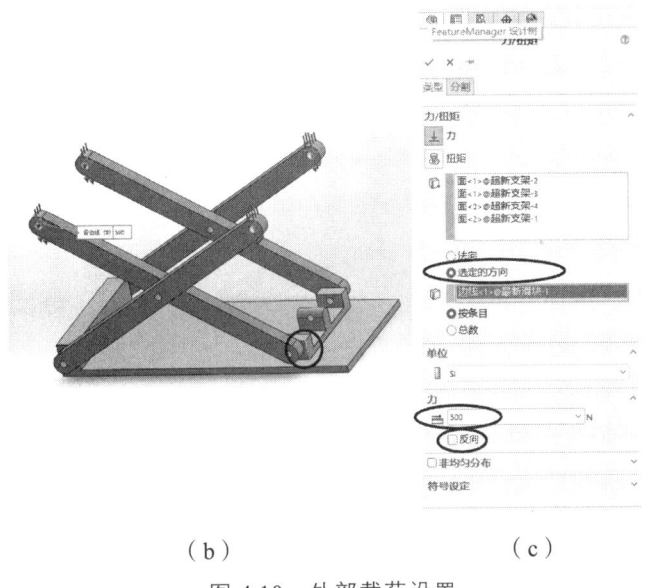

(b) (c)

图 4.10 外部载荷设置

6）网格设置

网格将连续的实体模型离散化为有限数量的单元，这些单元通过节点相互连接。这是有限元分析的基础，使得复杂的工程问题可以通过数值的方法求解。同时，划分网格的质量和密度也会影响分析的精度和效率。

如图 4.11（a）所示，右击"网格"，选择"生成网格（R）…"，出现如图 4.11（b）所示选项框，此处"网格密度"使用推荐值，"网格参数"选项选择"基于曲率的网格"，网格设置完成。

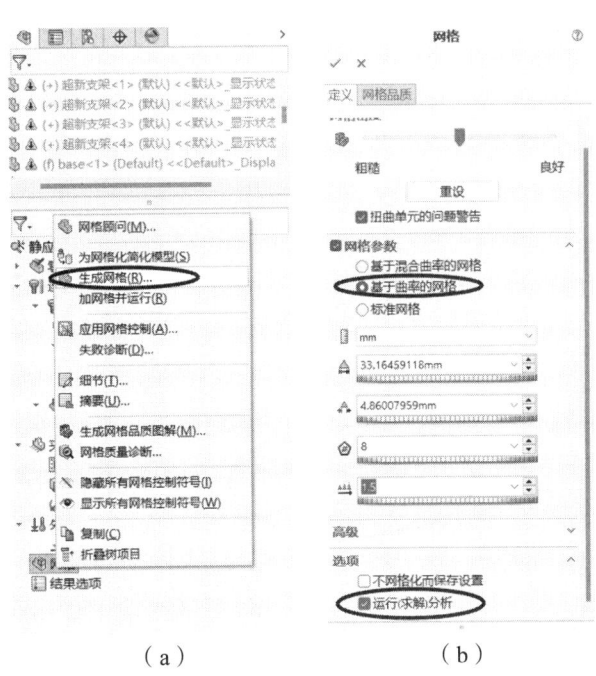

(a) (b)

图 4.11 网格设置

4. 仿真运行

以上各参数设置好以后，点击图 4.11（b）所示"选项"下方的"运行（求解）分析"，点击上方绿色对勾确定。接着出现如图 4.12 所示的运行进度条，该结构开始求解分析。因为 SolidWorks Simulation 采用了高效的有限元分析算法，支持多处理器并行计算，智能选择最适合当前分析类型的求解器，因而其仿真运行速度较高。

图 4.12 仿真运行

根据自己的分析需求，可以点击"结果"下方的"应力 1（-vonMises-）""应变 1（-等量-）""位移 1（-合位移-）"来获取分析结果，如图 4.13 所示。

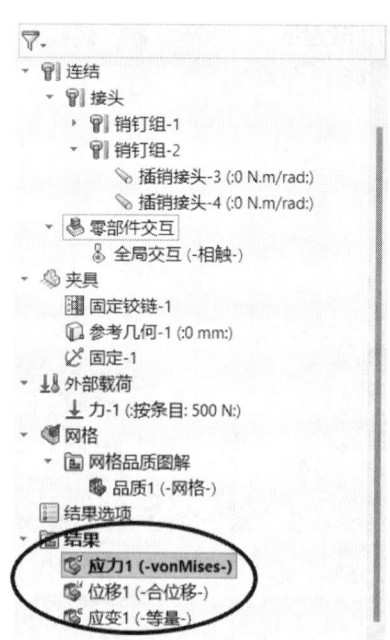

图 4.13 结果分析选项

此例是对该结构的应力分布情况进行分析，因此，点击如图 4.13 所示的"应力 1（-vonmises-）"，出现如图 4.14 所示该结构应力分布图。

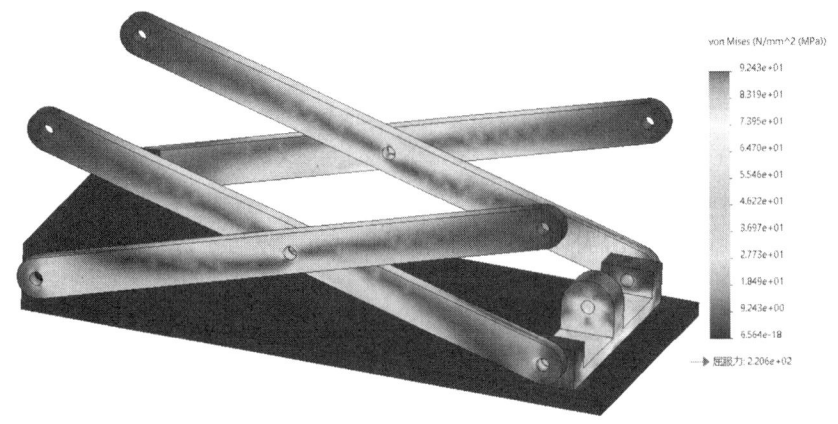

图 4.14　应力分布

5. 结果获取方法

对仿真结果进行分析，可验证设计是否满足预期的性能要求，如果发现潜在的问题或不足之处，需要对模型进行修改和优化。在分析仿真结果时，需要根据实际分析情况选择有用信息。下面主要介绍获取运算结果的几种方法。

（1）获取该结构的最大受力点。

从图 4.14 中右边的应力条可以看出，该结构最大应力显示为 9.243e+01 N/mm², 即 92.43 MPa。但具体是该结构中的哪一点，可以通过以下方法获得：

① 右键点击"应力1（-vonmises-）"，出现如图 4.15（a）所示列表框，选择"图表选项（O）…"。

② 接着点击图 4.15（b）中的"显示最大注解"，就可以在结构上显示最大应力受力处，如图 4.15（c）所示。

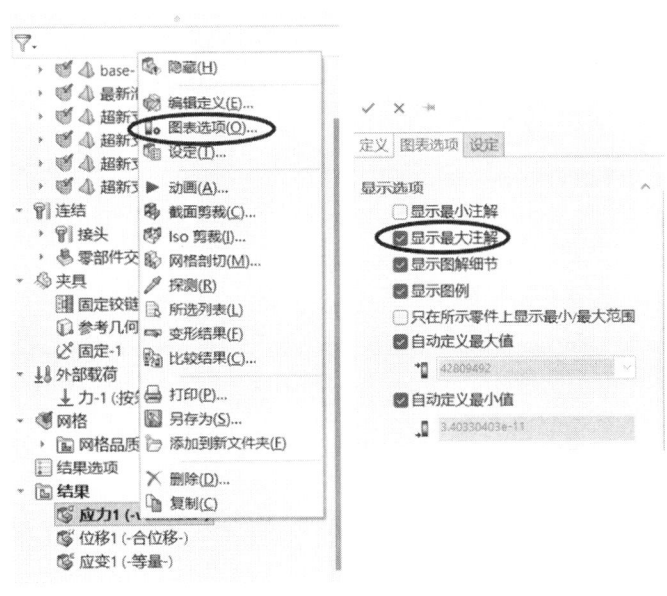

（a）　　　　　　　　　　（b）

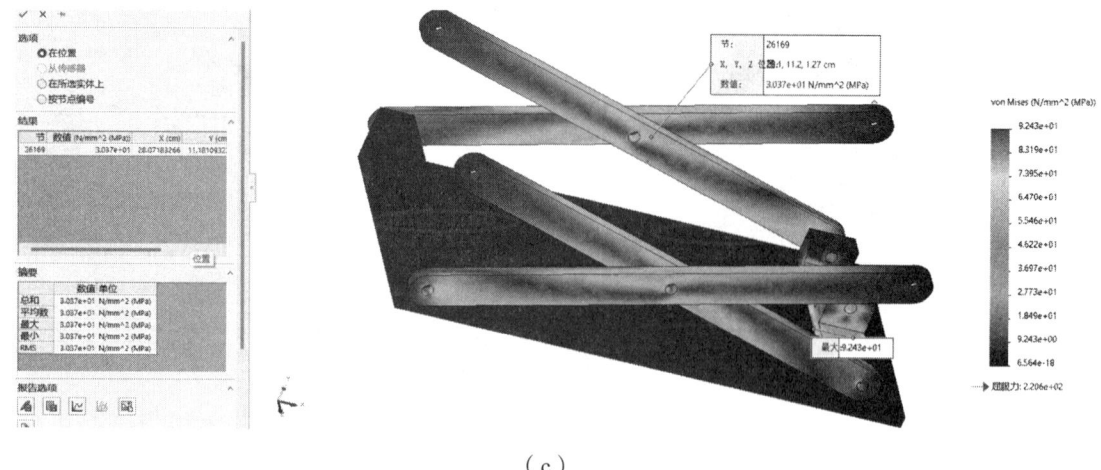

（c）

图 4.15　最大受力点获取

（2）获取该结构任一点受力情况。

如果想获得该结构分析结果中任意一点的应力情况，具体步骤如下：

① 右击"应力1（-vonmises-）"，在出现的如图 4.16（a）所示列表框中选择"探测（R）"。

② 接着选择图 4.16（b）中的"在位置"选项，移动鼠标点击任一点或确认的一点，如图 4.15（c）所示，就可以看到该结构任一点的应力情况。该点所受应力情况具体数值会在如图 4.15（c）所示的"结果""摘要"中有所显示。

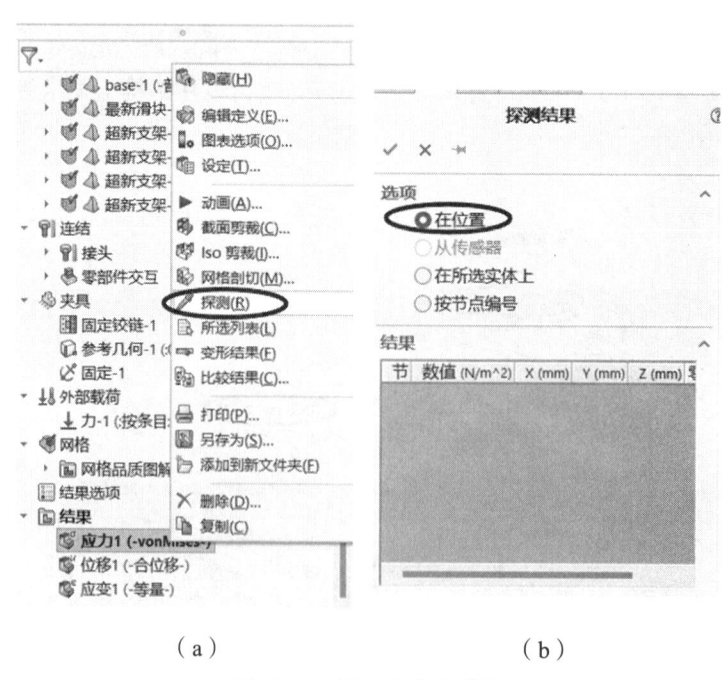

（a）　　　　　　　　　　（b）

图 4.16　任一点应力获取

（3）获取该结构某一零件受力情况。

如果想获取该结构某一零件的应力情况，则选中图 4.16（b）所示的"在所选实体上"，然后选择该零件,点击"更新",其所受应力情况具体数值也会在图 4.15(c)所示的"结果""摘要"中显示,可根据实际分析情况,选择想要的值。

(4)图解获取。

如果要获取某一零部件上的应力分布图表,其步骤如下:

① 按以上步骤选中目标零件,此处选择支架。

② 然后点击如图 4.17(a)所示的"报告选项",选中所示"图解"按钮,就可以出现如图 4.17(b)所示该零件的应力分布。

③ 根据实际分析情况,也可以选择其他选项来分析想要的结果。

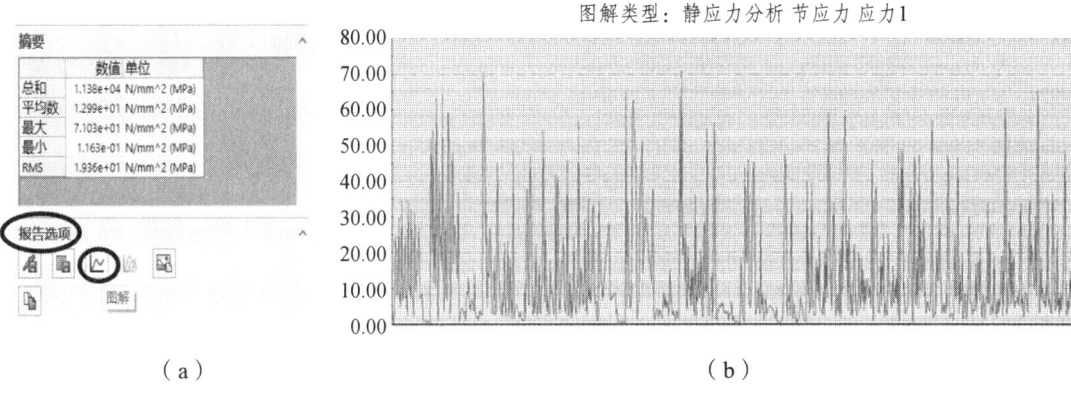

图 4.17 图解获取示意

(5)获取连接件受力情况。

连接件是设备装配的重要零件,因此,在某些情况下,也需要分析其受力情况。

① 右击"结果",出现如图 4.18(a)所示列表框,选择"列出接头力(C)…"。

② 在出现的对话框中选择"所有销钉",如图 4.18(b)所示。

③ 接着在"接头力"选项中可以获取这些销钉的相关受力信息,如图 4.18(c)所示。

④ 根据这些信息可以选择符合要求的销钉来进行连接,或校核已有销钉的强度。

6. 结果分析及优化

(1)结果分析。

此例的仿真目的是对升降架剪刀臂的应力进行分析,即校核其强度是否满足要求,若不满足,则需重新优化尺寸。首先按以上方法获取该结构支架受力情况,得到其受到的最大应力约为 71 MPa,假设此结构的许用应力为 60 MPa,则该支架不满足强度要求,需重新设计支架的截面尺寸。

(2)优化尺寸。

一般会根据材料的许用应力以及结构的实际受力情况来优化支架的具体尺寸,此例为了方便区分,将支架厚度增加一倍后,根据上述仿真分析步骤,再次对优化后的剪刀臂支架进行仿真分析。两者的应力分布情况如图 4.19 所示,从图中可以看出,优化(增加支架厚度)后的整个结构的应力有所减小,并获取支架的最大应力约为 21 MPa,小于许用应力 60 MPa,因此,优化后的支架满足强度要求。

（a） （b） （c）

图 4.18 连接件受力情况获取

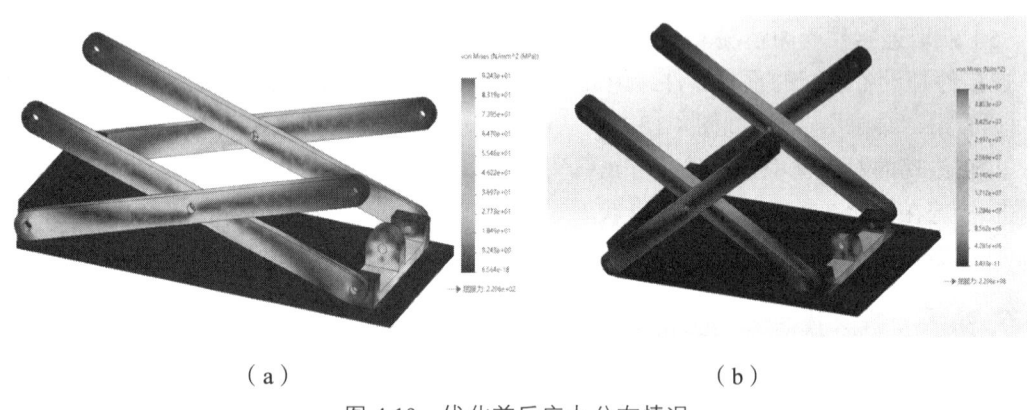

（a） （b）

图 4.19 优化前后应力分布情况

4.3 仿真分析的要求

由于机械专业、车辆工程专业每位同学毕业论文（设计）内容不同，导致仿真分析部分有所差异，下面简单举例说明针对不同题目的毕业论文（设计）仿真分析部分的要求。

1. 选择仿真分析内容

仿真分析的内容根据毕业设计情况来选择，如果设计题目是"××结构的优化设计"或"××设备的改进设计"，那么仿真分析的内容就选择优化/改进部分来进行模拟，根据实际情况,获取分析结果。如果没有优化/改进之处,则选择该设备设计的重点部分来进行仿真分析,包括使用过程的模拟,或获取关键指标,如应力分布、变形情况、温度分布等。

2. 仿真分析的要求举例

(1) 以优化转向架轴箱为例。

① 提出问题。

转向架通常包括构架、轴箱、轮对和轴箱悬挂装置,轴箱用于安装轮对,且轴箱通过轴箱悬挂装置与构架连接。目前,大多数轴箱和构架之间在竖直方向上没有连接关系,仅依靠重力接触,这样在转向架制造及运输过程中吊运转向架时,需要通过绳索同时吊起转向架的全部轮对,而当轴箱与构架之间在竖直方向上没有连接关系时,对转向架起吊操作非常困难,存在不安全因素。

② 解决问题。

为了解决上述问题,将轴箱上的吊耳和吊耳座的连接进行优化设计,将原本采用一体铸造成型方法的吊耳、吊耳座和轴箱本体,优化成如图 4.20 所示的连接关系,这样可以解决轴箱与构架之间在竖直方向上没有连接的关系,从而解决转向架吊运困难的问题。

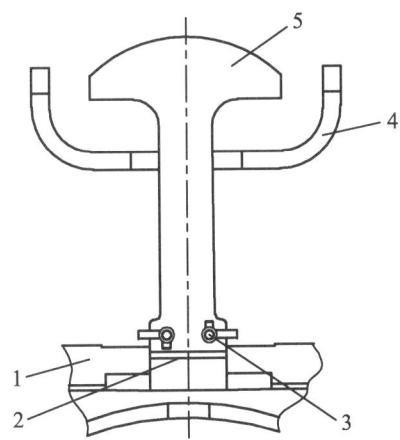

1—轴箱本体;2—吊耳座;3—连接件;4—托座;5—吊耳。

图 4.20 优化后轴向示意

③ 仿真及结果分析。

根据优化结构,建立仿真模型,再结合轴箱的实际工作情况,确定相关参数和边界条件,包括材料的属性、载荷的大小和方向、约束条件等,然后进行仿真模拟。最后对仿真结果进行分析,评估结构的可行性。

此例中可以对连接件 3 的安全性进行强度分析,可以对吊耳或吊耳座的应力分布情况进行分析,也可以对吊耳的材料进行优化选择等。总之,仿真分析这部分可根据同学们毕业论文(设计)存在的实际问题,进行分析、优化、验证、校核等。再将模拟结果以图片、表格、数据等形式呈现在论文相应位置即可。

(2) 以优化挖掘机铲斗斗齿固定方法为例。

① 提出问题。

挖掘机铲斗斗齿在挖掘作业中发挥着增加抓地力、轻松破碎物料、承受大部分工作荷载和冲击力、保护铲斗和减少整体损耗的作用。因此,斗齿与铲斗的固定方式在挖掘机正常作业中，起着至关重要的作用。常用的铲斗与斗齿之间的固定方式：螺栓连接固定、焊接固定、卡扣或锁扣固定等。受斗齿材质、使用频率、作业环境等因素影响，挖掘机会导致铲斗与斗齿之间的固定松脱，造成人员伤害和设备损失。因此，除了定期进行维护以外，还需对两者之间的固定方式进行优化。

② 解决问题。

如图4.21所示，其中铲斗与斗齿之间采用焊接的方法固定，为了加固两者之间的连接方式，可在斗齿与铲斗之间增加加强筋，焊接时顺着原筋板焊接的方向，在两块板上叠焊，确保焊接质量。

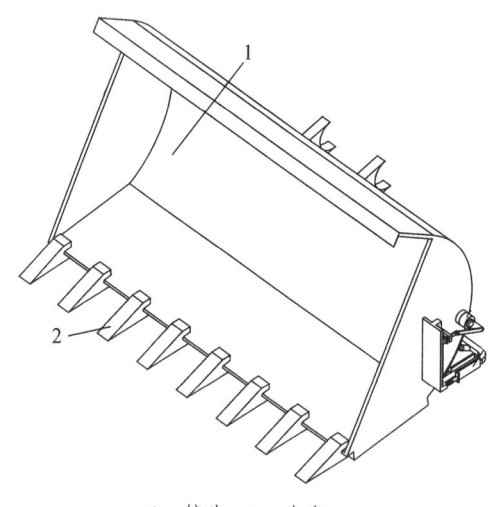

1—铲斗；2—斗齿。

图4.21　铲斗结构示意

③ 仿真及结果分析。

根据优化结构，建立优化前后仿真模型，再结合铲斗斗齿的实际工作情况，确定相关参数和边界条件，包括材料的属性、载荷的大小和方向、约束条件等，然后分别进行仿真模拟。最后对仿真结果进行对比分析，并评估优化后结构的可行性。此部分模拟将两者的应力分布或变形情况等分析结果，以图片、表格、数据等形式呈现在论文相应位置即可。

（3）以冲压模具设计为例。

关于模具设计类仿真分析的主要作用：预测和优化模具强度、耐磨性、热稳定性等关键性能；可以通过验证减少试制的次数和成本，从而优化设计方案，缩短开发周期，提高设计质量等。

模具设计方面可以采用Moldflow软件对注塑模具进行塑料流动过程分析，帮助设计师减少试模次数，提高生产效率；也可以利用ANSYS有限元分析软件，对模具进行结构分析、热分析和动力学分析，帮助设计师优化模具结构和材料选择；Abaqus分析软件在非线性分析和复杂材料建模方面有独特优势。在进行模具设计时，可以根据实际需求选择合适的软件进行仿真分析。

对冲压模具的冲压成型进行仿真分析，可以采用ANSYS有限元分析软件，根据设计内容建立如图4.22（a）所示简易几何模型，它由上模、压模、板料和下模组成。然后根据实际情况，对该模型进行材料定义、网格划分、边界条件设置等，最后进行求解。求解的结果中可以查看变形和应力情况，图 4.22（b）所示为板料的应力分布，可根据板料仿真分析结果，预测成型性能，优化模具设计，预防裂纹、起皱、回弹等现象产生，从而提高冲压成型模具的生产效率和产品质量。

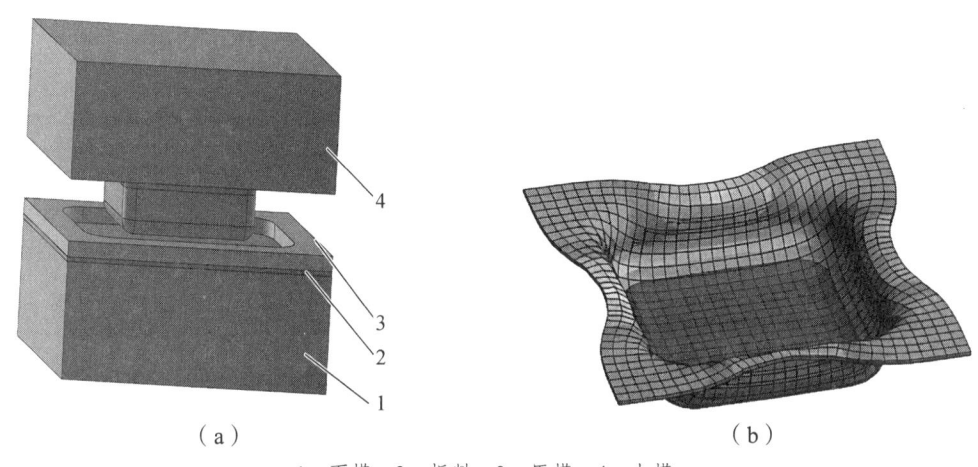

1—下模；2—板料；3—压模；4—上模。

图 4.22 冲压模具仿真示意

3. 仿真分析的要求

以上列举了毕业论文（设计）仿真分析部分的框架示例，同学们可根据自己的毕业论文（设计）内容，选择合适的分析对象，建立对应的仿真模型，分析可靠的仿真结果，以便完成毕业论文（设计）中涉及的仿真分析部分的内容。以下是仿真分析部分的基本要求：

（1）仿真分析软件可根据课题实际研究内容进行选择。
（2）选择设计内容中的优化/改进部分、重点设计部分进行仿真分析。
（3）仿真分析的内容根据实际情况可选择：
① 运动学分析：对仿真系统的运动轨迹、加速度、速度等运动参数进行分析，确保运动符合设计要求。
② 动力学分析：对仿真系统的受力情况、力矩平衡、能量转换等动力学特性进行分析，验证系统的稳定性与可靠性。
③ 性能评估：对系统的各项指标进行评估，如效率、功耗、寿命等，以优化系统设计。
（4）仿真分析内容要求：
① 仿真准备：仿真前需说明仿真分析的目的、方法、过程、预期结果等。
② 图表说明：所展示的图表、图像等能直观地说明仿真过程和结果，便于理解和分析。
③ 结论阐述：对仿真分析的结论进行准确阐述，并提出优化建议和改进方向，或对优化/改进后结构的仿真结果进行验证。
（5）仿真结果处理包括以下几方面：
① 结果解释：对仿真后得到的结果进行详细解释，说明仿真结果的意义和工程应用价值。
② 结果验证：通过对比仿真结果与实际测试结果或理论预期，验证仿真的准确性。
③ 结果优化：根据仿真结果，对仿真结构进行优化设计，提高结构性能。

第5章　电气专业正文框架示例

电气专业毕业论文（设计）正文部分的内容和注意事项与机械专业、车辆工程专业类似。

1. 正文内容

正文是论文的主体，是一个结构严谨、逻辑清晰的学术文本，旨在展示学术研究素养和研究能力。通常机械工程、车辆工程、电气工程相关专业方向毕业论文（设计）正文主要包含以下几个部分：

（1）绪论（或引言）：这一部分主要包括研究背景、意义、目的、国内外研究现状以及研究的思路等。其目的是引出本课题研究的主题，明确研究的内容和研究方法。

（2）研究内容：这一部分需要详细写明本课题研究的主要内容，围绕研究主题，分章节叙述设计内容或研究问题。

（3）结论：这一部分是对整个研究内容的总结和概括，重申已完成设计的内容和已解决的问题，并指出研究的贡献或研究的意义。

除了以上主要部分之外，毕业论文（设计）正文还包括致谢、附录和参考文献等部分。相关内容根据各个院校毕业论文（设计）要求有所差异，应按照各院校和指导老师具体要求进行撰写。

2. 正文部分撰写注意事项

正文撰写时，需要注意以下几点：

（1）结构清晰：正文部分应包含绪论（或引言）、主体、结论等部分。绪论中应阐述选题的理论和实际意义、研究背景、研究现状、研究思路及研究方法、论文的整体结构安排等。主体部分是论文的核心，要求论点论据条理分明、逻辑严谨、语言精练。结论部分则是对研究结果的结论性总结与归纳，语言应简洁、准确、完整。

（2）内容完整：正文应详细阐述研究/设计过程、方法、结果和结论。在展示研究结果时，应使用图、表、数据等直观方式呈现。同时，要对研究结果进行深入分析和讨论，得出准确的结论。

（3）格式规范：正文部分应遵循统一的格式规范，包括字体、字号、行距、段落格式等。标题设置要简明扼要，同一级别的标题风格应一致。此外，正文中的图、表、公式等也应按照规范进行编号和排版。

（4）引用准确：在正文中引用他人的观点、数据或研究成果时，必须注明出处，并在文后的参考文献中详细列出。这既是学术诚信的体现，也有助于读者查阅相关资料。

（5）数据可靠：在毕业论文（设计）中，实验数据和仿真结果是非常重要的。因此，在撰写正文时，必须确保数据的准确性和可靠性。对于实验数据，要进行多次实验并取平均值；对于仿真结果，要选择合适的仿真软件和参数进行模拟。

（6）注意创新：在撰写毕业论文时，要注重创新点的挖掘和阐述。这可以是新的研究方法、新的结构设计、新的理论观点等。创新点是毕业设计的重要价值所在，也是评委关注的重点之一。

毕业设计正文部分的撰写除了需要注重结构清晰、内容完整、格式规范、引用准确、数据可靠和创新点挖掘等方面以外，撰写出一篇合格的毕业设计论文，还需完善以下几点：

① 正文内容如果有对应的图、表、公式，可插入文中适当位置，且要求每个图、表、公式必须有标号或名称，并要求在文中对应位置也有相应的说明。

② 绪论部分中所涉及的"本课题的主要研究思路"与"论文研究框架图"里的内容，最好在论文中相应位置有所体现。"本课题的主要研究思路"可以反复修改，在设计过程中逐渐完善。"论文研究框架图"是整个设计的一个简图，让人看了之后能够了解整个文章的主要内容。

③ 推荐使用 Eplan 软件绘制设计框架图以及相关主接线图、断面图等，Eplan 具有专业的电气元器件符号，同时也可以自己设计电气符号，使用性价比高。也可采用 Visio 进行流程图或框图等的绘制。

④ 论文中最终方案中的主接线图，对比方案的主接线图，以及主接线断面图或平面图均需绘制。为增强系统性，可以在附录中配置较大幅面图纸并使用 Eplan 绘制成册。

⑤ 主接线短路计算公式用编辑器编写，并且每个步骤均有数据和结果代入。同时，计算过程的等值电路图也要绘制出来，并有相应的数据和文字对应，切不可不同版本的等值电路图配不同版本的计算公式，最终导致图和公式数据不能对应。

⑥ 推荐采用 Matlab/Simulink 进行电力系统模型搭建或仿真。采用组态王或 MCGS 等进行组态动画演示仿真等。

⑦ 本章小结内容可酌情增加。

⑧ 一般论文正文部分以 6～7 章为宜。

⑨ 正文中引用他人成果的地方，在对应位置一定要有参考文献标识，如[1]。

⑩ 正文中专业术语一定要准确。

电气工程毕业论文（设计）的致谢、参考文献以及答辩相关事项，具体要求请参见本书"2.8 致谢和参考文献"和"2.9 答辩相关要求"章节。

3. 电气专业设计框架示例应用说明

本章 5.1、5.2 节列举了两个电气工程专业采用 PLC 和单片机进行智能控制系统设计的毕业论文通用设计框架示例，即"基于 PLC 的电梯控制系统优化设计"和"基于单片机的智能门锁控制系统设计"，展示了类似课题设计的基本逻辑结构、硬件和软件构成，以及实物或仿真验证设计等，有利于帮助同学们更好地完成相关题目的设计。5.3 节列举了电气工程专业关于"电力系统仿真设计或研究"的毕业论文通用设计框架示例，以"离网式光伏发电系统设计"为例，展示了类似课题设计或研究的基本框架，包括电路设计、仿真模型搭建、验证等内容，为同学们了解相关课题的整体框架提供了基本思路。

本章 5.4、5.5 节列举了两个电气工程专业关于"火电厂和发电厂电气主接线设计/改造设计"的毕业论文通用设计框架示例，分别为"某地区发电厂 500 kV 电气主接线改造设计"和"某发电厂 500 kV 电气主接线设计"。在进行论文撰写时，可从两个示例当中选择任何一个框架，根据基本框架列出知识要点，结合不同地区、不同要求、不同场景等需求，可做出不同内容的毕业论文。例如，同一个论文框架示例题目，选择四川或沿海地区进行设计是有本质区别的，在实际撰写过程中，要求能从这些区别中找到设计要点，并结合查阅的相关参考文献内容，来综合考虑某个点的深入研究，这样电气主接线相关的设计将会呈现出不一样的侧重点。

下面给出电气工程相关专业方向毕业论文（设计）正文撰写示例框架，仅供读者参考，实际撰写过程中，可结合自身专业方向和论文选题进行调整。

5.1 电气专业（通用）示例 1

电气工程相关专业毕业论文（设计）正文部分第 1 章写作技巧基本相同，因此，后续正文第 1 章绪论部分写作大纲不再单独示例。现以"基于 PLC 的电梯控制系统优化设计"题目为例，展示 PLC 系统控制设计的基本框架，设计重点在硬件设计、软件设计、仿真验证部分，具体正文框架示例如下：

1 绪 论

绪论部分是对已有研究成果的梳理，旨在说明本课题在前人研究基础上的贡献和创新，并通过深入分析相关参考文献，找出研究的空白点和不足之处，为本课题的研究提供有力支撑。此部分写作要求可借鉴本书"2.1 机械专业（通用）论文示例"进行撰写。一般绪论内容最少 3 页。

1.1 研究背景

这一小节通过翻阅大量参考文献，围绕研究的主题介绍其研究背景。就是陈述××（研究课题）背景，说明论文在什么样的社会背景或市场环境中产生，为提出问题做铺垫。研究问题是基于特定研究背景下提出的，注重目前还没有解决或还没有解决好的问题。

例 1：随着××的发展/××政策的出台，××（研究主题）问题越来越受到大家的关注。然而如今整个大环境下，××（阐述主题消极的一面），如果不××（填写解决措施），将会造成××的影响。为了解决这一问题，本文对××进行分析研究，从而提出合理的解决思路和方法，以实现××（积极影响）。

例 2：目前，大部分的研究精力都集中在××领域，然而，关于××（研究主题）的研究却相对较少。这种情况可能是由于××领域的复杂性/研究难度较大/研究学者的关注点/研究目的不同引起的。但是，随着××领域的发展和××问题的凸显，有必要对××问题进行更为深入和细致的研究。

1.2 本课题研究的意义

此部分可以借鉴开题报告中的"选题意义"进行撰写，即此小节需简单叙述选择研究这个课题的意义，可以分别从理论意义和实际意义角度去分析，说明这篇论文将对理论产生哪些推动作用，或者对实践有什么指导意义。

例 1：针对目前对××研究的××问题，提出的××方法，能有效改善××导致的××问题或产生的××（填负面影响）影响，并且在避免原有设计/研究/弊端的基础上，提出××（改善办法）能有效促进××（积极影响）。

例2：采用××方法对××课题进行研究，有助于推动××的研究进展和××领域，为后续的××研究，做好铺垫/支撑。（理论意义）

利用××方法进行研究，有利于××（研究内容）的研究过程，与××（原有结构/设备/方法等）相比，本文对××（所设计的结构/创新优化部分等）进行了探讨/设计/研究/优化/创新，具有应用广、成本低、效率高等优点，更适合大范围推广/应用等。（现实意义）

1.3 国内外研究现状

这一小节同样可以借鉴开题报告中"国内外研究现状"进行撰写，即此处需要全面梳理和评述现有的相关文献，找出研究的空白和研究的新趋势。具体来说，需要对国内外相关文献进行分类和归纳：即目前已经做了哪方面的研究；这些研究方法有哪些；目前研究的方向和重点；取得了哪些结论；还有哪些需要解决的问题等内容。同时，指出已有研究的不足和研究的新趋势，从而说明本课题的创新性和必要性。

对文献资料有较详细概括，一般分成两小节来叙述，先国内研究现状，再国外研究现状，建议查找国内外相关文献30篇以上。

1.3.1 国内研究现状

例1：国内学者对于××进行了多方面的研究。××年，A学者着重对××方面进行研究得出××，B、C、D等学者先后对××知识点进行了总结/分析/研究/界定，如××……。

例2：在××方面，目前国内主要主张采用××，以××为例，A学者在××年指出，采用××的方式有诸多好处：其一是××，其二是××……。××年，B学者也对这方面有类似的研究，他认为××……，也对××与××的区别和联系进行了阐述。

1.3.2 国外研究现状

例1：国外关于××的研究相对比较完善，许多学者对××进行了深入研究，内容扩展到××领域。其中，A学者和B学者从××角度对××的差异进行了研究，得出实施/研究××的必要性。

例2：从国外的发展趋势和研究现状来看，发达国家对××的研究相对成熟。如××年，A学者从××角度对××方面进行了研究，B学者阐述了目前国际××对××两方面的争议，一是××；二是××。在他看来，这些争论展现了××的发展趋势。

综合以上分析可以看出，国内研究主要以××为主，主要从××角度/方面/视角/开展了××研究，说明了存在××问题的现状/机制。而国外针对××问题的研究已经非常丰富，大量研究已经证实了/说明了/分析了/提出了××问题的存在。但是缺少/较少从××角度/视角/方面对××问题进行分析和研究。因此，本课题基于××，从××方面进行研究分析，以得出/说明/设计/证实××。

此部分可根据情况增加国内外研究阶段相关设备的图片。

1.4 本课题的主要研究思路

这一小节需要明确本课题研究的具体内容，结合选题梳理论文信息，明确主要研究思路。

（1）首先说明本文的选题意义、国内外研究现状以及主要研究的内容，由此可了解到中国电梯行业的发展浪潮正在掀起，以及目前电梯系统需要改进和完善的地方。

（2）对电梯的结构、八大系统，以及控制方式进行简述，理解其工作原理，才能进行优化。

（3）对 PLC 控制技术进行简单介绍，理解 PLC 的工作原理，掌握其优缺点才能更好进行程序设计。

（4）对硬件部分进行设计：通过考虑曳引机功率、内存估计、响应时间等各种因素，选择满足本设计要求的硬件。

（5）实验系统的软件设计：从软件这一方面来对本系统进行设计，并对控制过程进行设计和优化，包括程序设计的流程图和梯形图。

（6）电梯仿真组态系统设计：采用程序仿真和动画组态软件，形象地展示电梯的控制过程，对控制程序进行优化和改进，验证设计的可行性。

1.5 本章小结

主要总结本章内容。

2 电梯系统

2.1 电梯系统的基本组成

随着电梯技术不断迭代发展，拥有了各式各样的功能与用途，但不管发展如何，目前人们所使用的电梯大多数还是以传统的电力拖动钢丝绳来曳引，以此实现其各种功能。

……

2.1.1 曳引系统

电梯曳引系统起到输出及传导动力的作用，进而使电梯运行。

……

2.1.2 导向系统

导向系统起到限制轿厢与配重块之间活动自由程度的作用。

……

2.1.3 轿厢

轿厢的作用是运输乘客及物品，其主要由轿厢架及厢体组成。

……

2.1.4 门系统

门系统的功能是保证电梯运行途中的安全。门系统主要由轿厢门、层门、开门机、门锁装置组成。

……

2.1.5 重量平衡系统

重量平衡系统起到平衡轿厢间相对重量的作用，减少驱动功率的同时保证曳引力能拖动电梯行进。

……

2.1.6 电力拖动系统

电力拖动系统起到为电梯行进供给动力源的作用。电力拖动系统主要由曳引电机、电源、速度反馈装置、电动机调速装置等组成。

……

2.1.7 电气控制系统

电气控制系统起到及时操纵电梯运行的作用。电气控制系统主要由操纵装置、位置显示装置、控制柜、平层装置、限位装置组成。

……

2.1.8 安全保护系统

安全保护系统的主要功能是为了保护人身安全以及电梯正常且安全地使用，防止设备安全事故发生。

……

2.2 PLC 电梯逻辑控制结构

电梯的逻辑控制主要由可编程控制器 PLC、系统的输入输出单元、电梯的曳引与变速单元、门系统、楼层的指示系统、安全保护系统、紧急制动系统等共同组成，控制逻辑结构如图 5.1 所示。

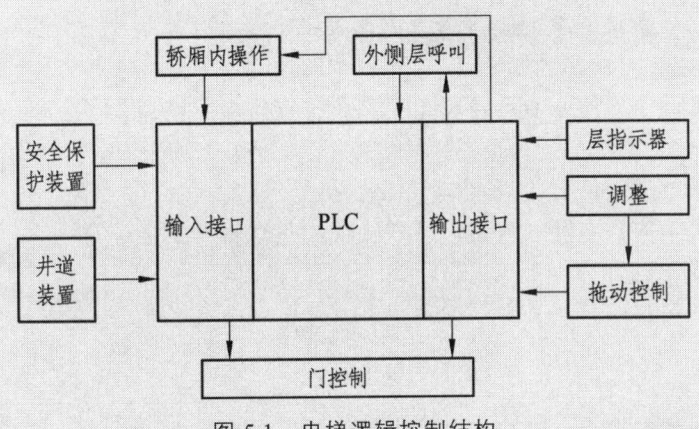

图 5.1 电梯逻辑控制结构

……

2.3 本章小结

……

3 PLC 控制技术

3.1 PLC 的定义

可编程逻辑控制器（PLC）……

3.2 PLC 的基本结构

PLC 由电源、中央处理器、存储器、输入与输出单元及相应的外机接口组成，PLC 基本结构如图 5.2 所示。

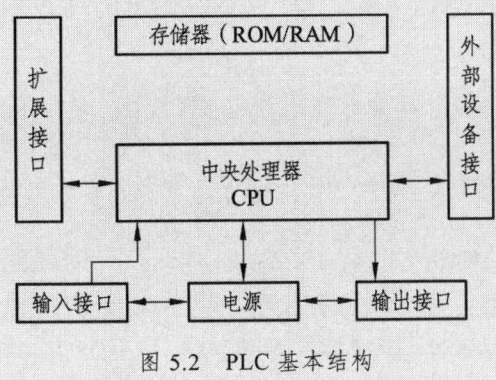

图 5.2 PLC 基本结构

3.2.1 电源
电源模块……
3.2.2 中央处理单元
中央处理单元（CPU）是控制单元的控制中心……
3.2.3 存储器
存储器由半导体电路构成……
3.2.4 输入单元
输入单元是 PLC 的输入接口……
3.2.5 输出单元
输出单元的功能是将 PLC 的输出信号传输给控制设备……
3.3 PLC 的工作原理
PLC 的运行常分为三个步骤：采样输入、执行程序和更新输出。
……
3.3.1 输入采样
首先会先对采集的样本进行扫描，PLC 会依次收录输入数据……
3.3.2 用户程序执行
在用户程序的执行阶段，自动机总是从上到下搜索用户程序。
……
3.3.3 输出刷新
当用户程序扫描完成后，PLC 进入输出电路复位阶段。
……
3.4 本章小结
本章对 PLC 技术进行了简述……

4 电梯控制系统硬件设计
本章硬件设计包括 CPU、电机、变频器、主电路、控制电路等设计，设备和电路都需要根据实际情况进行选择和设计。此章为本课题设计重点。

4.1 电梯配重
根据国家电梯安全制造规范要求，新建居民及小区住宅电梯最低载质量不能低于 1 000 kg 这一数值，本设计中设定其为 1 200 kg。考虑到轿厢装饰及设备等安装问题，轿厢质量通常在 1 300～1 400 kg，本设计中设定轿厢质量为 1 300 kg。

电梯的配重计算如式（5.1）所示。

$$W = G + KQ \tag{5.1}$$

式中：W 为配重装置的总质量；G 为电梯轿厢自身的质量；K 为平衡系数；Q 为电梯的额定载质量。

根据本设计设定及平衡系数区间（0.4～0.5）可得出电梯的配重约为 1 900 kg。
……

4.2 曳引电机
现代电梯运行控制中较为关键的电机为曳引电机和门电机，曳引电机控制电梯的上下行，结合变频器的控制还可实现较为平缓的电机变速。
……

曳引电机的功率计算如式（5.2）所示。

$$N = QV(1-K_P)/102\eta \tag{5.2}$$

式中：N 为电机的功率；Q 为电梯的额定载质量；V 为电梯的额定速度；K_P 为电梯的平衡系数；η 为曳引电机的传动总效率。

根据国家电梯运行相关标准，电梯的最低额定速度不得低于 1.0 m/s，考虑到本设计的应用对象等，通常将电梯运行速度控制在 1.0～1.75 m/s。

……

4.3 变频器

以西门子旗下变频器为例……

所以变频器的功率由功率计算公式计算得出，大致区间为 2.9～3.3 kW。

……

再根据变频器的常用功率并考虑过载或余量问题可选择 3.7 kW 的变频器。

……

4.4 PLC 选型

4.4.1 西门子 PLCS7-200 简介

西门子 PLCS7-200 系列的所有处理器都分为两种类型：作为 SMIATICS7 系列中的一种紧凑型可编程逻辑控制器，适用于各种行业和应用，特别是自动化和监督控制。

……

4.4.2 西门子 PLCS7-200 CPU224XP 参数及实物

……

4.4.3 西门子 S7-200 扩展模块 EM223 与 EM231

由于电梯系统对输入输出点位的需求量较大，以及需要对传感信号接收并处理，所以选取了两个契合 S7-200 系列 PLC 的扩展模块。

（1）扩展模块 EM223。

EM233 模块全称为数字量组合扩展模块……

（2）扩展模块 EM231。

EM231 模块全称为模拟量输入输出模块……

4.4.4 西门子 PLCS7-200 的优势

西门子 PLCS7-200 系列具有极高的性价比，能将性能与尺寸、快速操作与广泛的通信选择相结合。

（1）编程简易。……

（2）性能出色。……

（3）多样化。……

（4）技术保障。……

4.5 主电路图

根据设计需要，主电路电机部分如图 5.3 所示。主电路主要由 M1 曳引电机、M2 门电机组成，曳引电机通过 PLC 控制线圈 KM1、KM2 触点的开闭控制电梯的上行与下行动作，门电机通过 PLC 控制线圈 KM5、KM6 触点的开闭控制电梯门的开关动作。FR 和 FU 则分别为电动机的过载保护和主回路的短路保护。

……

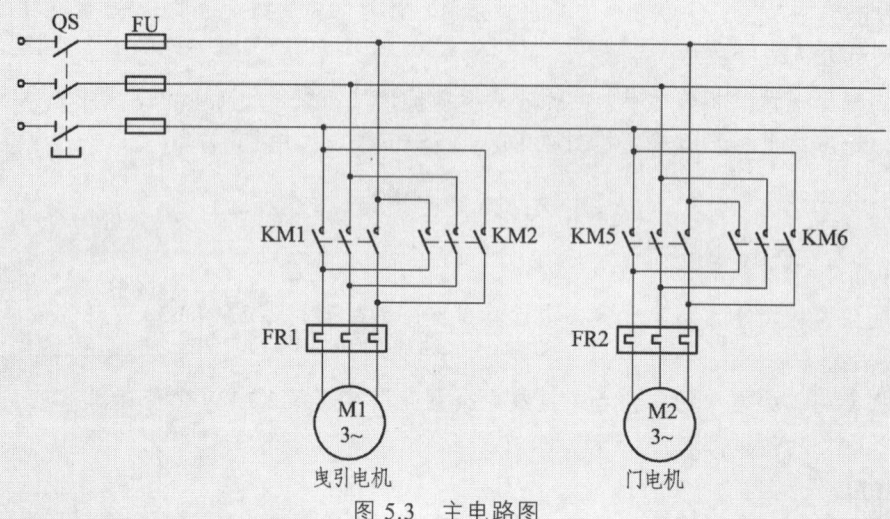

图 5.3 主电路图

4.6 PLC 接线图

PLC 的硬件接线是最为关键的部分之一，尤其是当输入输出接口变多时，其相应扩展模块与本体模块需要进行正确接线，PLC 外部接线如图 5.4 所示。

4.7 本章小结

本章的硬件选型设计是电梯系统的重要组成之一。……

5 电梯系统程序设计

本章软件设计内容包括：主流程图设计、各控制单元流程图和梯形图设计、输入输出地址分配表编制，每个控制单元都需要绘制相应的流程图并编写配套程序，此章为本课题设计重点。

5.1 电梯控制过程

电梯的控制系统主要根据各种不同场合以及不同需要而设计。

……

其主要功能如下：

（1）选向。

外侧层有呼叫按钮……

（2）平层停车。

平层是指电梯停车时，轿厢底与厅门的地平面应该相齐平。

……

（3）开/关门控制。

电梯门分为两类，轿厢门和层门。

……

（4）电梯运行。

PLC 实时接收输入信号，并根据程序将其转换为模拟信号。

……

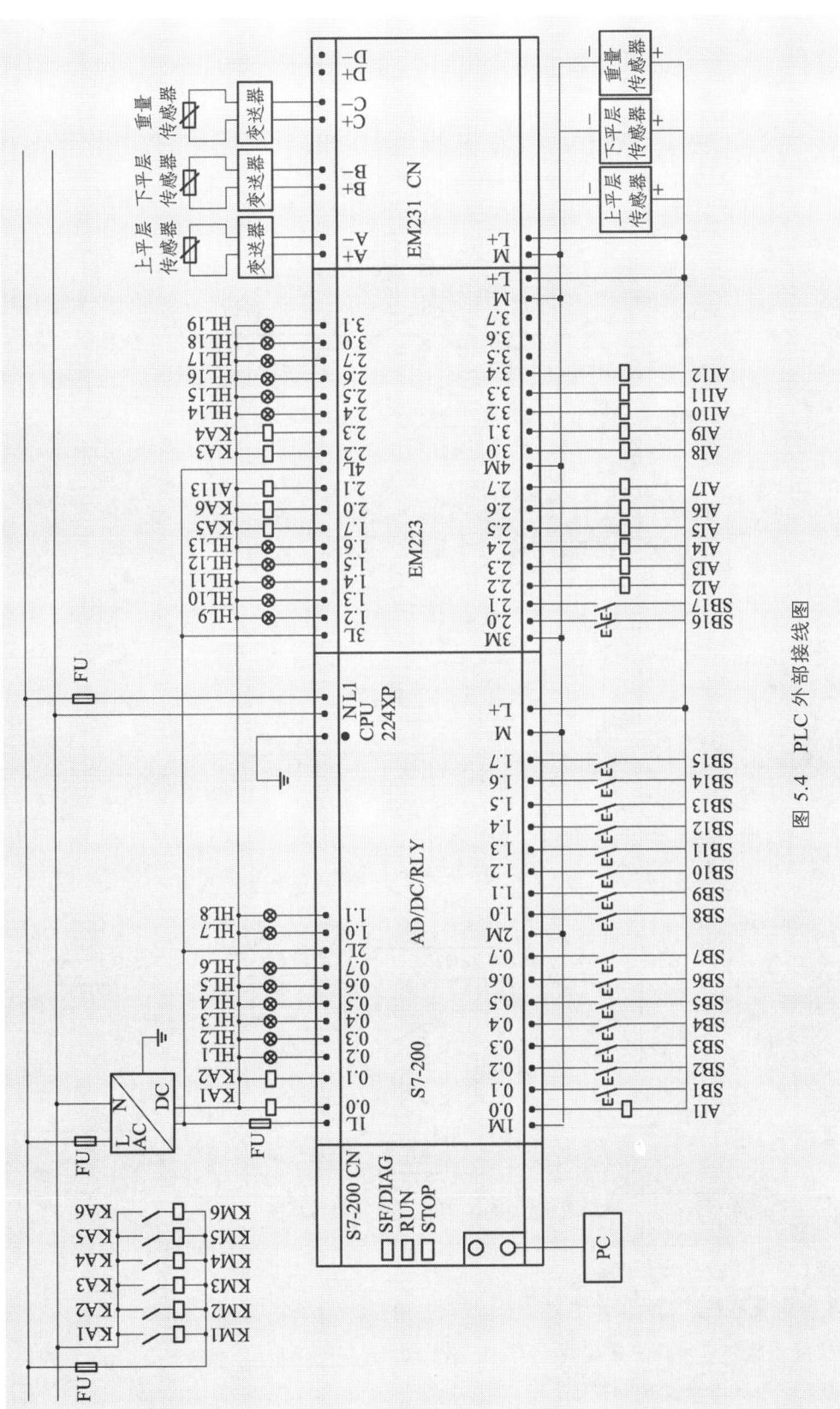

图 5.4 PLC 外部接线图

（5）制动与开门安全检测。

当电梯到达目标层后，会先进行判定。

……

如图 5.5 为电梯 PLC 系统运行流程框图。

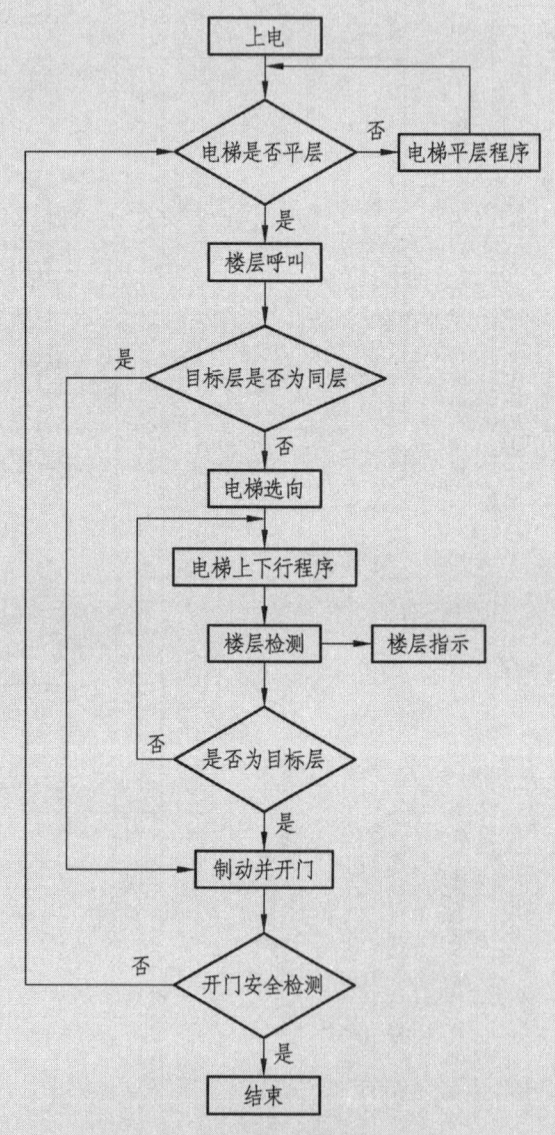

图 5.5 电梯 PLC 系统运行流程图

5.2 系统的 I/O 分配

根据电梯控制系统的基本要求，计算得出 PLC 所需的输入输出（I/O）点数后，再利用 STEP 7 编程软件进行模块化编程……

输入信号的分配地址如表 5.1 所示。

表 5.1 输入信号地址

输入信号	符号	地址	输入信号	符号	地址
门信号	AI1	I0.0	关门按钮	SB15	I1.7
一层上行按钮	SB1	I0.1	报警按钮	SB16	I2.0
二层上行按钮	SB2	I0.2	紧急停止按钮	SB17	I2.1
三层上行按钮	SB3	I0.3	一层平层信号	AI2	I2.2
四层上行按钮	SB4	I0.4	二层平层信号	AI3	I2.3
二层下行按钮	SB5	I0.5	三层平层信号	AI4	I2.4
三层下行按钮	SB6	I0.6	四层平层信号	AI5	I2.5
四层下行按钮	SB7	I0.7	五层平层信号	AI6	I2.6
五层下行按钮	SB8	I1.0	上平层感应信号	AI7	I2.7
电梯内一层按钮	SB9	I1.1	下平层感应信号	AI8	I3.0
电梯内二层按钮	SB10	I1.2	门感应信号	AI9	I3.1
电梯内三层按钮	SB11	I1.3	上行减速信号	AI10	I3.2
电梯内四层按钮	SB12	I1.4	下行减速信号	AI11	I3.3
电梯内五层按钮	SB13	I1.5	超载信号	AI12	I3.4
开门按钮	SB14	I1.6			

对于 PLC 而言，可以方便地将接收到的信号进行转换……

其输出信号的分配地址如表 5.2 所示。

表 5.2 输出信号地址

输出信号	符号	地址	输出信号	符号	地址
上行接触器	KM1	Q0.0	电梯内四层指示	HL12	Q1.5
下行接触器	KM2	Q0.1	电梯内五层指示	HL13	Q1.6
一层上行指示	HL1	Q0.2	开门接触器	KM5	Q1.7
二层上行指示	HL2	Q0.3	关门接触器	KM6	Q2.0
三层上行指示	HL3	Q0.4	紧急停止信号	AI13	Q2.1
四层上行指示	HL4	Q0.5	快速接触器	KM3	Q2.2
二层下行指示	HL5	Q0.6	慢速接触器	KM4	Q2.3
三层下行指示	HL6	Q0.7	一楼平层指示	HL14	Q2.4
四层下行指示	HL7	Q1.0	二楼平层指示	HL15	Q2.5
五层下行指示	HL8	Q1.1	三楼平层指示	HL16	Q2.6
电梯内一层指示	HL9	Q1.2	四楼平层指示	HL17	Q2.7
电梯内二层指示	HL10	Q1.3	五楼平层指示	HL18	Q3.0
电梯内三层指示	HL11	Q1.4	报警指示	HL19	Q3.1

5.3 PLC 编程软件介绍

基于设计需求以及 I/O 点位的分配，选择使用西门子公司旗下 S7-200 系列 PLC 编程软件 STEP 7 Micro/win 进行程序的编写设计。

5.3.1 STEP 7 Micro/win 软件简介

STEP 7 编程软件作为西门子系列工业软件中的重要组成部分，主要应用于西门子系列工控产品……

5.3.2 STEP 7 与 S7-200 的通信

程序与实物的通信决定了程序能否被成功应用于现场控制，STEP 7 Micro/win 与 S7-200CPU 进行通信连接的时候需要选择专用的 PPI 编程电缆。

……

5.3.3 STEP 7 中创建项目与程序编写编译

在进行程序编写之前，首先需要确认所选择系列 PLC 对应的 CPU 型号，不同型号 CPU 的输入输出接口和运行方式会有些许差异。

……

5.4 主要梯形图程序设计

5.4.1 平层判断与电梯上下行

平层判断与电梯运行程序如图 5.6 所示，其中 I2.7、I3.0、I3.1 分别为上、下平层感应和门感应，Q0.0、Q0.1 分别为电梯的上、下行信号，Q2.2、Q2.3 分别为快、慢速信号，M1.3 为运行继电器，M1.4、M1.5 分别为电梯上、下行方向控制继电器。

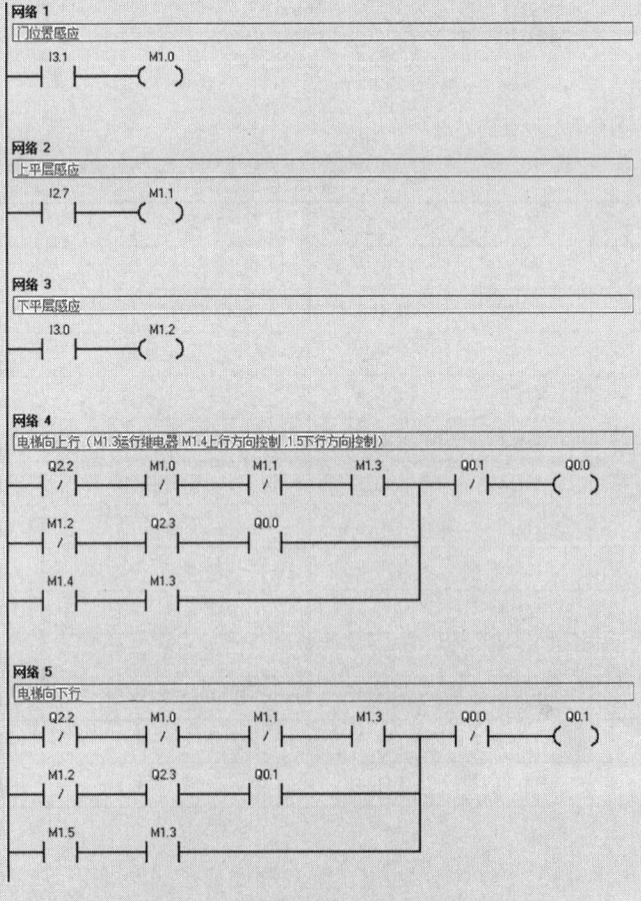

图 5.6 平层判断与电梯运行程序

当电梯处于平层位置时，I2.7、I3.0、I3.1 因感应会动作压合，此时 M1.0、M1.1、M1.2 均得电，Q0.0、Q0.1 均失电，电机停转并处于抱闸制动状态，平层流程如图 5.7 所示。

当电梯进行上行动作并且超过了平层位置时，上平层感应此时无输入信号，会使得 I2.7 失电进而使得 M1.1 失电，此时 M1.4、M1.3 因处于运行状态得电，导致 Q0.0 得电，进而使得电梯上行动作。

同理，在电梯下行动作时，I3.0、M1.2 会失电，M1.5、M1.3 会得电，进而使得 Q0.1 得电，电梯的上下行流程如图 5.8 所示。

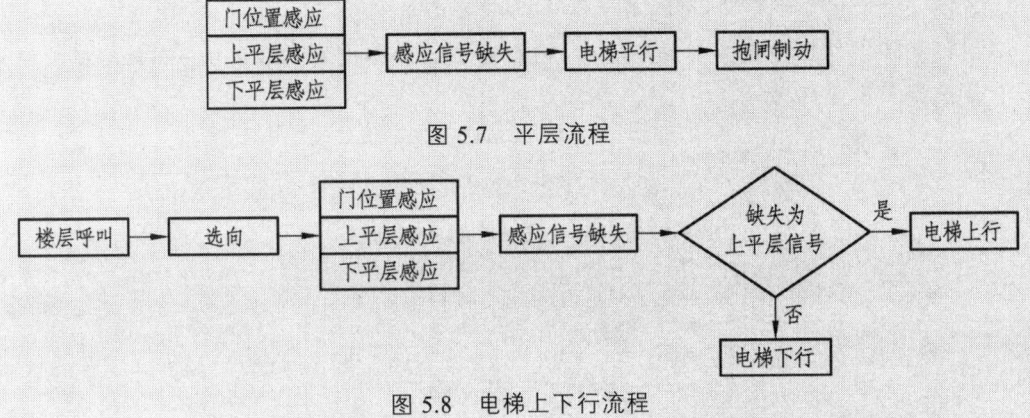

图 5.7 平层流程

图 5.8 电梯上下行流程

5.4.2 楼层指示
……

5.4.3 门的开、关控制
……

5.4.4 内外呼叫信号记忆与清除
……

5.4.5 楼层的选取与定向
……

5.4.6 感应信号的模数转换
……

5.4.7 超载与报警
……

5.5 本章小结
本章对系统程序的流程框图设计、I/O 分配方案……

6 电梯系统仿真设计
本章仿真设计包括 PLC 梯形图仿真验证和动画组态仿真设计，是验证所设计内容正确性和可行性的关键，此章为重点。

6.1 S7-200 仿真软件
S7-200 仿真软件为该系列中的一款常用仿真软件……
在使用该软件时首先需要对 PLC 的 CPU 型号进行选择，CPU 型号选择如图 5.9 所示。
……

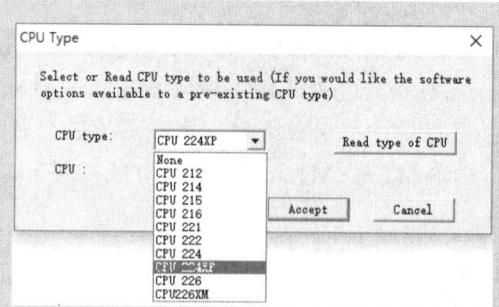

图 5.9 CPU 型号选择

其次根据个人设计及程序需求,可以在 PLC 右侧添加相应的扩展模块——数字模拟模块,扩展模块选择如图 5.10 所示。

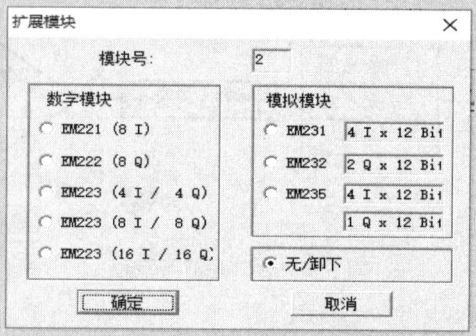

图 5.10 扩展模块选择

最后将编译并导出的程序块加载进软件当中,可以看到小型程序框图界面与变化了文件格式后的程序文件。启动后可以直观地观察模拟 PLC 点位的亮灭情况,方便实时监控程序块,并发现一些程序上的问题等。在导入程序后,仿真调试界面如图 5.11 所示。

……

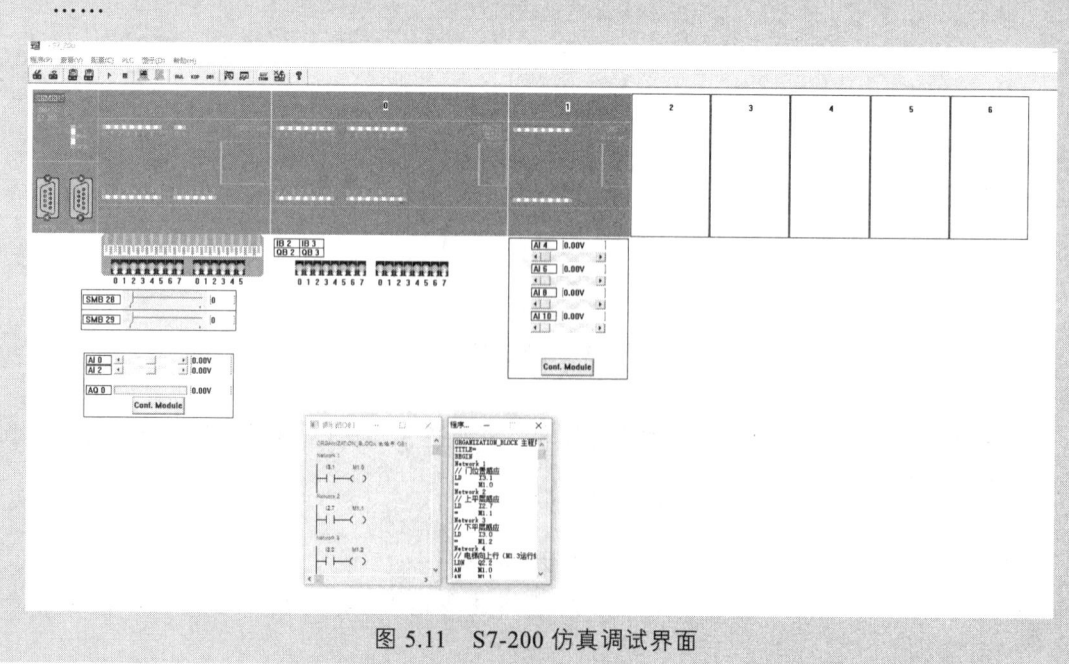

图 5.11 S7-200 仿真调试界面

6.2 电梯仿真连接软件

6.2.1 虚拟串口驱动软件（Virtual Serial Port Driver）

虚拟串口驱动软件 Virtual Serial Port Driver 是一款专业的虚拟串口工具，在软件中用户可方便地创建虚拟窗口，并模拟硬件接口的行为与参数。在设计中可以根据需要自行创建多个虚拟串口，实现数据的虚拟通信，虚拟串口通信界面如图 5.12 所示。

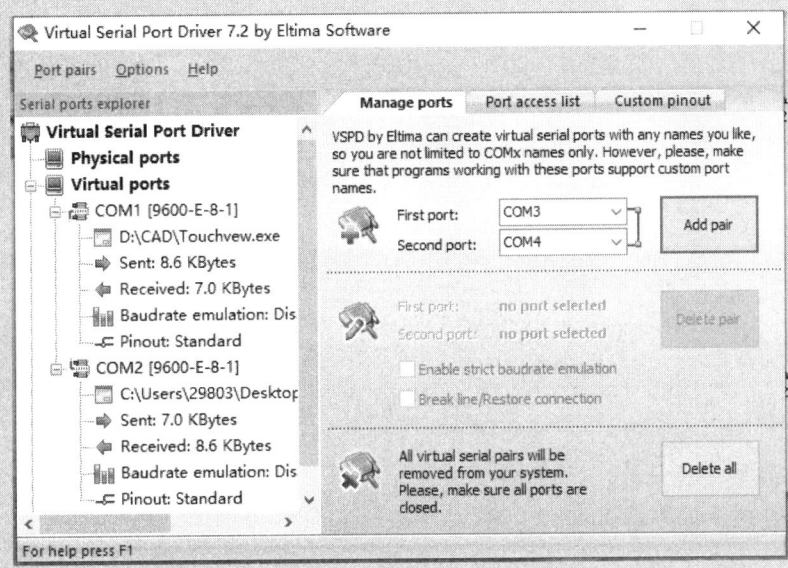

图 5.12 虚拟串口界面

6.2.2 S7-200 模拟器 beta2.5

该模拟器的参数设置更加细致，提供了极大限度的自由，可以根据自身的各种要求进行更细致的调整及设定，模拟器界面如图 5.13 所示。

……

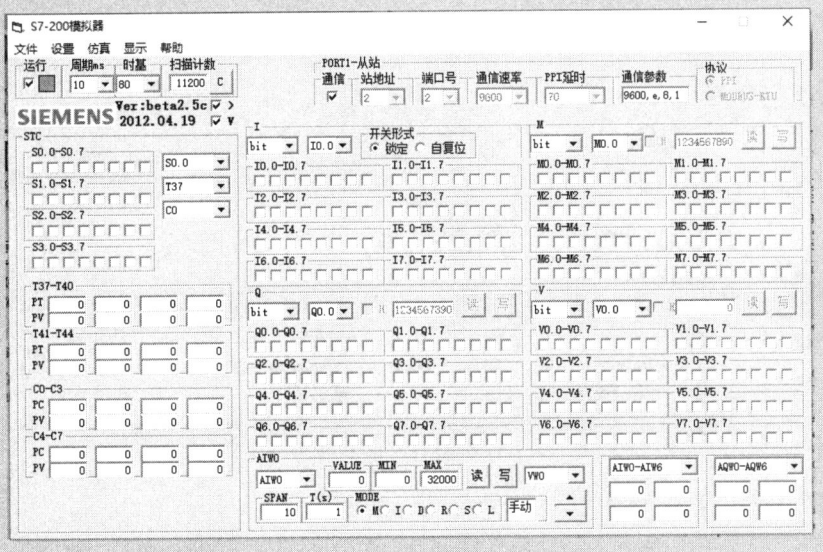

图 5.13 模拟器界面

6.2.3 软件联动使用

在进行仿真组态及监控画面建立之前,首先需要利用虚拟串口在模拟器与软件之间进行虚拟通信,这样才可以实现程序块在仿真组态软件中的正常运行。软件联动如图 5.14 所示。

……

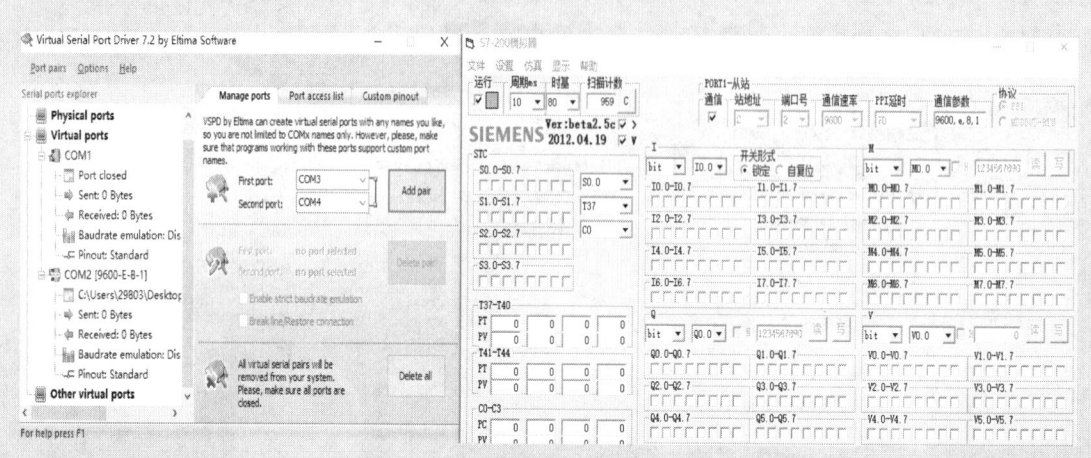

图 5.14 软件联动界面

6.3 电梯监控系统设计

6.3.1 组态软件简介

组态王这一软件提供了简洁明了的配置界面……

6.3.2 PLC 型号设定

在进入组态王软件后,第一步需要先建立一个新的项目……

6.3.3 编辑数据词条

……

6.3.4 联动画面设计

监控画面设计如图 5.15 所示。

……

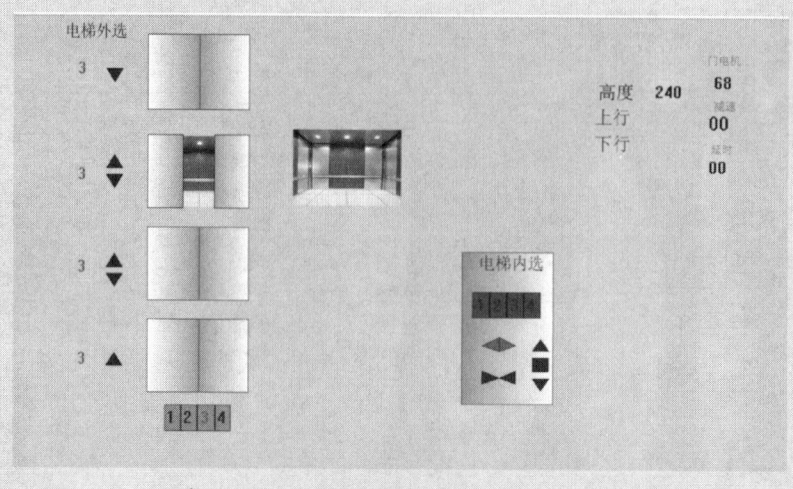

图 5.15 电梯监控画面

6.3.5　画面运行调试

……

6.4　本章小结

本章对……

7　总　结

这一部分是对整个研究内容和相关工作的总结。叙述本课题设计了哪些部分？采用了什么方法？结果怎么样？分析该设计的运用或本课题的研究意义等。

5.2　电气专业（通用）示例2

现以"基于单片机的智能门锁控制系统设计"题目为例，展示采用单片机进行控制系统设计的基本框架，其中硬件设计、软件设计、仿真设计为本课题研究重点，具体正文框架示例如下：

1　绪　论

这一小节参照本书5.1节绪论部分进行撰写，仍然从以下几方面进行阐述，也可以根据设计题目及实际研究内容进行调整。一般绪论内容最少3页。

1.1　研究背景

……

1.2　本课题研究的意义

……

1.3　国内外研究现状

分析目前国内外对本课题的研究进展，不足或需要改进的地方，对前人的工作进行归纳总结，得出本文值得研究的方向，参考文献的引用主要集中在本小节。

1.3.1　国内研究现状

……

1.3.2　国外研究现状

……

1.4　本课题的主要研究思路

此部分可以采用visio绘制简单思路框图。

（1）说明本文的选题意义、国内外研究现状以及主要研究的内容，了解目前门锁的发展状况，值得加强、完善或改进的地方。

（2）针对系统需求进行分析，对系统整体方案进行设计和规划。

（3）智能门锁控制系统整体硬件电路的设计，并设计智能门锁控制系统中需要使用的模块，以及对各个传感器模块电路进行设计。

（4）智能门锁控制系统软件设计，介绍智能门锁控制系统软件设计流程，对每个开锁模块的操作流程进行设计。

（5）智能门锁控制系统整体电路的焊接与硬件调试，按要求对设计进行仿真测试及实验，验证其功能的可行性，并完成最终整体系统软硬件的联调。

1.5 本章小结

主要总结本章内容。

2 智能门锁控制系统整体方案设计

2.1 需求分析

（1）系统的组成设计：对智能门锁控制系统的设计，需要相应的硬件与软件结合。……

系统组成如图5.16所示。

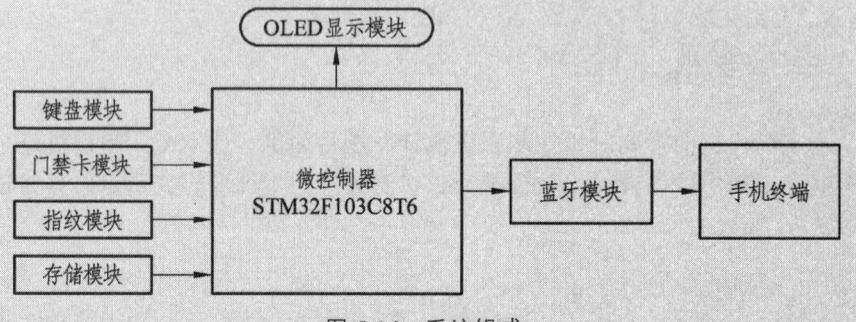

图 5.16 系统组成

（2）系统工作方式分析……

（3）工作方式……

（4）控制系统的主要功能……

2.2 系统整体方案

硬件系统设计与软件系统设计的组合构成了基于STM32的智能门锁控制系统设计。……

系统的整体框架结构如图5.17所示。

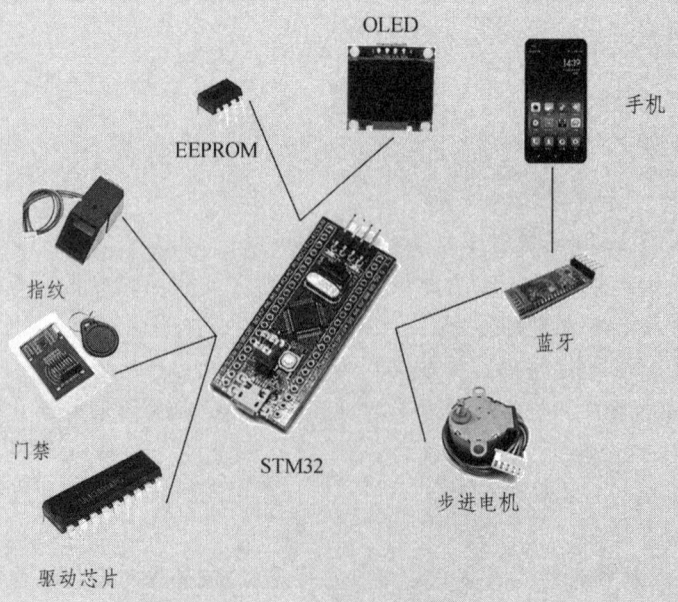

图 5.17 系统整体框架结构

2.3 智能门锁相关技术简介

2.3.1 蓝牙传输技术

蓝牙是一种无线传输技术的标准，其具有开放性，可以实现固定设备以及传输设备的短距离数据传输。

……

2.3.2 RFID 射频技术

射频识别（Radio Frequency Identification），是一种数据自动采集和识别读取的无线通信技术……

2.4 本章小结

本章阐述了智能门锁控制系统……

3 控制系统硬件电路设计

本章硬件设计包括总体电路、单片机核心电路、指纹模块、蓝牙模块等设计，模块和电路都需要根据实际情况进行选择和设计，并体现其详细参数，此章为重点。

3.1 门锁硬件电路总体设计

智能门锁控制系统硬件电路总体设计包括主控制器和外围模块电路的选型、EEPROM 存储模块电路和 ULN2803A 驱动模块电路的设计……

硬件功能如图 5.18 所示。

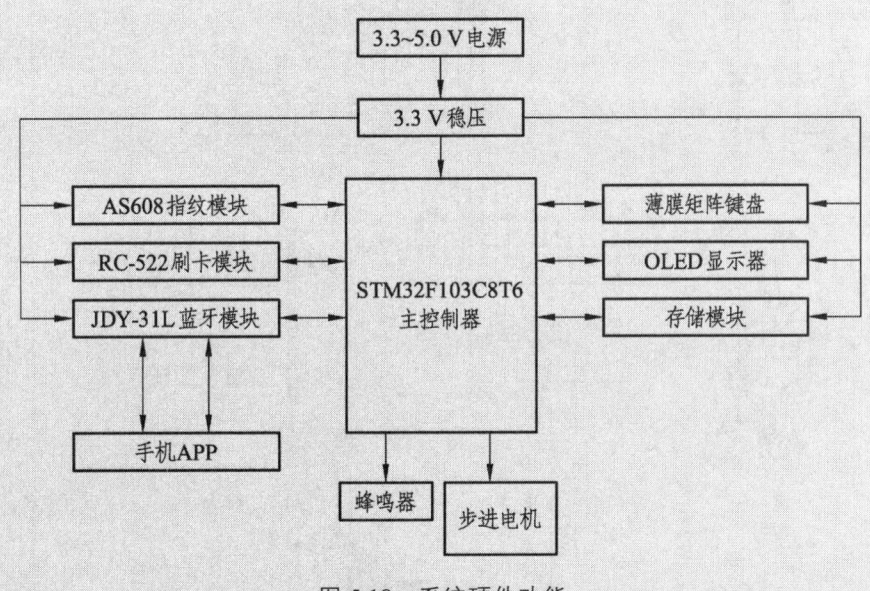

图 5.18 系统硬件功能

3.2 智能门锁控制模块电路设计

3.2.1 STM32 单片机核心电路

（1）智能门锁控制系统采用"STM32 单片机+OLED 显示模块+存储模块+薄膜矩阵按键模块+蓝牙模块+生物指纹模块+开锁报警模块"架构。

……

图 5.19 是 STM32 核心板电路图。

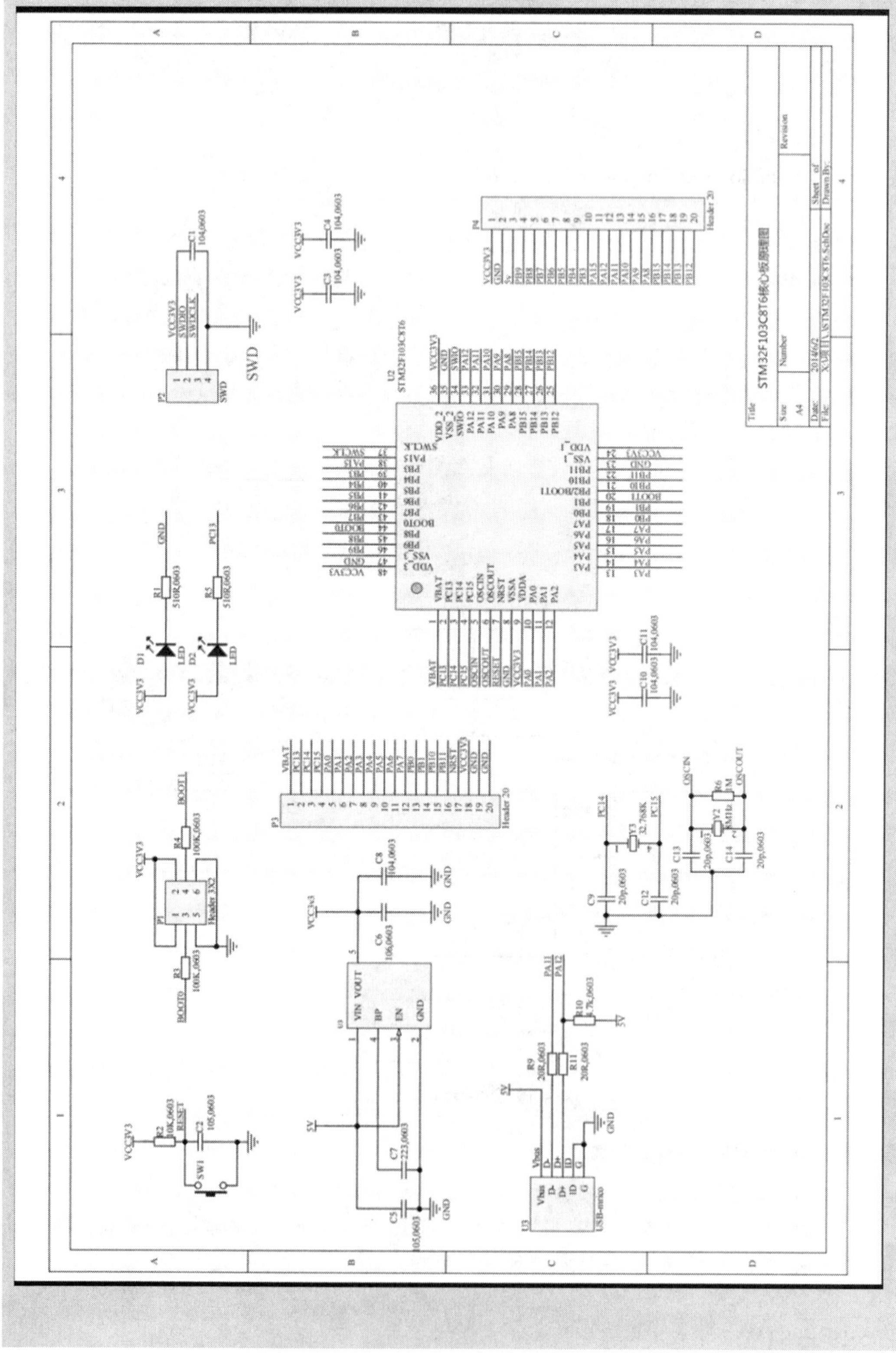

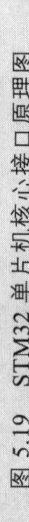

图 5.19　STM32 单片机核心接口原理图

（2）STM32 主控器……

（3）STM32 单片机最小系统……

3.2.2 AS608 指纹识别模块

（1）AS608 生物指纹识别模块。

……

每个管脚定义如图 5.20 所示。

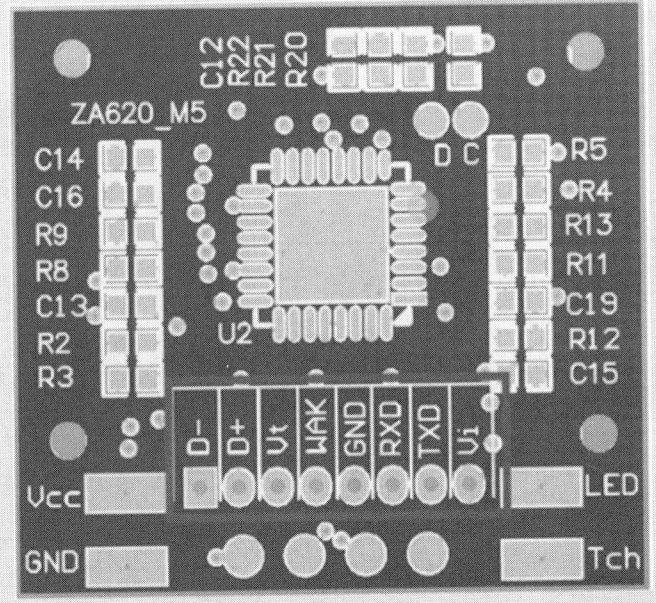

图 5.20 引脚硬件

（2）AS608 模块引脚作用描述如表 5.3 所示。

……

表 5.3 引脚说明

序号	名称	说明
1	Vi	模组电源输入
2	Tx	串行数据输出，TTL 逻辑电平
3	Rx	串行数据输入，TTL 逻辑电平
4	GND	信号地，内部与电源地连接
5	Vi	触摸感应电源输入端，3.3～6.5 V 供电
6	WAK	感应信号输出，默认高电平

（3）AS608 生物指纹识别模块的技术指标描述如表 5.4 所示。

……

表 5.4　AS608 指纹模块技术指标

项目	说明
工作电压	3.0～3.6 V，典型值：3.3 V
工作电流	30～60 mA，典型值：40 mA
USART 通信	波特率（9 600N），N=1～12，默认 N=6，波特率=57 600 bit/s
USB 通信	2.0FS（2.0 全速）
传感器图像大小	640 pixel × 480 pixel
图像处理时间	<0.4 s
上电延时	<100 ms，模组上电后需要约 100 ms 初始化工作
指纹容量	200 枚
工作环境	温度：20～60 ℃；湿度<90%（无凝露）

（4）AS608 模块的硬件连接及串口协议。

AS608 指纹识别模块与主控器连接是通过串行方式进行连接的，通过 3.3 V 或 5 V 的电源与单片机进行通信。

……

串行协议通信方式如图 5.21 所示。

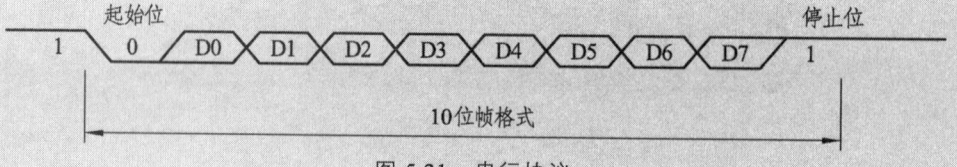

图 5.21　串行协议

（5）AS608 模块的使用原理。

AS608 生物指纹识别模块，采用光学知识……

（6）AS608 模块外观及其电路图。

在对其 AS608 生物模块进行了解和分析以后，通过对设计的分析……其实物图以及电路图如图 5.22 所示。

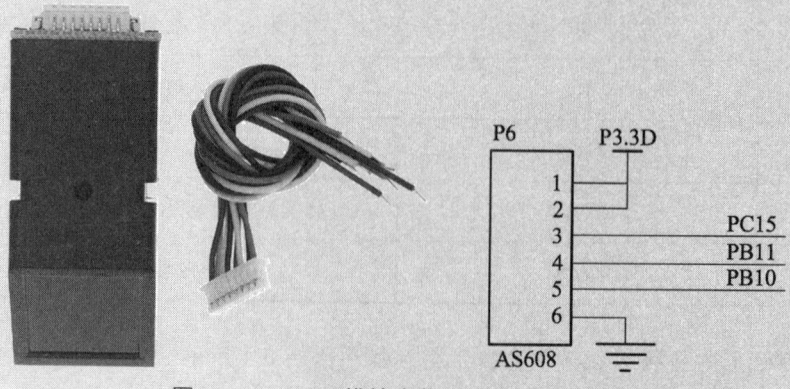

图 5.22　AS608 模块实物图及接口电路图

3.2.3 RC-522读卡模块

对于智能门锁控制系统的设计，其门禁卡解锁的方式采用的是MFRC-522芯片电路……

3.2.4 OLED-0.96液晶显示模块

OLED是一种液晶显示装置，在智能门锁的控制系统中……

3.2.5 4×4薄膜矩阵键盘模块

在智能门锁控制系统中，有一个关键的密码开锁设计。采用按键密码开锁时，在选择模块方面……

3.2.6 JDY-31蓝牙模块

蓝牙技术是一种无线传输技术……

3.2.7 蜂鸣器及发光二极管提示模块

在智能门锁控制系统中，采用型号为TMB12A05的有源蜂鸣器……

3.2.8 步进电机响应模块

在智能门锁控制系统的设计中，采用了ULN2803A驱动芯片来控制步进电机转动……

3.3 本章小结

……

4 控制系统软件设计

本章软件设计包括主流程图、各模块控制流程图等设计，展示具体的控制过程，此章为重点。

4.1 STM32主控器函数库简介

STM32是一款基于ARM内核芯片……

4.2 智能门锁开锁流程设计

（1）蓝牙开锁：对于蓝牙模块的软件设计，主要通过Keil软件进行，并利用E4A软件来开发手机开锁界面。

……

控制流程如图5.23所示。

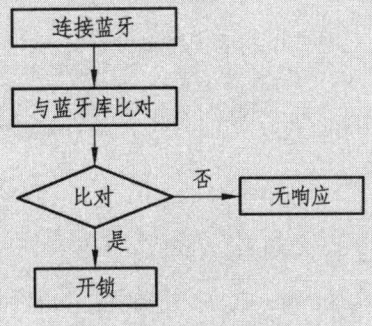

图5.23 蓝牙开锁流程

（2）门禁开锁：在智能门锁控制系统的设计中，为满足门禁开锁的要求，其设计流程如下：

……

其门禁开锁流程如图5.24所示。

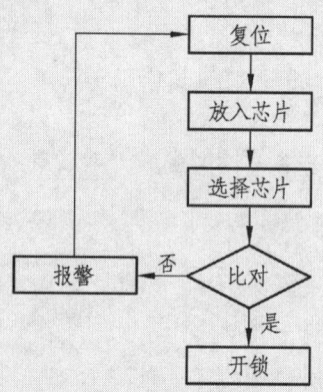

图 5.24　门禁卡开锁流程

（3）密码按键开锁：本设计的密码按键开锁具有虚拟密码保护功能，可以在前后加虚假的数字迷惑开锁，让门锁的安全性大大提高。

……

密码按键开锁流程如图 5.25 所示。

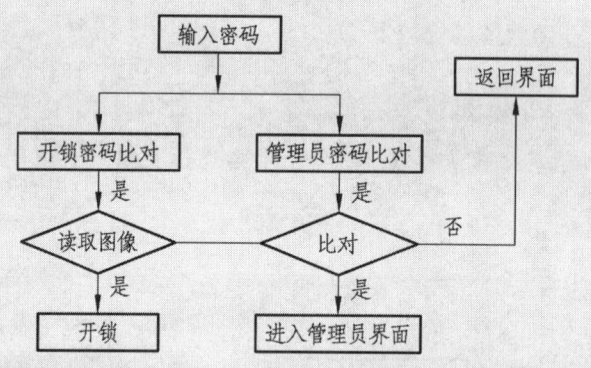

图 5.25　密码按键开锁流程

（4）指纹开锁：本设计中，对于实现指纹开锁功能，将其分为两大部分，录指纹和刷指纹。

………

指纹录入及刷指纹流程如图 5.26 所示。

（5）智能门锁控制系统总流程：本系统采用模块化编程的设计思想，将软件、硬件两大模块分开，将每个独立功能放在一个函数里面，减少它们之间的联系，这样做的好处就是降低了系统中的误差，为后续优化带来便利。

……

总控制流程如图 5.27 所示。

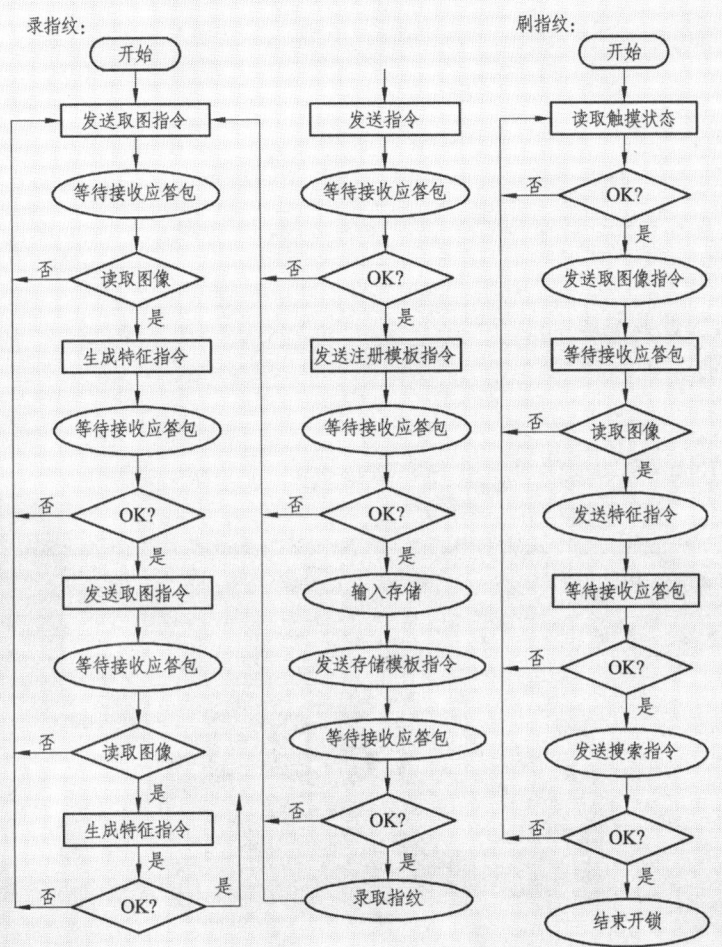

图 5.26 指纹开锁流程

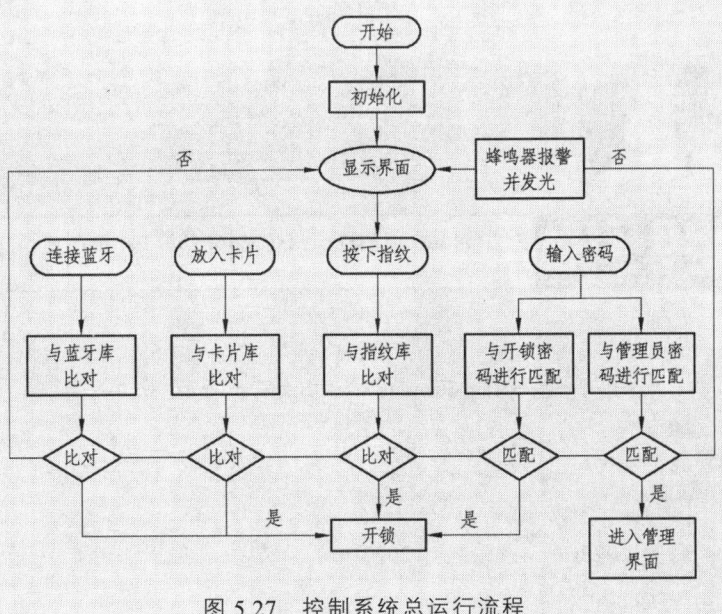

图 5.27 控制系统总运行流程

4.3 本章小结

……

5 控制系统仿真调试及实物测试

本章通过仿真及实物调试验证设计内容,包括总体电路仿真和指纹、蓝牙等各功能模块仿真验证,以及展示和验证了制作的实物的具体功能,充分证明本文所设计内容的正确性和可行性,此章为重点。

5.1 控制系统仿真调试

(1)仿真软件介绍。

……

图 5.28 为 Proteus 8.10 仿真开发软件的操作界面。

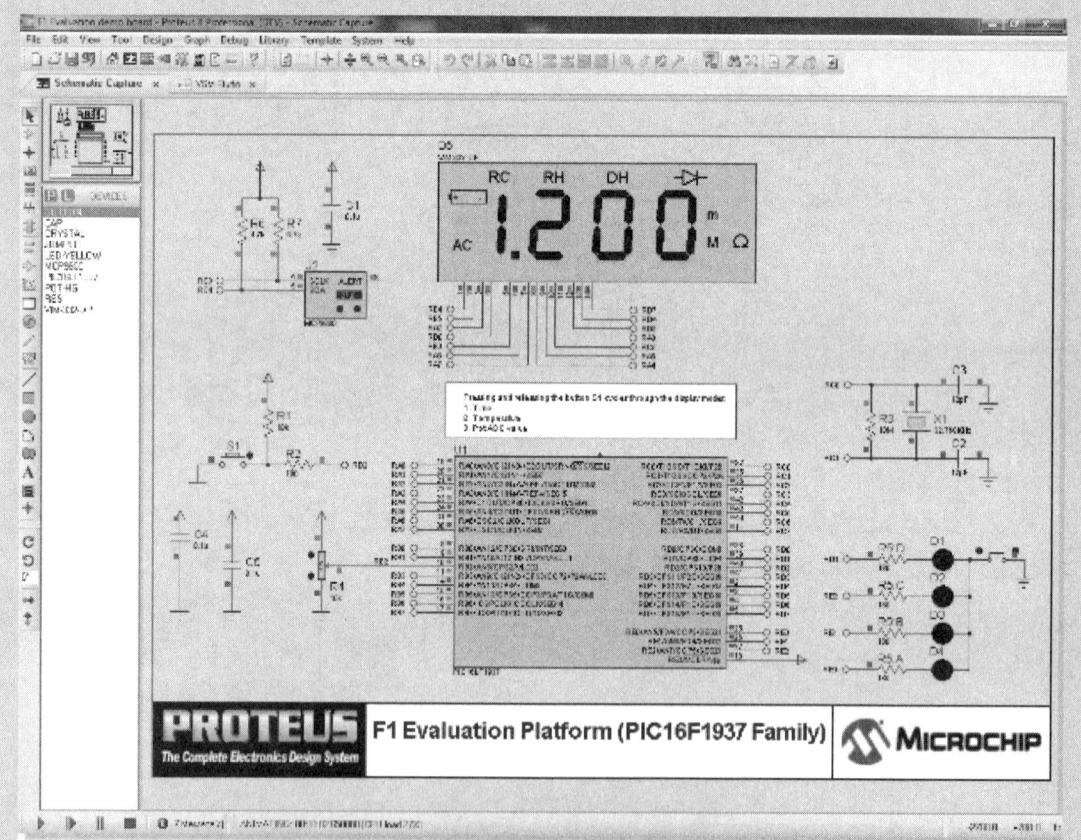

图 5.28　Proteus 8.10 仿真开发界面

(2)密码按键仿真验证。

……

设计的初始密码为 202306。当输入"202306"后点击"OK",黄色发光二极管亮,代表开锁成功,图 5.29 为密码按键仿真结果。

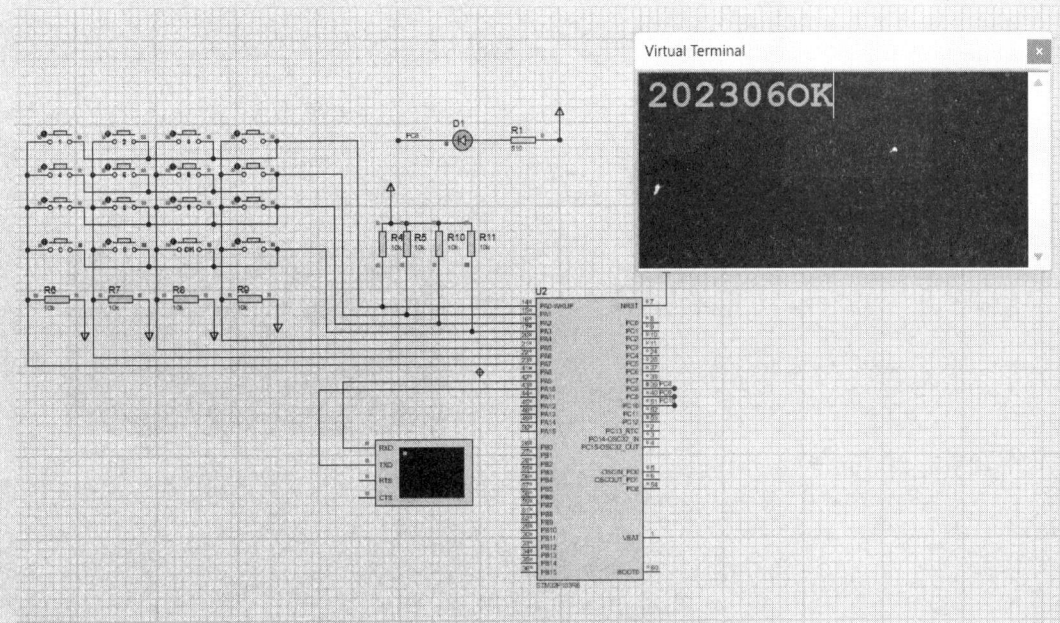

图 5.29　密码按键仿真结果

（3）蓝牙模拟仿真验证。

……

设定 1 为蓝牙开锁模块，2 为门禁卡开锁模块，3 为指纹开锁模块。当在仿真器中输入 1 时，代表 STM32 主控器接收到信号，发送指令开锁。

……

图 5.30 为蓝牙开锁模拟结果。

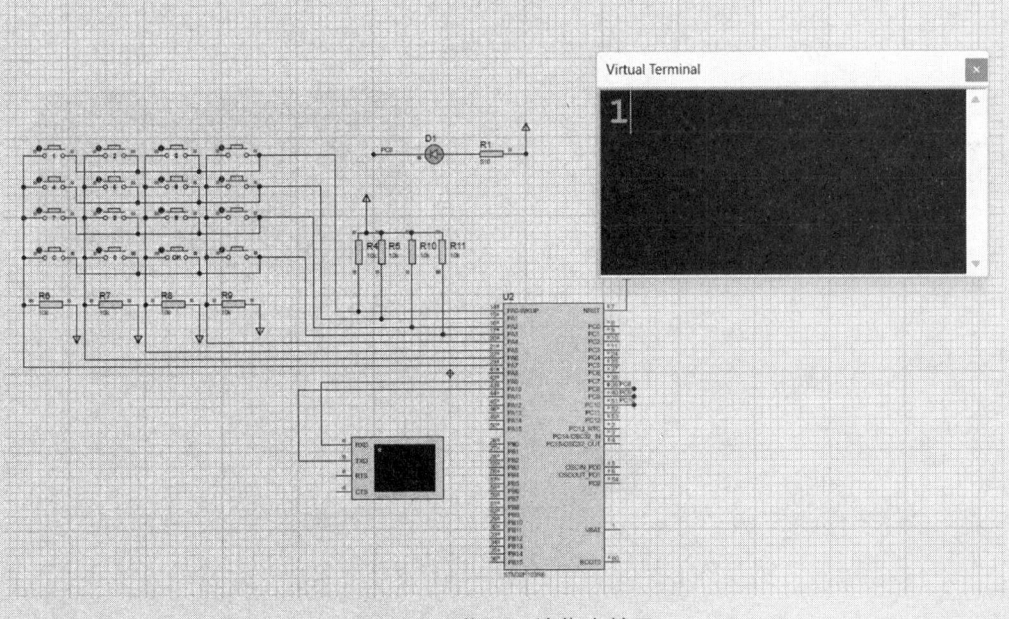

图 5.30　蓝牙开锁仿真结果

(4)门禁卡开锁模拟仿真。

……

输入设定值2,黄色发光二极管亮,开锁成功,结果如图5.31所示。

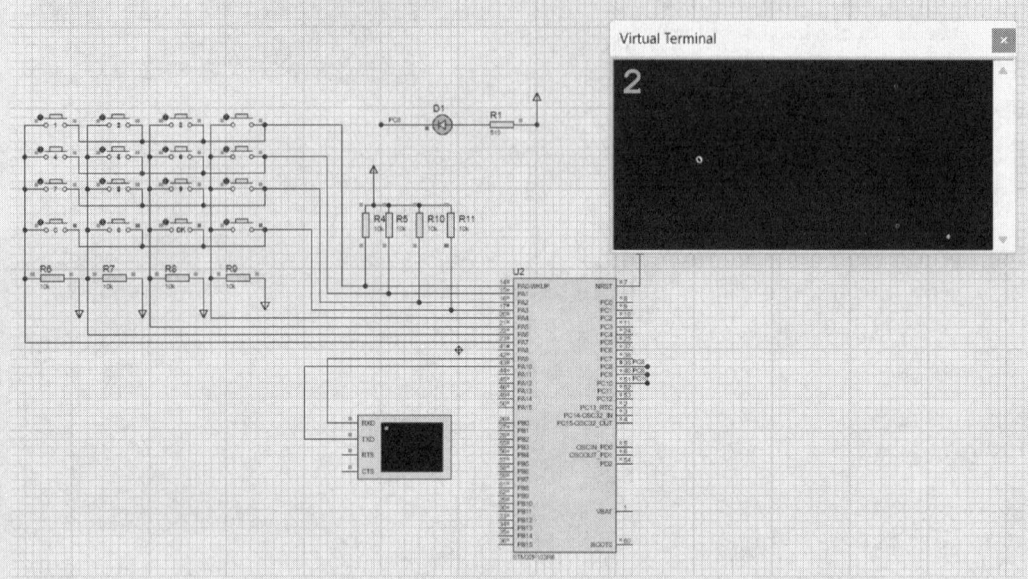

图5.31 门禁卡开锁仿真结果

(5)指纹开锁模拟仿真。

……

输入设定值3,黄色发光二极管亮,开锁成功,结果如图5.32所示。

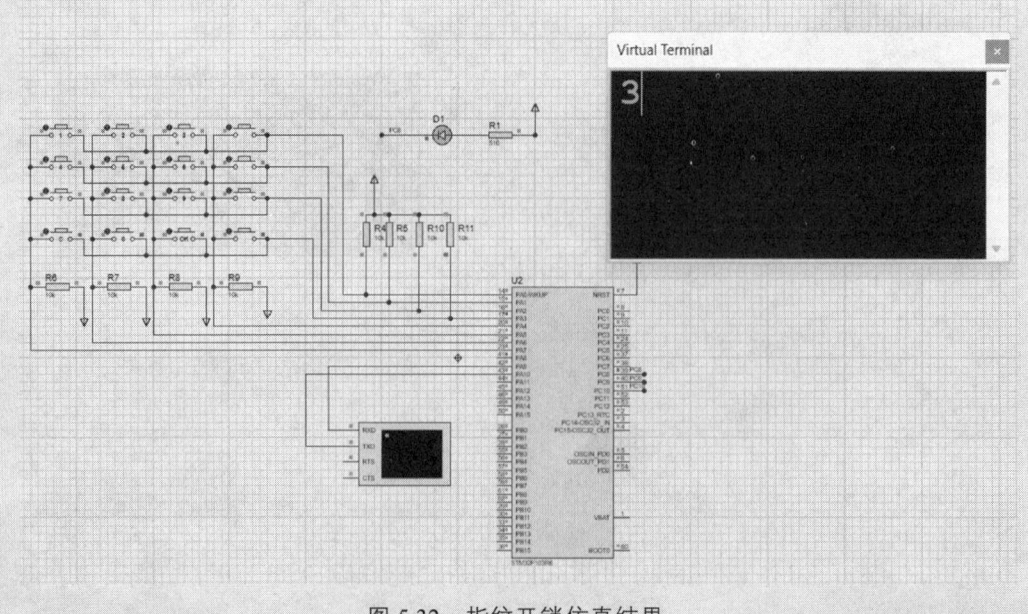

图5.32 指纹开锁仿真结果

(6) 无输入信号开锁失败模拟仿真。

......

没有输入指定的设定值,STM32主控器没有接收到信号,不会开锁,黄色发光二极管不亮,结果如图 5.33 所示。

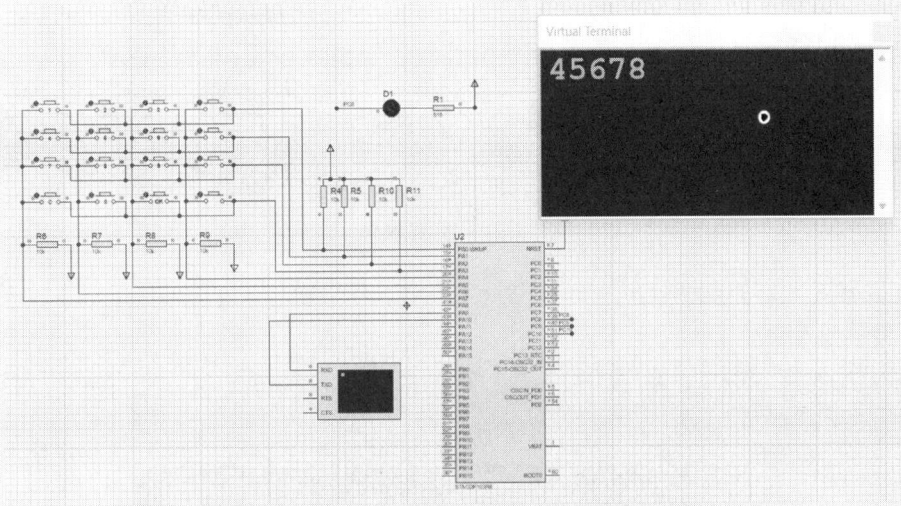

图 5.33 开锁失败仿真结果

5.2 电路的焊接

......

5.3 STM32 程序开发环境简介

......

5.4 系统软件程序验证

......

5.5 系统的组装及烧录

在对系统的软件进行调试以后,就开始进行对多个开锁模块的组装。

......

智能门锁控制系统组装完成如图 5.34 所示。

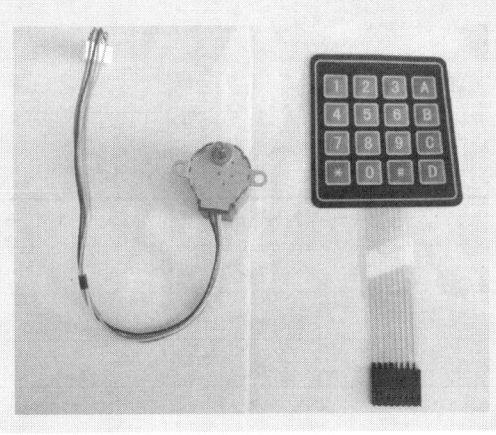
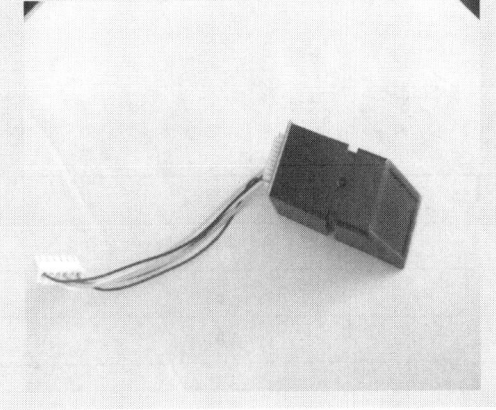

图 5.34 组装效果

5.6 实物系统功能测试
(1) 系统设置测试。
……
管理员模式如图 5.35 所示。

图 5.35 管理员模式

(2) 开锁模块测试。
……
在测试过程中,依次添加了两个指纹、一个电子标签、一组密码、一个蓝牙连接。最后全部通过测试,测试记录如表 5.5 所示。

表 5.5 开锁模块测试

测试模块	结果(成功/失败)
指纹解锁 A/B(两个指纹)	成功
门禁卡	成功
蓝牙 APP	成功
矩阵密码按键	成功

（3）开锁模块测试结果展示。
……
图 5.36 为测试效果展示。

（a）密码开锁

（b）卡片开锁

（c）指纹开锁

（d）蓝牙 APP 开锁

图 5.36 开锁测试效果

5.7 本章小结
……

6 总 结
对本文所做工作的详细介绍及未来发展的展望。

5.3 电气专业（通用）示例 3

现以"离网式光伏发电系统设计"题目为例，介绍采用 Simulink 进行电力系统仿真设计或研究的基本框架，其中电路设计、仿真模型搭建、仿真验证为本课题研究重点，具体正文框架示例如下：

1 绪 论
这一小节参照本书 5.1 节绪论部分进行撰写，仍然从以下几方面进行阐述，也可以根据设计题目及实际研究内容进行调整。一般绪论内容最少 3 页。

1.1 研究背景
……

1.2 本课题研究的意义

……

1.3 国内外研究现状

分析目前国内外对本课题的研究进展，不足或需要改进的地方，对前人的工作进行归纳总结，得出本文值得研究的方向，参考文献的引用主要集中在本小节。

1.3.1 国内研究现状

……

1.3.2 国外研究现状

……

1.4 本课题的主要研究思路

此部分可以采用 Visio 绘制简单思路框图。

（1）设计一种离网式光伏发电系统，包括系统组成及其作用、系统工作原理和系统设计要求等。

（2）研究太阳能电池的种类和特点、如何选取太阳能电池、太阳能电池的发电原理及其应用，以及储能系统的构成等。

（3）探讨太阳能电池最大功率跟踪的原理、方法及其优缺点。

（4）进行光伏发电系统设计与仿真，包括光伏电池特性、DC-DC（Buck）电路、最大功率跟踪、补偿环节、PWM 环节以及光伏发电系统 MPPT 仿真分析等。

1.5 本章小结

主要总结本章内容。

2 太阳能电池及其储能系统

2.1 太阳能光伏发电系统的基本组成

太阳能光伏发电系统中主要包含太阳能电池板、电池板支架、电池板连接盒、充电控制器、蓄电池和交流逆变器等。

……

2.2 太阳能电池原理及模型

太阳能电池是光伏发电系统中最重要的组成部分，其原理基于光电效应。

……

太阳能电池原理如图 5.37 所示。

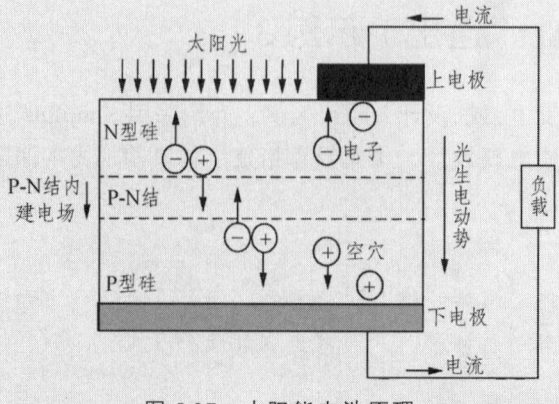

图 5.37 太阳能电池原理

2.3 太阳能电池的分类及选取原则

太阳能电池按材料分类，可分为单晶硅、多晶硅、非晶硅等。

……

2.4 储能系统的构成

目前，用于离网光伏发电系统储能的电池类型主要包括阀控式铅酸蓄电池、胶体电池、开口式铅酸蓄电池、磷酸铁锂电池和镍氢电池。

……

2.5 本章小结

本章阐述了太阳能电池……

3 离网式光伏发电系统的组成

3.1 系统组成及其作用

离网式光伏发电系统是由光伏组件、光伏控制器、储能蓄电池、离网逆变器等部分组成的，如图 5.38 所示。

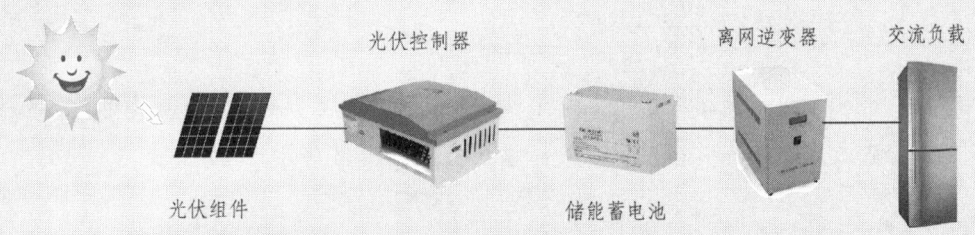

图 5.38　离网式光伏发电系统主要组件

……

3.2 系统工作原理

离网式光伏发电系统的工作原理是将太阳能通过太阳能电池组转化为电能，经过充电控制器的控制和调节……

3.3 系统设计要求

离网式光伏发电系统的设计要求主要包括以下几个方面：

（1）系统容量：根据用户的用电需求和地理环境等因素，确定系统的容量大小，保证系统能够满足用户的基本用电需求。

……

3.4 本章小结

……

4 光伏发电系统的设计

本章主要研究最大功率点跟踪原理及其实现形式，并设计离网式光伏发电系统的光伏控制器和逆变器部分，本章为重点。

4.1 最大功率点跟踪

太阳能电池最大功率点追踪是指太阳能电池在特定光照和温度条件下所能输出的最大功率点。

……

下面采用简单的线性电路即可实现最大功率跟踪,并在图5.39中展示其基本原理。

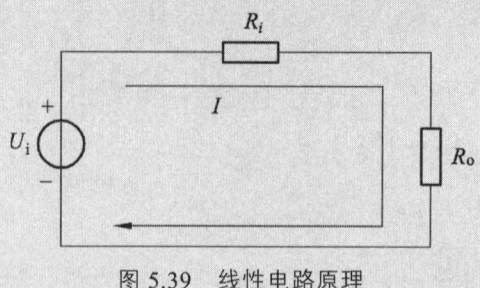

图5.39 线性电路原理

图5.39中包含电压源U_i,输入电阻R_i,输出电阻R_o,以上基本电路元件构成基本线性电路。

其负载功率为

$$P_{R_o} I^2 R_o \left(\frac{U_i}{R_i + R_o}\right)^2 R_o \tag{5.3}$$

式(5.3)表示电阻器的功率与输入电压和内阻之间的关系。其中,P_{R_o}表示电阻器的功率,I表示电流,R_o表示电阻器的阻值,U_i表示输入电压,而R_i表示内阻。
……

4.2 DC-DC 电路设计

图5.40是关于离网式光伏发电系统的DC/DC电路。
……

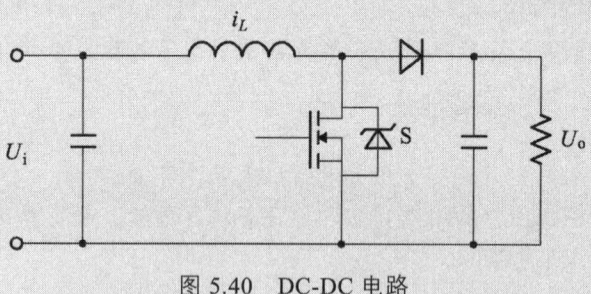

图5.40 DC-DC 电路

4.3 DC-DC 输入电容的设计

由太阳能光伏电池的 I-U 特性曲线能发现其输出表现是非线性的,而与电感相关的电流在boost变换器导通和断开状态的不断切换下会产生波动。……

电容应满足:

$$C_i \geqslant \frac{\Delta i_L T_s}{8 \Delta U_C} \tag{5.4}$$

式(5.4)中ΔU_C为容许的电容电压波动值,Δi_L为电感的电流波动值。
……

4.4 DC-DC 输入电感设计

为了使电路工作电流保持连续,在边界条件下,电感设计所需输入电流的平均值为……

4.5 逆变电路设计

在离网式光伏发电系统中,逆变器被用于将直流电转换为交流电,以便用于供电。
……

三相桥式逆变电路的拓扑结构如图 5.41 所示。

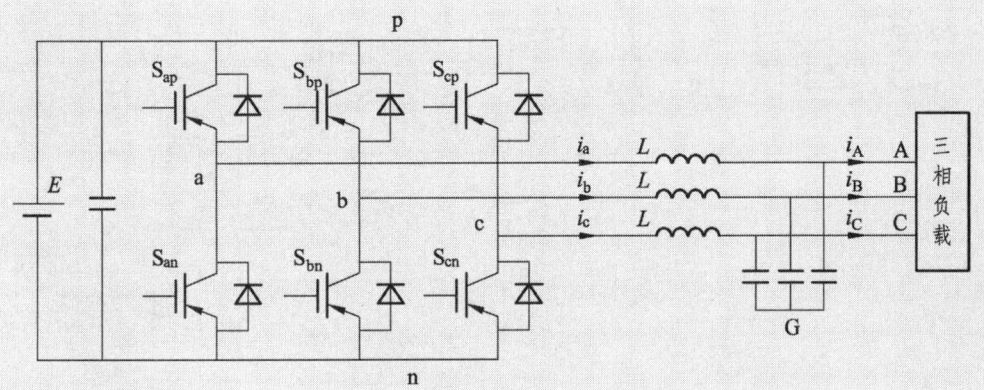

图 5.41 三相桥式逆变电路拓扑结构

4.6 本章小结
……

5 光伏发电系统仿真结果分析

本章的仿真及验证,包括总体仿真模型搭建、各模块功能仿真验证,是本文所设计内容的正确性和可行性体现的关键环节,此章为重点。

5.1 光伏电池

5.1.1 光伏电池的数学模型

图 5.42 给出了一个光伏发电系统的等效电路图。该图包括以下几个部分:
……

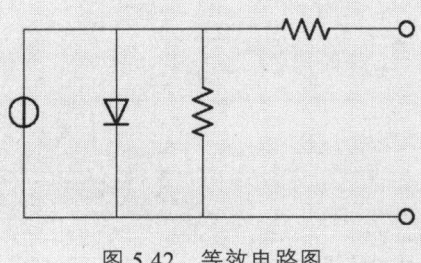

图 5.42 等效电路图

5.1.2 光伏模型 Simulink 仿真及其特性

根据上述数学模型,能够得出 PV 系统的 Simulink 仿真模型,如图 5.43 所示。该图展示了光伏发电系统的仿真过程,包括以下几个步骤:
……

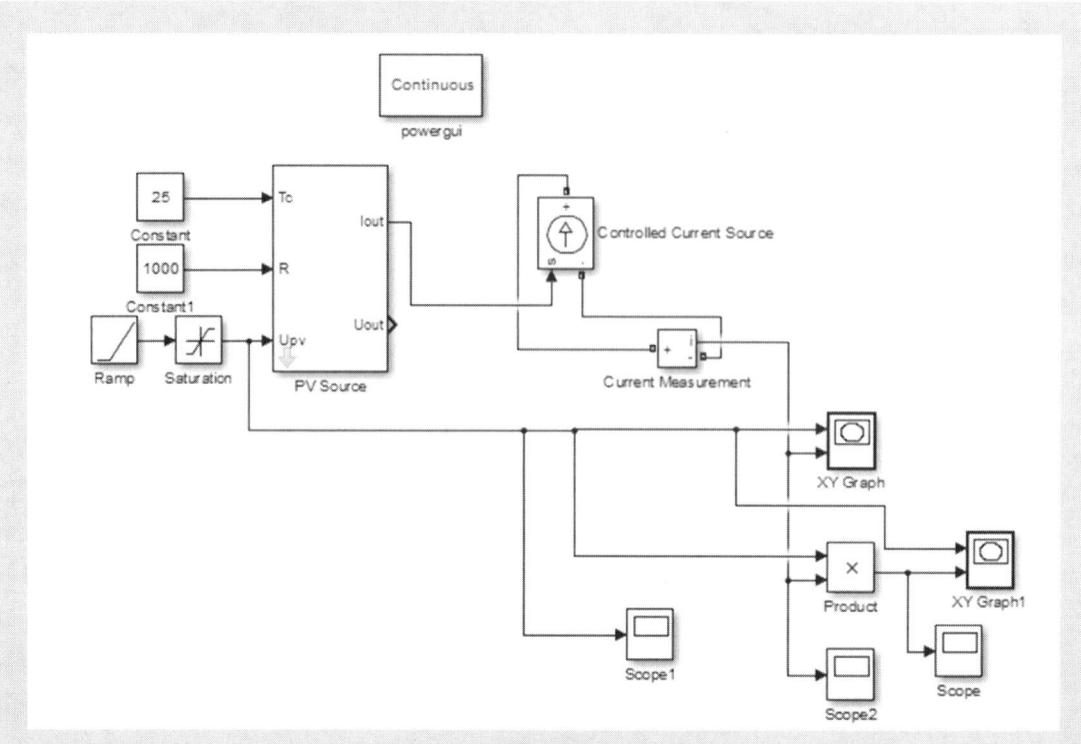

图 5.43 光伏模型 Simulink 仿真图

PV 系统封装内部如图 5.44 所示，该图展示了光伏系统封装内部的结构。可以看到，该封装包括以下几个部分：

……

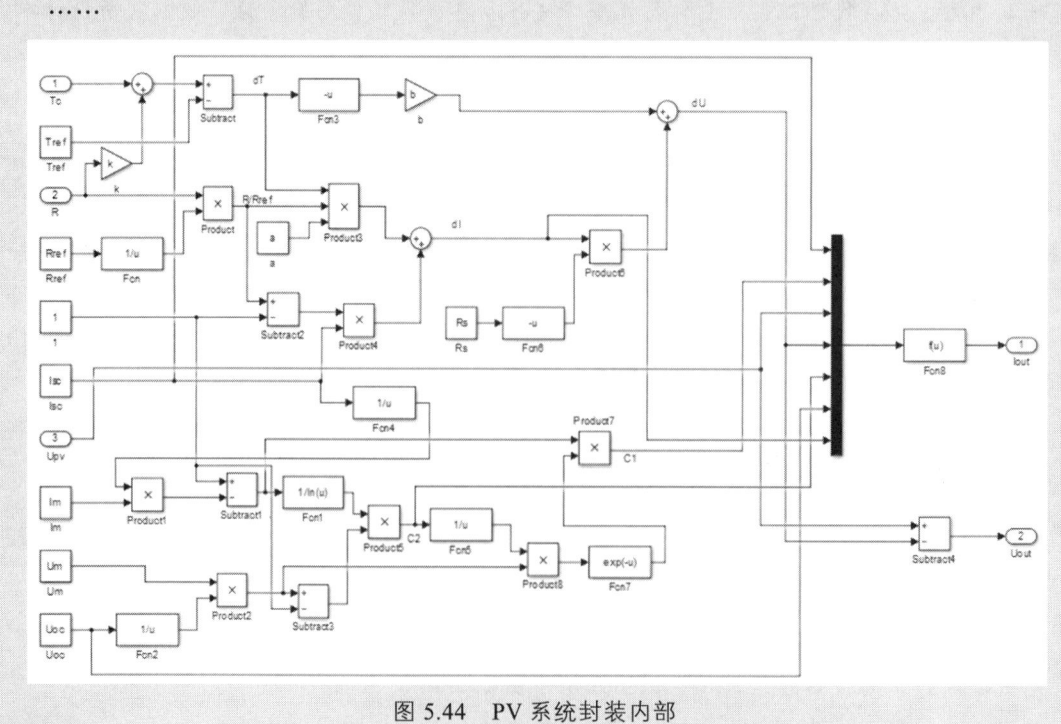

图 5.44 PV 系统封装内部

……

基于以上模型，可以得到在 25 ℃、辐照度为 1 000 W/m² 时的 U-I 和 P-U 曲线，如图 5.45（a）、（b）所示。

……

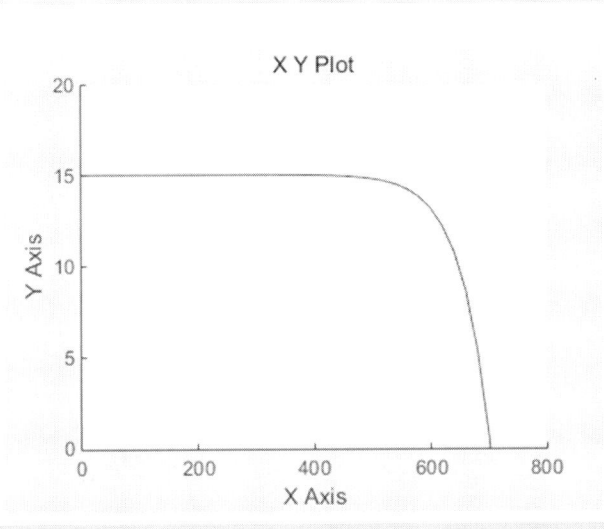

（a）U-I 曲线

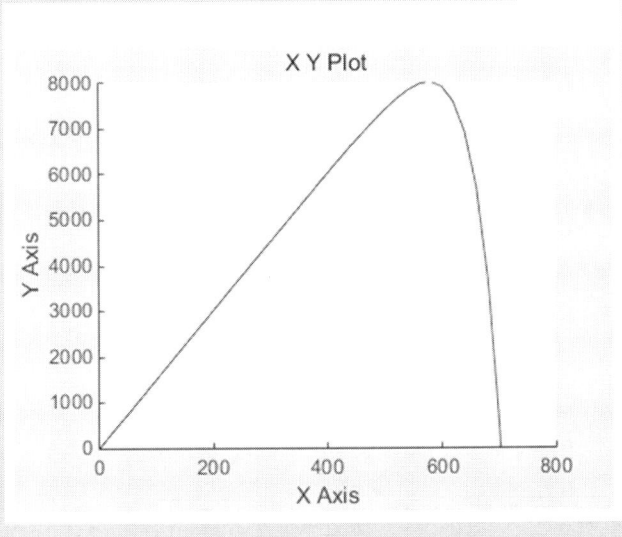

（b）P-U 曲线

图 5.45　U-I 曲线和 P-U 曲线示意

……

在 25 ℃ 的温度和不同辐照度下的功率与电压关系曲线如图 5.46 所示。

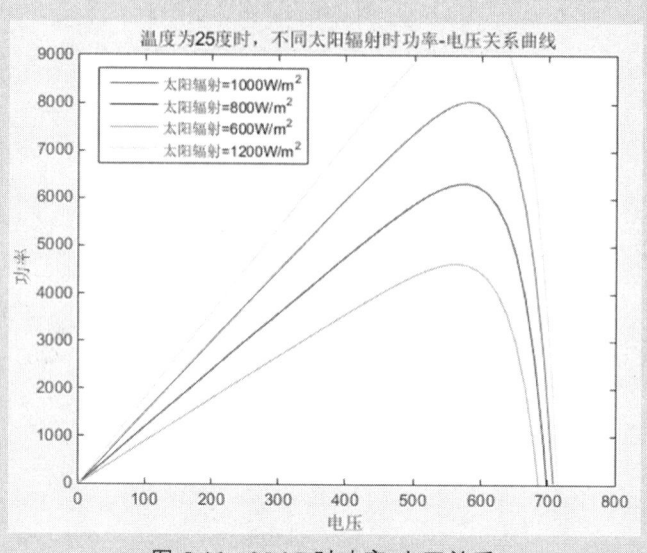

图 5.46　25 ℃时功率-电压关系

从图 5.46 中可以看出,在不同光照强度下均能出现最大功率点,且光照强度越大,最大功率点越高。……

在光照强度为 1 000 W/m² 时不同温度下的功率与电压关系曲线如图 5.47 所示。

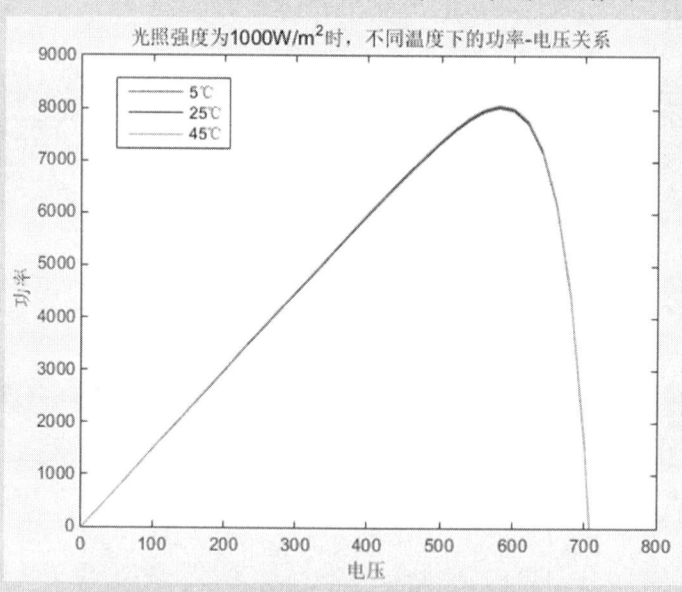

图 5.47　光照强度为 1 000 W/m² 时功率-电压关系

从图 5.47 中可以看出,温度在 5 ℃到 45 ℃区间变化,对电压、功率以及最大功率点几乎没有影响。

……

5.2　DC-DC 电路

Buck 电路是 DC-DC 变换电路中的降压电路,Buck 电路基本拓扑如图 5.48 所示。

……

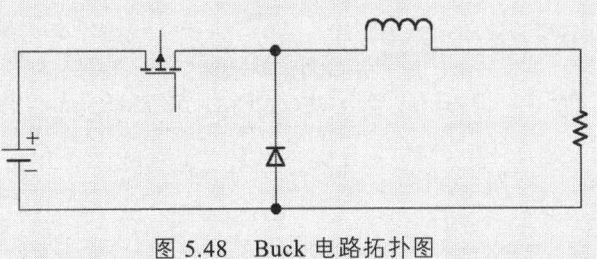

图 5.48 Buck 电路拓扑图

……

5.3 补偿环节

该环节的主要目的是验证该装置能否稳定运行,相位和幅值裕度是否达到要求,因此需要对该系统的传递函数进行求解。最终得到的系统框图如图 5.49 所示。

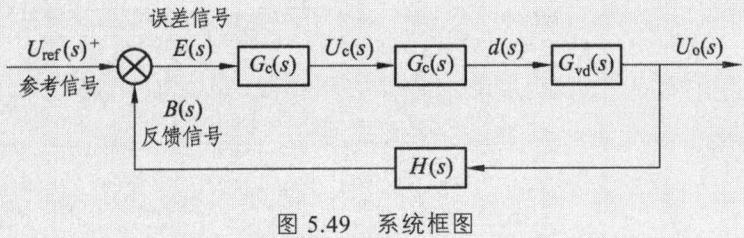

图 5.49 系统框图

图 5.49 中 $G_c(s)$ 为补偿环节的传递函数……

该系统的开环 Bode 图如图 5.50 所示。

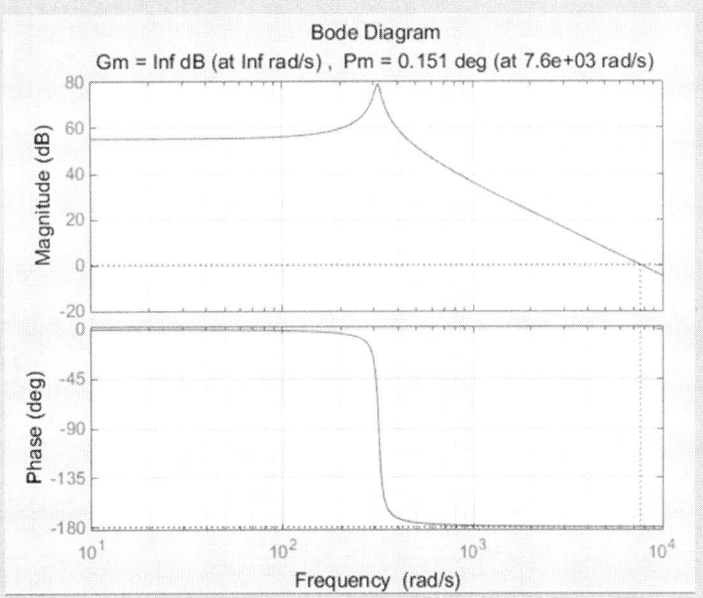

图 5.50 光伏发电系统开环 Bode 图

在该图中……

为了让幅值裕度在 6~12 dB 之间,相位裕度达到 45°~60° 之间,经过计算……

其 Bode 图如图 5.51 所示。

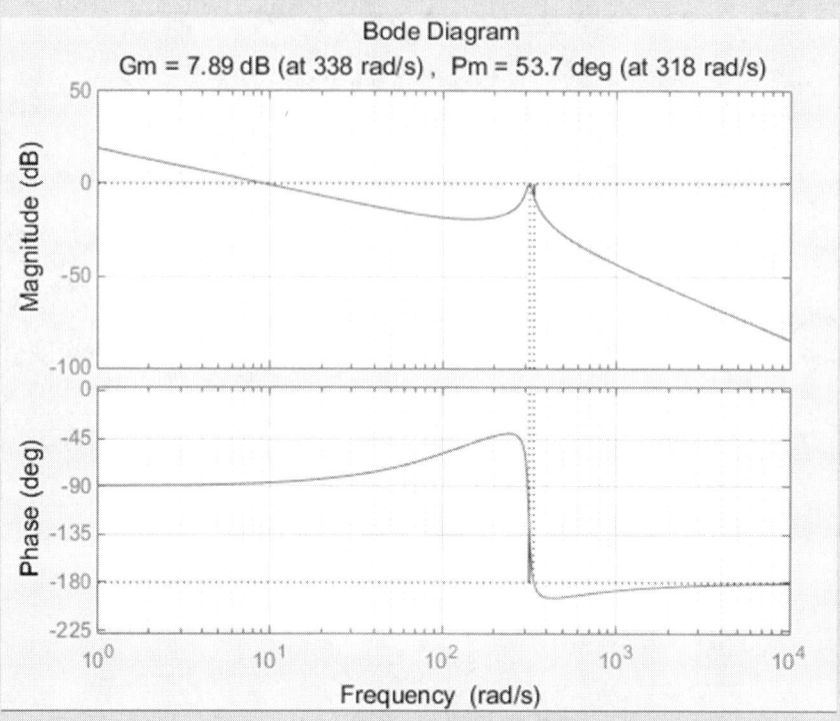

图 5.51　补偿后系统 Bode 图

在该图中……

5.4　PWM 环节

PWM 环节主要基于等面积法则原理，通过对占空比信号进行调制，控制 Buck 电路中 IGBT 的开关时刻，具体的仿真模型如图 5.52 所示。……

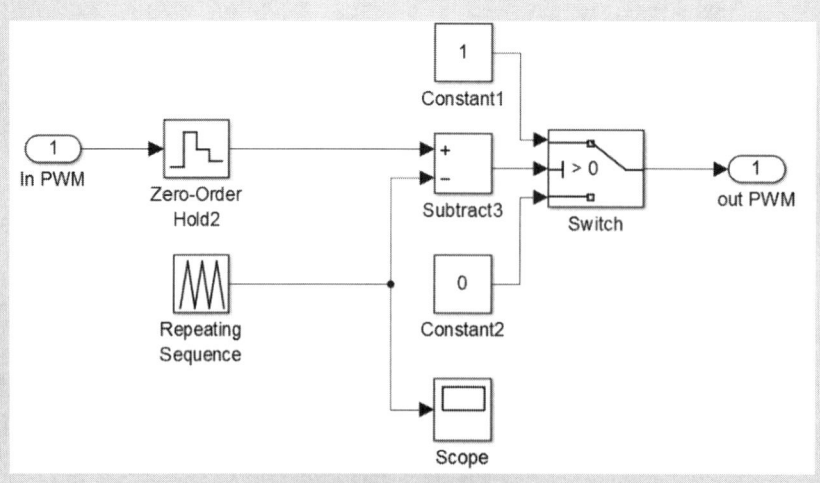

图 5.52　仿真模型

该模型包括以下几个部分：

……

5.5 光伏发电系统的 MPPT 仿真分析

光伏发电系统的整个模块框图如图 5.53 所示。

……

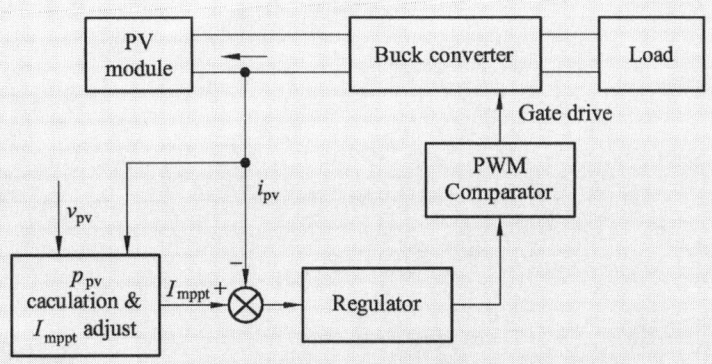

图 5.53 光伏发电系统模块框图

基于图 5.53，可以做出如图 5.54 所示仿真模型。

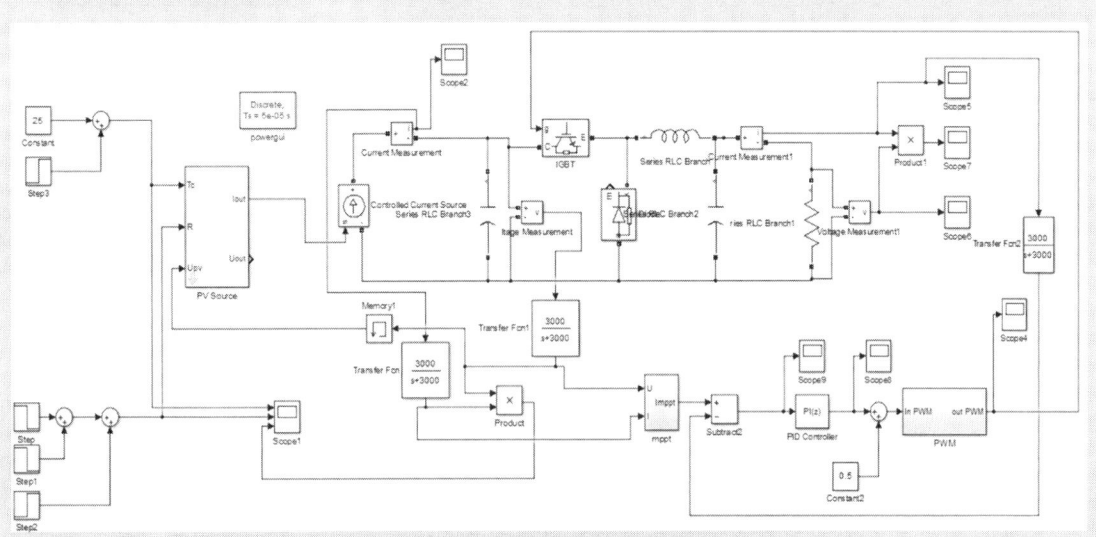

图 5.54 光伏发电系统仿真模型

该模型主要包括以下几个部分：

……

通过对该仿真模型进行分析和优化，可以有效地提高光伏发电系统的效率和稳定性，并满足实际应用需求。同时，改变辐照度和温度等参数，能够得到最终的仿真波形图，判断是否完成最大功率跟踪的目标。具体的仿真波形图可以参考图 5.55 和图 5.56。

图 5.55 中上面的曲线为温度变化曲线，中间的曲线为辐照度变化曲线，下面的曲线为功率曲线，由图可以观察到……

图 5.56 展示了电流曲线，图 5.57 展示了电压曲线，通过对这两个图形的分析可以看出……

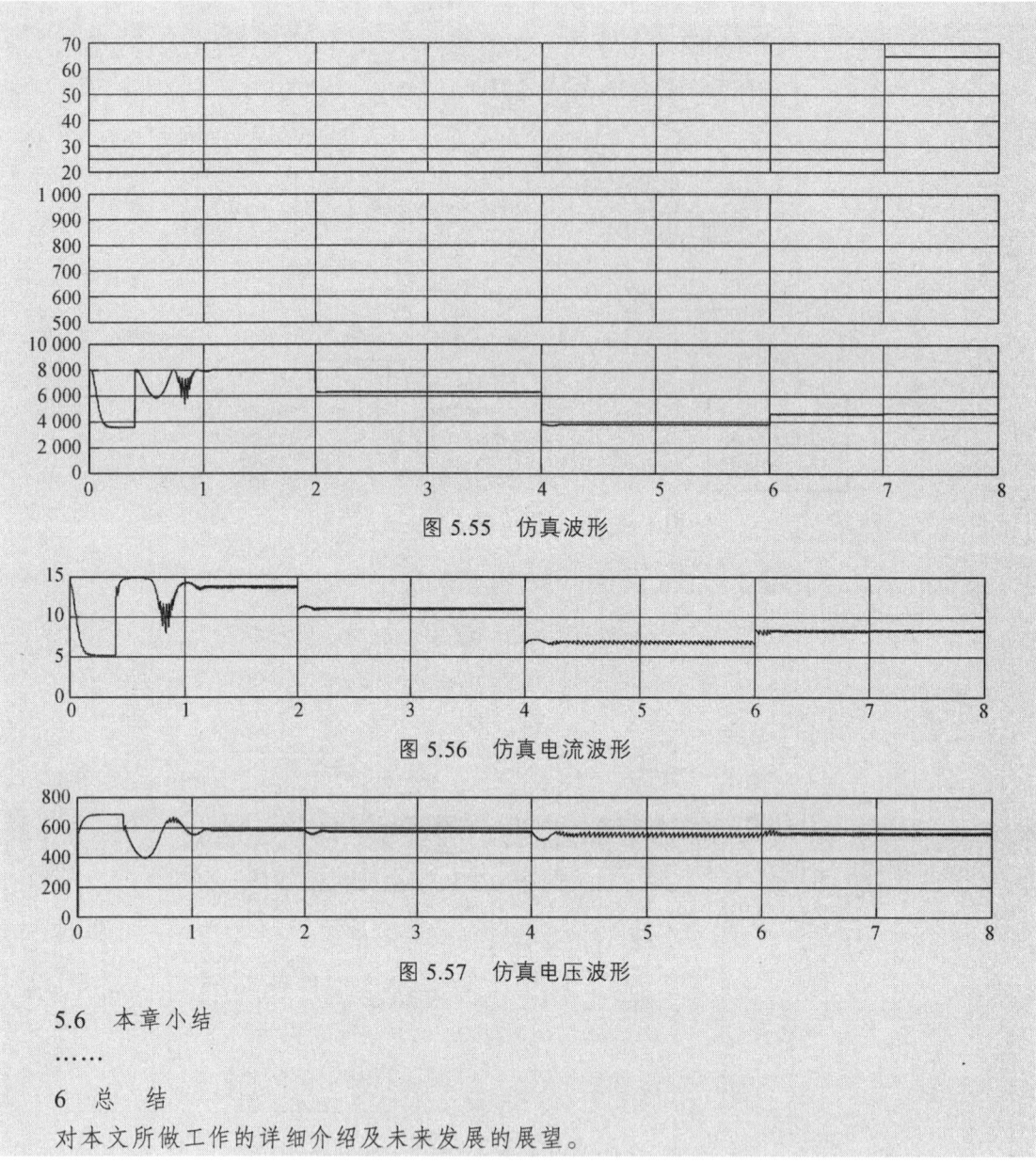

图 5.55 仿真波形

图 5.56 仿真电流波形

图 5.57 仿真电压波形

5.6 本章小结

……

6 总 结

对本文所做工作的详细介绍及未来发展的展望。

5.4 电气专业（通用）示例 4

现以"某地区发电厂 500 kV 电气主接线改造设计"题目为例，具体正文框架示例如下：

1 绪 论

这一小节参照 5.1 节绪论部分进行撰写，仍然从以下几方面进行阐述，也可以根据设计题目及实际研究内容进行调整。本章书写建议至少 3 页。

1.1 研究背景

……

1.2　本课题的研究意义

……

1.3　国内外研究现状

……

1.3.1　国内研究现状

……

1.3.2　国外研究现状

……

1.4　本课题的主要研究思路

本课题主要对"某地区发电厂 500 kV 电气主接线改造设计"进行研究，开展从现状分析到改造方案实施的全流程设计，重点关注改造目标、技术难点、经济性与安全性的平衡问题。

1.4.1　改造背景与需求分析

1. 现状评估

分析原接线方式：双母线接线或 3/2 断路器接线等，其运行历史数据、主接线形式是否满足现在要求。设备老化问题：需要统计断路器、隔离开关、互感器等设备的服役年限、故障率及缺陷记录，是否需要考虑更换新一代的产品。容量与性能是否满足当前及未来几年或者更久的机组扩容需求，考虑新能源接入、建设二期工程等；短路电流水平是否超标，同时还需校验设备开断能力等；自动化水平是否落后，考虑是否缺乏智能监控系统、自动化操作系统等。

2. 改造驱动因素

根据现状评估内容分析得出原系统可靠性不足、故障恢复时间长；电网升级改造需要适应更高电压等级、新能源并网或调峰调频要求等；考虑老电厂是否符合最新电力行业规范，包括绝缘水平、环保要求等。

1.4.2　改造目标与约束条件

核心目标主要考虑提高供电可靠性，同时降低短路电流水平，考虑加装限流电抗器或调整主变压器阻抗等，以及提升自动化与智能化水平等。

约束条件主要考虑分阶段施工或设计临时过渡方案等以减少最小化停电时间等；原址改造需优化布局，采用 GIS 设备还是以部分 GIS 设备替代常规设备；优先利用老电厂可用设备，减少废弃工程量，减少投资等，将改造设计运用到工程实际中，具备解决实际问题的能力，以及对未知风险预测的能力等。

1.4.3　改造方案设计核心步骤

1. 原系统深度诊断

电气参数实测数据主要有实测历史短路电流、接地电阻、绝缘电阻等参数，对比设计值与实际值，识别异常点，同时可考虑仿真建模验证等。

利用 PSCAD、ETAP 等建立原系统模型，复现故障场景；分析系统薄弱环节，可考虑某段母线负载过重、保护配合不当等造成故障，有目的性地模拟并仿真相关故障的发生。

2. 改造方案比选（可根据实际情况调整方案）

接线形式优化一般考虑三种方案：

方案 1：双母线分段→3/2 断路器接线可提高可靠性，但成本相对增加；

方案 2：增加旁路母线或母联开关，考虑经济性优先；

方案 3：局部 GIS 化改造的目的是节省空间，但需考虑兼容原有设备。

设备更新策略主要为部分设备经检测合格后继续使用，并更换开断能力不足的断路器、老化的设备等。

3. 过渡方案设计

采用分阶段施工规划，主要分为两个阶段：

阶段 1：新建部分间隔并接入临时母线，确保部分机组持续供电；

阶段 2：逐步停运旧设备并迁移负荷至新系统。

过渡期间增设临时继电保护装置，避免保护盲区，强化运行人员对临时装置的认识与学习，提出改造过程的适应性、风险应对措施等。

1.4.4 关键技术难点与对策

新旧系统设备兼容性需考虑不同厂家的设备信号转换。接地系统中，应确保新旧接地网互联时的电位均衡处理，避免出现电位差而产生环流。

限流措施考虑加装串联电抗器或高阻抗变压器，调整系统的运行方式等。

关键部位采用机器人带电安装或绝缘包裹技术，同时实时监测施工中的系统状态，包括局部放电、温升等，以及制定施工风险预防控制方案等。

1.4.5 改造方案验证与实施

验证改造后短路电流、过电压水平是否达标。

可靠性评估主要考虑系统的利用率及对比改造前后的停电频率与时长。

经济性分析主要考虑全生命周期成本：初期投资（设备采购、施工等）与长期收益对比；对比不同方案的净现值与投资回收期等。

施工过程中，需考虑旧设备拆除与新设备安装的时序，同时调试过程中考虑保护系统和联调检测系统的运行能力等。

验收标准：

符合 GB/T 50062《电力装置的继电保护和自动装置设计规范》，且通过 72 小时带负荷试运行；也可查相关资料，对应不同场景下的验收标准进行核查。

1.4.6 案例参考

案例：某地区 500 kV 火电厂主接线改造（双母线接线改造成 3/2 断路器接线）。

1. 改造动因

原双母线接线短路电流超标（达 58 kA 以上），断路器开断能力不足（原 50 kA）。

2. 方案设计

新增两组 3/2 断路器，保留部分母线作为过渡；更换 6 台 63 kA 六氟化硫断路器，加装限流电抗器。

3. 过渡措施

搭建临时母线转移负荷，分两阶段停电施工；新旧保护系统并行运行 1 个月。

4. 成　果

短路电流降至 48 kA，系统可用率从 50% 提升至 60%；改造成本 2 亿元，预计 15 年回收投资。

1.4.7 挑战与未来趋势

挑战主要有复杂工况下的施工安全风险和新旧设备混合的系统稳定性保障。

趋势主要体现在三个方面：智能化改造方面，集成数字孪生技术实现改造过程预演；绿色化设计方面，采用环保型绝缘介质等；柔性化升级方面，包括预留储能系统、新能源接入端口等。

......

500 kV 电气主接线改造设计需以"精准诊断、最小干预、最大收益"为原则，平衡可靠性提升与经济性约束，重点关注新旧系统兼容性、施工风险控制及智能化升级需求。如需具体环节的细化方案，可进一步探究并计算分析。在此框架下，不同的人对应相同的题目，可以根据选择的侧重点不同而出现不一样的内容。

1.5 本章小结
主要总结本章内容。

2 某地区发电厂电气主接线改造背景与需求分析

2.1 某地区发电厂在电力系统中的地位和作用（分析现状）

分析原接线方式：双母线接线、3/2 断路器接线等，查看该接线方式下的故障历史数据，分析运行历史数据，接线形式是否满足现在要求。设备老化问题主要统计断路器、隔离开关、互感器等设备的服役年限、故障率及缺陷记录，是否考虑更换新一代的产品。容量与性能是否满足当前及未来机组扩容需求、新能源接入、建设二期工程等；短路电流水平是否超标、自动化水平是否落后、智能监控系统是否具备、自动化操作水平是否满足要求等。

在以上多种情况确定后，最终可以确定发电厂在系统中的地位和作用。根据改造后要达到的地位和作用有针对性地对原主接线进行改造。

......

2.2 某地区发电厂改造驱动因素

根据历史数据以及调查报告确定一期建设和二期建设，学会查看能源规划报告。原系统存在可靠性不满足、故障恢复时间长、电网升级需适应更高电压等级、新能源并网及调峰要求等问题；核查该容量下及更高容量下的绝缘水平、环保要求等是否符合最新电力行业规范。

......

3 某地区发电厂电气主接线改造目标与约束条件

3.1 电气主接线改造目标

典型接线形式对比：主要从双母线分段、3/2 断路器接线、4/3 断路器接线、单元接线等方面考虑。

主要从可靠性、灵活性、经济性等方面考虑，对于复杂的主接线以及重要地区的主接线，可以考虑更多的限制条件。可查阅相关电气一次设计手册规范中对电气主接线的其余特殊要求。

核心目标主要包括提高供电可靠性；降低短路电流水平而加装限流电抗器或调整主变压器阻抗等；提升自动化与智能化水平；集成数字化发电厂技术等。

......

3.2 电气主接线约束条件

主要从如下几点考虑电气主接线形式。

（1）出线的电压等级、回路数、出线方向、单回输送容量等。

（2）主变压器的台数、容量、形式。

（3）补偿装置，如并联电抗器、静止补偿装置、调相机等的数量、形式、容量等，以及安装位置。

（4）系统短路容量的电抗值，用于计算非周期分量的短路电流，另外还需要电阻 R、电抗 X、时间常数。

（5）变压器中性点的接地方式和接地点的选择。

（6）保证电力系统的稳定性，提出改进电气主接线可靠性的方案。

（7）初期建设以及二期建设或者最终建设的推荐主接线图。

（8）确定主接线拓扑（母线形式、断路器配置、分段方式）；规划主变压器、高压厂用变压器、启动/备用变压器的接入方式；预留扩建空间（如母线延伸、备用间隔）等。

（9）约束条件主要考虑分阶段施工或设计临时过渡方案时减少最小化停电时间；原址改造需优化布局，采用全部 GIS 设备替代常规设备，还是部分 GIS 设备替代常规设备等；优先利用老电厂的可用设备，减少废弃工程量，减少投资。

……

4　某地区发电厂电气主接线改造方案设计

4.1　电气主接线改造前数据整理

原系统的电气参数实测数据主要包括短路电流、接地电阻、绝缘电阻等。对比设计值与实际值，识别异常点。

可考虑利用 PSCAD、ETAP 等建立原系统模型及改造后的模型，分析系统的薄弱环节，模拟仿真相关故障的发生。

……

4.2　电气主接线改造方案

接线形式优化：

方案 1：双母线分段→3/2 断路器接线，可以有效提高可靠性，但成本高。

方案 2：增加旁路母线或母联开关。

方案 3：场地有限，考虑局部 GIS 化改造，可以有效节省空间，但需兼容原有设备等。

设备更新策略主要包括对部分经检测合格的设备继续使用，并更换开断能力不足的断路器、老化的设备等。

可根据选择的原系统来调整改造方案，在此只是提供框架，框架内容还需要读者自行更改完善，仅供参考。

……

4.3　电气主接线改造方案关键技术难点与对策

新旧系统设备兼容性需考虑不同厂家的设备信号转换。接地系统中，注意新旧接地网互联的电位均衡处理，避免出现电位差而产生环流。

限流措施考虑加装串联电抗器或高阻抗变压器，调整系统的运行方式等。

带电作业技术可以考虑关键部位采用机器人带电安装或绝缘包裹技术，同时考虑实时监测施工中的系统状态，包括局部放电、温升等；预估施工风险并提出预防控制方案等。

……

4.4　电气主接线改造过程中过渡方案设计（题目可自拟）

采用分阶段施工规划，主要分两个阶段：

阶段1：新建部分间隔并接入临时母线，确保部分机组持续供电等。
阶段2：逐步停运旧设备并迁移负荷至新系统等。
过渡期间增设临时继电保护装置，避免保护盲区。如何在改造过程中确保安全可靠供电，可以考虑方案的初步定制等。
……

5 某地区发电厂500 kV主接线短路计算

5.1 短路计算条件

主要考虑在三相短路条件下验算其导体和设备的动稳定、热稳定以及设备的开断能力。介绍短路点的选择、运行方式的选择及目的。
……

5.2 收集改造后数据

（1）发电机参数主要包括发电机的额定容量、额定电压、次暂态电抗等。

（2）变压器参数主要包括额定容量、额定电压、短路电压百分数、绕组连接组别等。

（3）线路参数主要包括线路的长度及单位长度的电阻、电抗和电纳等。

（4）系统参数主要包括发电厂与外部电力系统相连所需的等值电抗、短路容量等参数。
……

5.3 绘制等值电路

将发电厂的实际电气接线图进行简化，忽略一些对短路计算影响较小的元件，如熔断器、隔离开关等。确定元件的等效电路模型，并绘制出以电抗为主要参数的等值电路。
……

5.4 计算各元件的电抗标幺值

选择基准值，通常选择基准容量和基准电压，计算元件的电抗标幺值，根据元件的实际参数和所选的基准值，计算各元件的电抗标幺值。
……

5.5 网络化简与计算

将绘制的等值电路和计算各元件的电抗标幺值结合后简化等值电路。运用串、并联及混联等电抗的计算公式，将等值电路进行逐步化简，最终得到以短路点为中心的最简等值电路。

计算短路电流，根据化简后的等值电路，运用电路基本定律和公式计算短路电流。对于三相短路，短路电流周期分量的标幺值 $I_{pu}=E_{pu}/X_{pu}$。其中，E_{pu} 为电源电动势标幺值，一般取1.05或1.1；X_{pu} 为从电源到短路点的总电抗标幺值。根据短路电流标幺值和基准电流，计算出短路电流的有名值。
……

5.6 计算短路冲击电流和短路全电流最大有效值

（1）计算短路冲击电流，短路冲击电流 $I_m=\sqrt{2}K_mI_p$。其中，K_m 为冲击系数，与短路发生的时刻和电路的时间常数有关，一般在1.8～1.9之间。

（2）计算短路全电流最大有效值。

（3）计算短路电流的热效应。

（4）确定短路发热时间，短路发热时间 $t_k=t_{pr}+t_{br}$。其中，t_{pr} 为继电保护装置的动作时间，t_{br} 为断路器的全开断时间。

（5）计算短路电流热效应，用于校验电气设备的热稳定。

（6）计算结果分析与应用，主要用于电气设备选择和继电保护整定，并对系统稳定性分析进行评估。

核心内容包括短路电流计算，需计算最大运行方式下的三相短路电流，校验设备动稳定和热稳定；根据短路计算结果是否满足设备开断条件，确定是否需要采取限流措施。不满足开断条件时，在采取限流措施后，需重新计算短路电流，与原方案对比分析，直到方案满足短路开断条件为止，即要验证改造后的短路电流、过电压水平是否达标。

可靠性评估和经济性分析等方面，可参照以下几点进行撰写。

（1）可靠性评估主要考虑系统的利用率及对比改造前后的停电频率与时长。

（2）经济性分析主要考虑全生命周期成本：对比初期投资与长期收益；对比不同方案的净现值与投资回收期。

（3）施工过程中考虑旧设备拆除与新设备安装的时序控制；调试过程中考虑保护系统联调等。

（4）验收标准应该符合 GB/T 50062《电力装置的继电保护和自动装置设计规范》，且通过 72 小时带负荷试运行。

根据情况选择上述部分侧重点进行计算。

……

6　主要电气设备选择

6.1　发电厂主变压器容量和台数确定以及形式的选择

主要确定发电厂主变压器的容量和台数，以及该主变压器的接线形式。

……

6.2　高压断路器的选择

主要根据短路计算来确定断路器的参数选择、形式选择。

……

6.3　高压隔离开关的选择

主要确定隔离开关的参数选择和形式选择。

……

6.4　电流互感器的选择

主要确定电流互感器的参数选择和形式选择。

……

6.5　电压互感器的选择

主要确定电压互感器的参数选择和形式选择。

……

6.6　限流电抗器的选择

主要确定限流电抗器的参数选择和额定电压选择。

……

6.7　高压绝缘子串和穿墙套管的选择

主要确定高压绝缘子串和穿墙套管的参数选择和形式选择。

……

核心设备选型包括：主变压器（需确定容量、变比、阻抗电压及冷却方式等），断路器（需明确额定电流、开断能力，并选择类型如六氟化硫断路器或 GIS 等），以及隔离开关、电流互感器、电压互感器、避雷器等。

……

7 保护与自动化配置

7.1 继电保护方案

主变压器保护、母线保护、线路保护等，可参考实际工程的相关保护要求来选择继电保护方案。

……

7.2 自动化系统设计

包括监控系统、五防闭锁逻辑、智能终端、数字化电厂等。根据情况来选择侧重点设计。

……

8 设计案例分析（根据情况添加内容、题目等）

8.1 关键技术点分析

将所选择的主接线形式、设备选型、仿真或计算结果罗列出来后进行实际工程运用的模拟演练。随后进行短路故障演练等，主要模拟验证如下几个方面。

……

8.2 可靠性分析

当任一元件故障时，系统能否保持连续性供电，以及备用电源自动投入能力、断路器双重化配置的可靠性。

……

8.3 经济性优化

对比不同接线方案的设备成本、占地面积及施工费用等，进行主变压器空载、负载损耗、线路损耗计算，并进行综合经济性评估等。

……

8.4 灵活性设计

母联开关的灵活投切，适应机组启停或检修需求。母线预留间隔并为主变压器容量升级预留空间。

……

8.5 运行人员安排（选做）

故障情况下，运行人员的安排及事故处理方案的定制等。可挑选某项故障为前提，制定发生故障前后需要考虑及处理的方案。

……

8.6 特殊问题处理（选做）

雷电、操作过电压防护，考虑避雷器选型、绝缘子爬距校验等。

……

9 总　　结

这一部分是对整个研究内容和相关工作的总结。首先重申设计目的；其次概述做了哪些工作、采用什么方法，明确指出论文中的创新之处；第三，详细阐述创新点，可以是理论创新、技术创新、方法创新或应用创新；最后，叙述该设计对电气工程领域的应用价值或社会效益等。

5.5 电气专业（通用）示例 5

现以"某火电厂 500 kV 电气主接线设计"题目为例，具体正文框架示例如下：

1 绪　论

这一小节参照 5.1 节绪论部分进行撰写，仍然从以下几方面进行阐述，也可以根据设计题目及实际研究内容进行调整。一般绪论内容最少 3 页。

1.1 研究背景

这一小节通过翻阅大量参考文献，围绕研究的主题介绍其研究背景。可以将所学的理论基础课程，如电磁学、电路理论、信号与系统、电力电子技术、自动控制理论等，与专业核心课程，如电厂主接线、继电保护原理、电力系统分析等结合，再融入数学建模和计算机技术，形成系统的学科体系，挑选感兴趣的模块进行设计。可以从发电机、电动机的发明切入，逐步推进到自动化技术，再拓展至智能电网、可再生能源、人工智能驱动的自动化系统融入。研究背景要紧扣时代的脉络，结合自身学术背景来进行介绍。

1.2 本课题研究的意义

……

1.3 国内外研究现状

……

1.3.1 国内研究现状

……

1.3.2 国外研究现状

……

1.4 本课题的主要研究思路

这一小节需要明确本课题研究的具体内容，结合选题梳理设计信息，明确主要研究思路。

例：本文主要对"某火电厂 500 kV 电气主接线设计"进行研究（研究主题），火电厂 500 kV 电气主接线设计是电厂电气系统的核心，需综合考虑可靠性、经济性、灵活性及未来扩展性。以下是分阶段的主要研究思路框架：

1.4.1 基础分析与需求明确

1. 电厂规模与参数

首先明确电厂装机容量为 2×1 000 MW 机组，500 kV 出线回路数 2 回，以及接入电网位置及系统短路容量要求。确定电厂在电网中的角色（基荷/调峰），是否需要兼顾新能源接入或储能系统，最近几年建设的电厂以及以后建设的电厂基本都有新能源配套建设要求，具体要求可以查看当地规划。

2. 负荷特性与运行方式

统计厂用电负荷及主变压器容量需求，考虑机组启停、故障工况下的供电连续性，合理选择设备。结合电网调度要求是否需要参与黑启动、调频调压等。

3. 约束条件

场地限制时考虑设备安装距离，环保要求明确时考虑电磁干扰防护、大气污染排放量、投资预算等，考虑全国电厂中占地最优、污染排放量最低、投资最少等。

1.4.2 主接线方案设计与比选

1. 典型接线形式分析

500 kV 侧常用方案：

双母线三分段接线、双母线四分段接线、双母线三分段带旁路母线接线、双母线四分段带旁路母线接线、3/2 断路器接线、4/3 断路器接线、变压器-线路组接线、发电机-变压器组接线、单元接线、联合单元接线等。

发电机-变压器组接线：较适合，发电机经过变压器升压后接入升压站，升压站的母线接线形式在不同要求下，接线形式不同，随后经过升压站通过出线送入电网。

单元接线即一机一变；3/2 断路器接线搭配较多，联合单元接线即多机联合接入主变压器；3/2 断路器接线和 4/3 断路器接线均适合。

2. 方案技术经济对比

可靠性分析考虑供电可用率、故障率等；经济性分析考虑对比设备投资，即断路器相对数量、占地面积、运维成本等；灵活性评估考虑检修隔离便利性、未来扩建预留空间，如新增机组或出线等。

3. 推荐方案

结合可靠性、经济性、灵活性以及电网或其他特殊要求选择最优方案，如采用 3/2 接线保障可靠性等。

1.4.3 关键设备选型与参数设计

1. 主变压器选型

容量匹配方面，1 000 MW 机组配 1 100 MV·A 主变压器，调压措施选择有载调压或固定分接头方式。短路阻抗设计，需与系统短路容量协调，限制短路电流。

2. 断路器与 GIS 配置

500 kV 断路器选型可采用六氟化硫断路器或 GIS 组合电器，需校验开断能力。隔离开关、接地开关配置方案，同时考虑电动的联动操作机构或者手动操作机构等。

3. 限流措施

若系统短路电流超标，考虑加装限流电抗器或采用高阻抗变压器，电抗值需要代入短路计算，考虑不同位置，设计限流措施。

1.4.4 短路电流计算与稳定性验证

1. 短路电流计算

计算 500 kV 母线三相短路电流，校验断路器的开断能力、设备热稳定性及动稳定性。

分析主变压器中性点接地方式对短路电流的影响，包括直接接地或者经小电阻接地的短路影响等。

2. 暂态稳定性仿真

使用 ETAP、PSCAD 等工具模拟电网故障，即发电机短路、出线短路、主变压器故障时，验证主接线方案能否维持系统稳定。

1.4.5 保护与自动化系统设计

1. 继电保护配置

主变压器保护主要有差动保护、瓦斯保护、过励磁保护；母线保护主要有差动保护、过流保护、距离保护、断路器失灵保护等；线路保护主要有纵联差动保护、距离保护等。各种保护均配置故障录波装置，重要节点，如母线、发电机等，配置有同步相量测量装置等。

2. 自动化与监控

设计自动化与监控系统架构，支持远程监控与智能诊断。配置同期并列装置与自动电压控制系统。

1.4.6 特殊问题与创新点

（1）对新能源兼容性可考虑未来接入风电、光伏发电，主接线需预留接口并设计灵活切换策略等。

（2）对环保与节能考虑以 GIS 设备替代敞开式布置以减少电磁污染，主变压器选用低损耗型等。

（3）对数字化技术应用可考虑基于 BIM 的数字化设计优化设备布局，结合数字孪生技术实现运维预演。

1.4.7 结论与建议

（1）总结接线方案的优劣势，得出设备选型及保护配置的最终结论。

（2）针对潜在风险、短路电流超标、扩建困难，提出应对措施，加装限流器、预留间隔等。

（3）强调设计需符合国标、电网公司反措要求。

研究工具建议：

仿真软件：ETAP、PSCAD、DIgSILENT Power Factory、PowerWorld 等。

经济性分析：可考虑 PowerWorld 经济计算模型等。

绘图工具：AutoCAD、Eplan，建议使用 Eplan 进行标准化设计，后续可以结合 Eplan 设计成品同电厂设计竣工图对比。AutoCAD 与 Eplan 相比，Eplan 基本具备 AutoCAD 所具备的功能，且 Eplan 使用更加便捷，专业性更强。

通过以上系统化研究，可确保某火电厂 500 kV 电气主接线设计在技术先进性与工程可行性间取得平衡。某火电厂 500 kV 电气主接线设计最终运行过程中能够有效提高安全生产效率，节约生产劳动力，具有设备占地面积小、节约投资等优点。

1.5 本章小结

主要总结本章所做的内容。

2 某地区发电厂电气主接线设计（题目根据情况自拟）

2.1 某地区发电厂在电力系统中的地位和作用

（1）确定电厂建设位置，强调核心地位、关键作用等，从不同角度侧重描述。

（2）确定电厂是否参与电网的调峰调频等。

（3）确定电厂类型：大型电厂、中型电厂、小型电厂等。

……

2.2 某地区发电厂分期建设和最终规划规模

确定该发电厂发电机容量，最终建设完成后是否能够满足该地区的经济发展，随后经济是否按照预定发展，简单介绍电厂最终规划。根据要求考虑系统备用容量。
......

2.3 电气主接线基本要求

2.3.1 可靠性

（1）供电可靠，发电厂稳定发电，电网能够稳定输电、配电、用电，主接线满足供电可靠。要考虑发电厂或者变电站在电力系统中的地位和作用，随后是否采用可靠性高的电气设备。

（2）断路器检修时的可靠性，是否需要停电。

（3）断路器、母线等故障时的供电能否正常进行。

（4）发电厂或者变电站全停的可能性。

（5）超高压电气主接线应该满足特定的可靠性要求。

2.3.2 灵活性

考虑调度、检修及扩建时的灵活性。

2.3.3 经济性

（1）在满足可靠性和灵活性的基础上考虑经济性。

（2）投资省，在相同可靠性和灵活性的基础上对比一次设备，如短路器、隔离开关等。

（3）选择限制短路电流的设备，从而降低一次设备的成本。

（4）占地面积小，确保大于安全距离，考虑极端条件下环境中的安全距离。

（5）电能损耗少，变压器容量、数量、种类，以及主接线的接线方式均对电能损耗有影响。

2.3.4 额外的特殊要求
......

2.4 电气主接线形式

主要从如下几点考虑电气主接线形式。

（1）出线的电压等级、回路数、出线方向、单回输送容量等。

（2）主变压器的台数、容量、形式。

（3）补偿装置，如并联电抗器、静止补偿装置、调相机等的数量、形式、容量等，以及安装位置。

（4）系统短路容量的电抗值，用于计算非周期分量的短路电流，另外还需要电阻 R、电抗 X、时间常数。

（5）变压器中性点的接地方式和接地点的选择。

（6）保证电力系统的稳定性而提出改进电气主接线可靠性的方案。

（7）初期建设以及二期建设或者最终建设的推荐主接线图。

......

3 某地区发电厂 500 kV 主接线短路计算

3.1 短路计算条件

三相短路是最严重的故障情况，通常以此作为电气主接线设计时设备选型的依据，同时验算其导体和设备的动稳定性、热稳定性以及设备的开断能力。

短路点的选择：根据发电厂的电气接线图，确定需要计算短路电流的位置，如发电机出口、母线、变压器高低压侧、厂用变压器出口、厂用电断路器或隔离开关处等。

运行方式的选择考虑发电厂可能出现的各种运行方式,如最大运行方式(所有发电机和线路都投入运行)和最小运行方式(部分发电机或线路停运),一般按最大运行方式计算短路电流的最大值,用于校验电气设备的动稳定性和热稳定性;按最小运行方式计算短路电流的最小值,用于校验继电保护装置的灵敏度。

……

3.2 收集原始数据

(1)发电机参数主要包括发电机的额定容量、额定电压、次暂态电抗等。
(2)变压器参数主要包括额定容量、额定电压、短路电压百分数、绕组连接组别等。
(3)线路参数主要包括线路的长度及单位长度的电阻、电抗和电纳等。
(4)系统参数主要包括发电厂与外部电力系统相连所需的等值电抗、短路容量等。

收集数据时,一次性找完数据很难;查找完主要的数据后就可进行计算,当遇到问题时再来思考,并找出解决问题的办法。数据收集与整理是一个长期的过程,一定要亲自去查阅资料,确保计算数据的真实性,并掌握计算过程,提升运用能力。

……

3.3 绘制等值电路

将发电厂的实际电气接线图进行简化,忽略一些对短路计算影响较小的元件,如熔断器、隔离开关等。确定元件的等值电路时,将发电机用次暂态电抗后的电动势源表示;变压器用其短路电抗表示;线路用其电阻和电抗组成的π型等值电路或T型等值电路表示。根据简化后的接线图和元件的等值阻抗,绘制出以电抗为主要参数的等值电路。

……

3.4 计算各元件的电抗标幺值

选择基准值,通常选择基准容量和基准电压,一般取 100 MV·A 或 1 000 MV·A 等,取各级电压的平均额定电压,如 10.5 kV、37 kV、115 kV 等。通过基准容量和基准电压计算各元件电抗标幺值,即根据元件的实际参数和所选的基准值,计算各元件的电抗标幺值。

……

3.5 网络化简与计算

将绘制的等值电路和计算的各元件电抗标幺值结合后简化等值电路。运用串、并联电抗的计算公式,将等值电路进行化简,最终得到以短路点为中心的最简等值电路。

计算短路电流,根据化简后的等值电路,运用电路基本定律和短路计算公式计算短路电流。对于三相短路,短路电流周期分量的标幺值 $I_{pu}=E_{pu}/X_{pu}$。其中,E_{pu} 为电源电动势标幺值,一般取 1.05 或 1.1;X_{pu} 为从电源到短路点的总电抗标幺值。然后根据短路电流标幺值和基准电流,计算出短路电流的有名值。

化简过程需要配备相关的计算公式,并且带入计算数据,等值电路图要和计算结果对应。

……

3.6 计算短路冲击电流和短路全电流最大有效值

(1)计算短路冲击电流,冲击系数与短路发生的时刻和电路的时间常数有关,一般在 1.8~1.9 之间。
(2)计算短路全电流最大有效值。

(3)计算短路电流的热效应。

(4)确定短路发热时间,短路发热时间 $t_k=t_{pr}+t_{br}$,其中 t_{pr} 为继电保护装置的动作时间,t_{br} 为断路器的全开断时间。

(5)计算短路电流热效应,用于校验电气设备的热稳定性和动稳定性。

(6)计算结果分析主要用于电气设备选择和继电保护整定,并对系统稳定性分析进行评估。

根据短路计算结果,选择合适的电气设备,如断路器、隔离开关、母线、电缆等,确保其在短路时能够承受相应的短路电流和电动力。在后续章节会单独列出设备选择。

根据短路电流的最小值和最大值,整定继电保护装置的动作电流、动作时间等参数,保证继电保护装置能够快速、准确地切除故障。可选用该继电保护整定方案。

短路计算结果还可用于分析发电厂和电力系统在短路故障时的稳定性,为系统的运行和控制提供依据。可以尝试将短路计算结果用于不同的方面,在此可以增加新的小节进行描述。

……

4 主要电气设备选择(题目根据情况自拟)

4.1 发电厂主变压器容量和台数确定以及形式的选择

主要确定发电厂主变压器的容量和台数,以及该主变压器的接线形式。

……

4.2 高压断路器的选择

主要根据短路计算来确定断路器的参数选择、形式选择。

……

4.3 高压隔离开关的选择

主要确定隔离开关的参数选择和形式选择。

……

4.4 电流互感器的选择

主要确定电流互感器的参数选择和形式选择。

……

4.5 电压互感器的选择

主要确定电压互感器的参数选择和形式选择。

……

4.6 限流电抗器的选择

主要确定限流电抗器的参数选择和额定电压选择。

……

4.7 高压绝缘子串和穿墙套管的选择

主要确定高压绝缘子串和穿墙套管的参数选择和形式选择。

……

5 主接线配电装置设计(题目根据情况自拟)

5.1 主接线配电装置设计要求

主接线配电装置主要从节约用地、运行安全、操作巡检方便、检修和安装便捷、节约材料、降低造价等方面来考虑。具体的设计要求可以根据实际情况来考虑。

……

5.2 室外配电装置断面图和平面图

主接线配电装置断面图和平面图,将主接线上的设备和接线方式用断面图和平面图的形式绘制出来,增加现场和设计图纸的联系,更能深刻理解配电装置的布置和运用,加强实际运用能力。断面图的绘制可以使用简化的框架表示,也可以使用更加详细的线条绘制,根据个人绘图能力调整绘图精度,建议使用 Eplan 绘制。

……

5.2.1 主变压器配电装置间隔断面图

将主变压器断面图绘制出来,主要包含主变压器低压侧和高压侧的接线,以及主变压器出口的避雷器、电压互感器、隔离开关等。

……

5.2.2 断路器配电装置间隔断面图

将断路器断面图绘制出来,可以挑选主接线任一断路器来绘制,也可以考虑多绘制几种类型,根据情况来定,主要包含断路器前后的接线,如断路器前后的电压电流互感器、隔离开关、接地刀闸等。

……

5.2.3 隔离开关配电装置间隔断面图

将隔离开关断面图绘制出来,可以挑选主接线任一隔离开关来绘制,也可以考虑多绘制几种类型,根据情况来定,主要包含隔离开关前后的接线,如隔离开关旁边的电压电流互感器、隔离开关接地刀闸等。

……

5.2.4 电流互感器配电装置间隔断面图

将电流互感器断面图绘制出来,可以挑选主接线任一电流互感器来绘制,也可以考虑多绘制几种类型,根据情况来定,主要包含电流互感器前后的接线,如电流互感器旁边的电隔离开关和断路器,以及隔离开关的接地刀闸等。

……

5.2.5 电压互感器配电装置间隔断面图

5.2.6 母线配电装置间隔断面图

将母线断面图绘制出来,可以挑选主接线上进线侧母线或者出线侧母线来绘制,根据情况来定,建议两种情况都绘制,主要包含母线前后的接线,以及母线上的电压互感器、避雷器等。

……

5.2.7 避雷器配电装置布置图

将避雷器断面图绘制出来,可以挑选主接线上进线侧母线或者出线侧母线上的避雷器来绘制,也可以考虑主变压器出口的避雷器,根据情况来定。建议几种情况都绘制,增加对避雷器的运用能力,主要包含避雷器前后的接线及相关设备等。

……

5.2.8 避雷线配电装置布置图

将避雷线断面图绘制出来,可以挑选主接线上进线侧母线到出线侧母线上的避雷线来绘制，也可以考虑主变压器出口到主接线进线侧的避雷线，还可以考虑主接线出线侧母线到输电线路上的避雷线，根据情况来定。建议几种情况都绘制，增加对避雷线的运用能力，主要包含避雷线前后的接线及相关设备等。

……

5.2.9 主接线配电装置断面图

将主接线的接线形式绘制成断面图，将相关设备以及距离标注清楚。

……

5.2.10 主接线配电装置平面图

了解配电装置断面图的布置之后，将该厂的电气主接线从发电机到出线侧相关的高压电气设备及布置方式绘制到平面图上，形成完整的电气主接线配电装置平面图。

……

5.3 本章小结

总结本章相关的工作内容。

6 安全净距及防雷接地设计（题目根据情况自拟）

6.1 安全净距设计

安全净距是指带电设备之间、带电设备与接地部分之间以及带电设备与人员活动区域之间的最小允许距离，用于防止电气击穿和人身伤害，确保设备和人员安全。相间距离是对同一回路不同相的导体之间的最小距离。设备对地距离是设备带电部分与接地部分之间的最小距离。设备间距离是指不同设备带电部分之间的最小距离。

学会查阅相关资料，了解设计的电气主接线及相关设备的安全净距，确保电气运行时的设备安全和人身安全。

……

6.2 防雷接地设计

防雷接地是通过接地装置将雷电流引入大地，保护电力设备和人员免受雷击威胁。常见的避雷设备有避雷针、避雷器、避雷线，将雷电流从接闪器引入接地装置，最终将雷电流引入接地网。接地网主要用于快速疏散雷电流，防止短路电流流入。

……

6.2.1 避雷线的防护

用得最多的避雷线是输电线路最上面的那根细线。了解避雷线的防护面积、夹角、连接避雷线的绝缘子串、接地位置等相关避雷线的工程知识。了解相关避雷线的防护。根据选择的主接线形式，对避雷线的运用加以描述。

……

6.2.2 避雷器的防护

避雷器的主要作用是限制过电压，主要包含雷电过电压防护、操作过电压防护、工频过电压防护。雷电过电压防护主要是吸收雷电流，限制雷电过电压幅值，防止电压过高损坏设备。操作过电压防护主要是抑制开关操作或故障引起的过电压。工频过电压防护主要是在系统异常时限制工频过电压。了解相关设备的避雷器防护，最终确保设备安全。根据选择的主接线形式，对避雷器的运用加以描述。

……

6.2.3 接地防护

接地防护是指将电气设备的金属外壳、配电箱、开关柜、支架或中性点与大地连接,以达到保护人身安全,防止设备绝缘损坏时发生触电事故。了解相关设备的接地防护,可考虑从发电厂主接线的围栏及围栏内部相关设备的接地防护方面进行描述,系统性地了解接地防护的相关理论和用法。

……

6.3 本章小结
总结本章所做的工作内容。

7 总　结

这一部分是对整个研究内容和相关工作的总结。首先叙述本课题设计了哪些部分,采用什么方法,结果怎么样;其次分析该设计的运用或本课题的研究意义等。

5.6 正文完善建议

5.6.1 正文大纲示例

本节以单片机控制设计为例,给出论文大纲,从论文大纲分析存在的问题。现以"基于超声波测距的停车防撞报警系统设计"题目为例,列举正文大纲示例,再结合此大纲提出修改完善意见。

```
1 绪　论
1.1 研究背景与意义
1.2 国内外研究现状
1.3 本文的主要研究内容
1.4 本文的内容安排
2 超声波测距的基本原理
2.1 超声波概述
2.1.1 超声波的基本特性
2.1.2 超声波在超声成像中的作用
2.2 超声波测距的基本方法
2.2.1 渡越时间法
2.2.2 相位法
2.2.3 方法对比与选择
2.3 超声波传感器的选型
2.3.1 超声波传感器的工作原理
2.3.2 超声波传感器的主要性能指标
2.3.3 超声波传感器的选型依据
2.4 本章小结
```

3 系统总体方案设计
3.1 系统功能需求分析
3.1.1 功能需求
3.1.2 性能需求
3.1.3 环境适应性需求
3.2 系统总体框架设计
3.2.1 系统架构设计
3.2.2 模块划分
3.2.3 数据流设计
3.3 硬件模块设计
3.3.1 超声波传感器
3.3.2 控制核心模块
3.3.3 显示与报警模块
3.3.4 电源管理模块
3.4 软件功能设计
3.4.1 主程序流程
3.4.2 测距算法设计
3.4.3 报警功能设计
3.4.4 显示功能设计
3.5 本章小结
4 硬件设计与实现
4.1 核心控制器选型与电路设计
4.2 超声波传感器模块设计
4.3 显示与报警模块设计
4.4 本章小结
5 软件设计与实现
5.1 主程序设计
5.2 测距算法的实现
5.3 显示与报警功能的实现
5.4 本章小结
6 系统测试与结果分析
6.1 功能测试
6.2 性能测试
6.3 测试结果分析
6.4 本章小结
7 总结与展望
7.1 本文工作总结
7.2 未来展望
……

查看论文目录可大致了解文章内容，从以上目录可看出：

（1）论文整体结构基本符合毕业论文要求，且论文所列大纲内容与论文选题基本相符。

（2）第 1 章和第 2 章内容大纲符合正文部分撰写要求，但第 1 章 1.3 主要研究内容和 1.4 本文主要内容明显重复，应该加以整合。

（3）2.1 节目录下只有 2.1.1 一个标题，应该去掉，至少有 2 个标题才进行标号。

（4）第 3 章中的总体方案设计中 3.3 硬件设计和 3.4 软件设计与第 4 章和第 5 章内容重叠，整体思路混乱。

（5）第 4、5 章查看目录可发现设计不足，应将第 3.3、3.4 节内容进行整合完善。

（6）第 6、7 章内容大纲也基本满足要求。

单看目录可知：该论文研究深度适中，结构较合理，但缺乏仿真电路与演示部分，整体结构安排基本满足毕业论文要求。若满分 100 分，看完目录可预打 70 分。继续翻看论文内容：

（1）在"1.3 本文的主要研究内容"里若有较详细的研究思路、研究内容介绍且合理，维持 70 分。

（2）第 3 章系统总体方案设计合理，加到 75 分。

（3）第 4、5 章软件和硬件设计内容安排合理，且有相应的图片做支撑，可加到 80 分。但如果设计内容没有达到预期，且所附图片不符合要求，则会拉低分值。

（4）第 6 章系统测试与结果分析合理可行，且有测试方案和性能测试结果展示与分析，论文分值可到 85 分左右。若只是简单介绍系统的功能和性能测试，对测试结果分析只是一笔带过，也没有实际测试数据和图表作为支撑，则整篇论文可能拿到 70 多一点的分值。因为整篇论文的系统性能测试与结果分析，以及进一步优化措施和改进占据重要位置。

（5）最后得分主要是综合整篇论文的结构以及论文的质量来决定，这里的得分仅是指导老师给出的毕业论文参考分数。每个指导老师评判标准不一样，所以实际分值略有差异。

5.6.2 正文完善建议

结合以上分析，及前面章节中对正文框架的示例，对"基于超声波测距的停车防撞报警系统设计"大纲提出以下完善建议：

（1）若第 1 章和第 2 章结构基本满足要求，需注意在"1.3 本文的主要研究内容"部分提及的研究框架必须与下文研究内容相对应。

（2）第 3、4、5 章关于硬件和软件设计部分有重叠的地方，需根据实际研究情况进行重组调整。可以将这部分相关联的知识点汇总到第 4 章和第 5 章。

（3）第 4 章可以将内容调整为"系统硬件电路设计"，包括硬件电路制作与调试等内容，可介绍硬件电路的制作过程、注意事项和常见问题解决方法等，也可根据研究内容添加所有模块的硬件电路图、所用模块的参数等内容。

（4）第 5 章可以将内容调整为"系统软件程序编写与调试"，包括软件开发环境介绍、软件程序编写、软件程序调试等内容。需按研究情况添加整体控制流程以及各模块控制子流程等内容。

（5）第 6 章增加测试方案设计，也应体现具体的功能验证测试，包括总体电路仿真演示和实物，并要求对测试结果进行详细分析，说明影响系统性能的因素，以及提出进一步优化和改进的措施等。

按照这个研究思路对论文正文部分进行完善，若叙述合理、附图清晰，内容也与前文相对应，一般论文得分会在 80 分及以上。如果创新点合理并附有仿真分析内容及结果分析和改进/优化方案，且有较强的研究意义和应用实践意义，论文得分会到 90 分及以上，基本满足优秀论文评判标准。

第 6 章　大学生毕业论文（设计）管理系统资料提交指南

所有大学生的毕业论文（设计）及其他相关资料都要求上传至"大学生毕业论文（设计）管理系统"，简称"毕设系统"。其目的是提高管理效率，方便学生操作，辅助教师指导，以及提升论文质量等。接下来以西南交通大学希望学院为例，将需要提交至该系统的相关资料以及操作指南进行详细讲解。

6.1　资料准备

6.1.1　需上传至系统的资料

打开"大学生毕业论文（设计）管理系统"页面，登录后，出现如图 6.1（a）所示的操作页面。在"进度提示"栏已基本列出需要提交的资料进度表，提交时可以选择左侧对应的选项上传，也可直接点击首页操作页面下方的"过程文档信息"列表中的"点击提交"上传，如图 6.1（b）所示。

学生需要上传至该系统的资料汇总如下：

① 论文题目：一个准确、具体的题目能够了解论文的核心议题和研究价值。此处论文题目一旦上传并审核通过，后续毕业论文（设计）相关资料凡涉及论文题目的，都以此为准，要求一字不差。

② 开题报告：不仅有助于明确研究方向和问题，提供研究框架和方法，还能评估研究可行性等，从而提高研究的质量和效率。

③ 指导记录：反映学生与指导教师针对毕业论文相关问题的指导凭证，是提高论文质量以及学术诚信的见证。

（a）

第6章 大学生毕业论文（设计）管理系统资料提交指南

（b）

图 6.1 首页操作页面

④ 进展情况记录：在毕业论文（设计）完成过程中，具有组织与管理进度，监督与自我反思，沟通与反馈，记录过程与成果的重要作用。

⑤ 论文初稿：用于论文初稿的上传、审核、修改、定稿，此处经导师审核通过后，不涉及重复率检测。

⑥ 毕业论文（设计）：经过与指导教师多次沟通、修改到最终确认，提交并审核通过后，系统自动查重（首次查重免费）。

⑦ 毕业论文（设计）最终版：此处需同学们在所有论文、图纸以及相关资料都与指导教师确认且准确无误后再上传。需注意：此处上传的论文，将是后期"全国本科毕业论文（设计）抽检信息平台"抽检时查看的论文，因此，需认真对待。此处上传审核后也会自动查重。

⑧ 外文译文和文献综述：提供国际视野，增加权威性和可靠性，拓宽研究思路，揭示研究现状等。

⑨ 评审答辩：可查看答辩资格和答辩成绩。答辩成绩和意见由各组答辩教师录入系统，答辩记录由答辩秘书录入系统。

⑩ 任务书：在毕业设计过程中起到明确任务和要求、规划时间和进度、指导研究方向等作用，此处由指导老师上传至系统。

⑪ 形式审查表：通常由学校统一模板，涵盖格式、内容、学术规范等多方面要求。待答辩资料准备齐全，并经导师确认可参加答辩后，由指导教师提交。

6.1.2 各项资料提交指南

下面将对每一项需要提交的资料进行简单介绍，方便各位同学在完成毕业论文（设计）期间能准确、高效地完成相关准备工作。因为"毕业论文（设计）"和"毕业论文（设计）最终版"这两项的提交比较重要，将在下一小节重点讲解。

1. 论文题目

1）申报题目

毕设系统中，论文题目的确定方式有两种，分别为学生申报题目和学生选题。"学生选题"项需要指导教师上传若干题目，学生从中选择确认题目即可。

另一种选题方式需要学生参照本书"1.1 选题"小节进行自主选择毕业论文（设计）题目，与导师确认最终题目后，上传至毕设系统。如图6.2（a）所示，首先点击左侧任务栏中的"师生双选管理"，选择下方的"学生申报题目"，录入题目，在如图6.2（b）所示的页面中，根据实际情况填写题目信息。

"题目""题目所属专业"根据实际情况填写即可。此处以机械专业模具方向"医用护目镜镜架注塑模具设计"题目为参照，填写相关信息，如图6.2（b）所示。

(a)　　　　　　　　　　　　(b)

图6.2　选题操作页面

2）填写注意事项

题目填写时需要重点强调：如果毕业论文（设计）被省里抽中检查，专家打开审查页面的第一项就是确认毕业论文文档封面的题目是否与毕设系统上提交的题目一致，如果一致则继续往下查看；如果不一致，则需与该同学所在学校确认，学校写明情况说明最终采用的是哪一个题目。如此，论文不通过的机会可能增加，所以，同学们在填写题目准备提交时，需注意以下几点：

①同学们填写的题目一定是与导师沟通确认后的最终题目。

②填写题目时要谨慎操作，特别是后期涉及毕业设计题目的，都要反复确认，做到一字不差。

③历年来，很多同学由于粗心或不在意，题目中"的""地"不分，以及漏写"的"或其他字，希望同学们引以为戒，不要出现类似的错误。

第6章 大学生毕业论文（设计）管理系统资料提交指南

④ 如果发现申报题目有误，请及时与导师联系，请勿采用"不管它"的态度处理。

3）选题分析

毕设系统为所选题目提供了"选题分析"，可以在题目提交之前对预选题目进行分析。系统可以根据提交的题目及关键字信息，结合知网海量的数据库，对选题的价值、研究趋势以及相关的文献进行智能分析推荐。

选题分析应用步骤如下：

① 点击如图6.2（a）所示列表中的"选题分析"。

② 出现如图6.3（a）所示的操作页面，输入对应的题目。

③ 点击空白处任意位置，系统会自动推荐关键词。如果这些关键词符合要求，则依次点击确认；如果不合适，则自行输入即可。

④ 点击"选题分析"，出现"基于知网海量数据库智能分析推荐"，从中可以了解到与该题目相关的研究趋势、相关论文推荐、提纲推荐等信息，如图6.3（b）、（c）所示。同学们可根据实际情况进行参考、下载或应用。

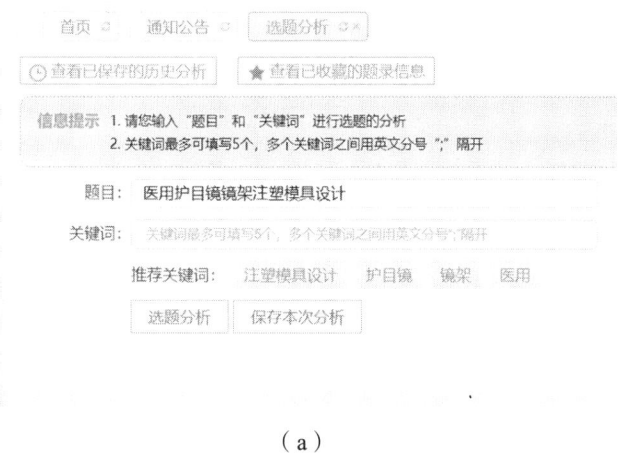

（a）

（b）　　　　　　　　　　（c）

图6.3　选题分析操作页面

2. 开题报告

点击图 6.4（a）所示的过程管理器，选择下方列表中"提交开题报告"，或直接点击图 6.1（b）中"开题报告"后面的"点击提交"，出现如图 6.4（b）所示页面，根据实际情况填写即可，各项内容填写要求可参考本书"1.2 开题"小节。在等待导师审核期间，提交的开题报告内容可以随时修改。

（a） （b）

图 6.4 开题报告操作页面

3. 指导记录和进展情况记录

指导记录和进展情况记录内容主要涉及以下几个方面：

① 指导记录和进展情况记录的上传方法与开题报告提交方法类似，点击对应处即可。

② 指导记录要求不少于 16 次，但不超过 25 次，从开展毕业设计工作开始，每个月不少于 2 次。

③ 进展情况记录不少于 6 次，但不超过 12 次，平均分配到毕业设计准备的每一阶段。

④ 要求指导记录内容填写字数不少于 100 字，进展情况记录内容字数不少于 300 字。

历年来，指导记录和进展情况记录频繁出现以下问题：

① 指导记录和进展情况记录是用于毕业设计（论文）准备期间，准确、客观、真实地反映指导过程和学生论文进展情况。因此，需要按要求的时间，平均到每个月提交，最好与任务书上的每一阶段相对应，尽量不要出现一个月提交好几次的现象。

② 答辩前，对于指导记录和进展情况记录要求每个学生都要完成相应的次数，并要求指导老师审核完毕，否则系统上无法自动生成答辩资格。

③ 没按要求记录教师指导论文的真实情况,以及完成论文的实际进展情况。小部分同学为快速便捷地完成任务,将论文中不相干的内容直接复制到此处提交,这样完全不符合要求,将被返回修改,请同学们认真对待每一次记录的填写。

下面分别对指导记录和进展情况记录的填写要求进行说明。

(1)指导记录。

毕设系统上毕业设计指导记录页面如图 6.5 所示,主要可以分为以下部分:

图 6.5 指导记录操作页面

① 记录基本信息。

指导地点填写实际指导的地方,如办公室、教室或其他地方;指导形式可以是当面、电话、网络(线上会议平台、QQ、微信等)等交流形式;指导时间按照每次指导的具体日期填写,但需要注意的是该时间最好和前面任务书各阶段时间一致。

② 指导内容概述。

指导内容可以根据实际情况填写,一般做如下安排:

第一次指导:讲解毕业论文的撰写流程,推荐学术资源网站,指导如何高效搜集资料。

第二次指导:分析如何快速高效地自拟选题,提供可行性及可写性建议,强调选题的重要性以及选题的技巧。

……

后续指导（如第三次至第 N 次）：

参考文献：定期检查文献查阅进度，筛选参考文献质量，推荐权威期刊，讲解查找文献的注意事项。

论文大纲：强调大纲的重要性，指导如何构思和撰写大纲，指导教师查阅提交的大纲后提出修改建议。

开题报告：介绍开题报告撰写的重要性和主要内容框架，分享优秀开题报告案例，指导教师批阅开题报告初稿后给出修改意见。

论文初稿：审阅初稿，指出内容与主题、思路逻辑等问题，指导修改语句、格式。

论文修改：针对论文陈述、设计计算内容、引用规范、结构调整等问题提出修改建议，并对审阅修改后的论文给出进一步指导。

格式与排版：细致检验论文格式，发现并提出格式、排版问题，要求打印纸质版论文以便更清晰地标注问题。

相关图纸：提出设计出现的问题，以及格式整改、打印要求等。

答辩准备：指导制作答辩 PPT 和自述稿，讲解答辩要求、时间安排等注意事项，根据 PPT 给出修改建议。

论文完善：根据答辩老师意见和指导老师建议对论文/图纸进行最终调整和完善，指导论文装档所需资料和装档要求。

③ 附件。

可选择上传指导记录附件：指导照片、指导记录电子版、教师指导手写稿等。

在撰写时，要确保记录内容准确、客观，能够真实反映指导过程和学生的论文进展情况，同时注意保持记录的条理性和清晰度，方便后续查阅和总结。下面是"指导内容"部分的示例：

例：经查阅大量参考文献，选择两个与自身专业方向相关的题目作为毕业设计初选题目，即土压平衡盾构机刀盘设计、16 t 起重机设计。经过与指导老师的沟通，因第二个题目需设计的零部件太多，很难保质保量完成，所以选择第一个题目。但仍需对其进行优化，根据指导教师建议，题目若能加上设备的型号和创新部分会更完善，因此，参考相关文献资料后，综合考虑将题目确定为"$\phi 6\ m$ 土压平衡盾构机刀盘的改进设计"。最后，指导老师对近两周的毕业设计工作做了详细安排。

（2）进展情况记录。

进展情况记录共有两部分内容，一部分是记录时间，要求与任务书中的各时间段对应；另一部分是进展情况记录内容，一般包括以下几个方面：

① 进展情况概述。

当前阶段：明确当前所处毕业设计阶段，如选题确定、资料搜集、系统/结构设计、图形绘制、仿真分析、论文撰写等。

已完成工作：详细列出已完成的具体任务或工作，如完成了文献综述的撰写、系统/结构设计的初步方案、实验/仿真数据的收集与分析等。

遇到的问题：记录进行毕业设计过程中遇到的主要问题或难点，如理论理解困难、实验/仿真数据不准确、系统/结构设计瓶颈等。

② 下一步计划。

即将开展的工作：列出接下来计划进行的具体任务或工作，如继续完善系统/结构设计、图形的绘制、仿真模型建立、撰写论文的某个章节等。

预期目标：明确下一步工作的预期目标或成果，如完成系统/结构设计的最终方案、获得准确的实验/仿真数据、完成论文初稿等。

③ 资源与支持。

所需资源：列出完成下一步工作所需的资源，如文献资料、实验设备、软件工具等。

寻求支持：如有需要，说明在接下来的工作中可能需要哪些方面的支持或帮助，如指导老师的指导、同学间的协作、实验室的开放等。

④ 备注。

用于记录其他需要说明的事项或特殊情况，如临时调整的工作计划、遇到的意外情况等。

在撰写时，要确保记录内容真实、准确，能够反映毕业设计的实际进展情况。每次记录都应简洁明了，避免冗长和重复的内容。随着毕业设计的进行，应及时更新记录，以反映最新的进展情况。下面以"$\phi 6$ m 土压平衡盾构机刀盘的改进设计"题目为例，其某一阶段的进展情况记录示例如下：

例：

（1）当前阶段。

完成了国内外关于土压平衡盾构机设备的相关文献资料的收集和阅读，总结了当前盾构机及刀盘结构的类型及优缺点。初步确定了刀盘的改进方案，并与指导老师讨论了以此作为毕业设计题目的需求和目标，明确了优化的重点方向。根据讨论结果，制订了详细的设计计划和时间表。

（2）遇到的问题及解决方案。

在文献资料调研过程中，发现对该设备部分结构及功用理解较困难。已通过查阅相关资料和向导师请教，逐步解决了这些问题。

（3）下一步计划。

根据相关文献资料的收集和阅读，已掌握该设备的国内外发展现状及研究背景、工作原理、组成结构等信息。接下来将完成开题报告以及论文基本框架结构，并提前学习掌握用于机械设计的 CAD 软件、SolidWorks 软件的使用方法。

（4）资源与支持。

需要开放知网下载权限，安装需要的软件工具，同时也需要导师的指导和监督。

4. 提交论文初稿

毕业论文完成后，提交初稿，点击如图 6.1（b）所示对应提交按钮上传即可。此处不检测论文重复率，可以根据导师指导要求，多次提交、修改、上传、审核、确认。论文初稿的上传时间一般在第八学期开学前后，请同学们提前认真准备。

5. 评审答辩

答辩所需的各项纸质材料，包括答辩记录表、答辩评分表以及总成绩评定表等相关资料，答辩前都可自行在毕设系统上下载打印。

6.2 知网重复率检查操作指南

1. 提交毕业论文（设计）

上传论文初稿后，经审核、修改、定稿后，再提交至"提交毕业论文（设计）"，此处上传毕业论文需注意以下问题：

（1）提交前，毕业论文（设计）的内容、格式、图纸等各项相关资料，都是与导师确认后且合格，才建议上传。

（2）一旦提交后，经导师审核通过，系统就开始自动查重。

（3）如果在导师审核之前发现问题，可以让其返回修改，不涉及查重。

（4）该系统此部分首次查重免费（各个院校略有差异），如果不合格，需要自费再检测，直到满足毕业设计查重要求为止。

（5）因临近答辩，自费查重的学生可能较多，再次查重交费到可以重新查重的周期为 1～2 天。所以，建议同学们先交费，再修改论文。

如果论文检查无误后确认上传，点击如图 6.1（b）所示对应的按钮提交，出现如图 6.6 所示操作页面。其中，关键词的填写需注意：

图 6.6 提交毕业论文（设计）操作页面

① 因"关键词"在教育部抽检中，占据重要一项，所以后期但凡涉及"关键词"填写的地方，都要认真对待。

② 填写时，需与论文中"关键词"处的内容、顺序一模一样，并要求以"；"间隔。

③ 如果从论文中直接复制，请不要将"关键词"三个字复制进去。

④ 如果在后期修改了"关键词"的内容，请重新修改毕设系统网上对应处。

"创新点""中文摘要""英文摘要"等其他内容请按实际情况填写，在"上传论文（待检测）"处，按要求上传定稿后的论文即可。千万不要将其他附件资料上传至此处，否则导师通过后，会浪费一次查重机会。其他附件资料请上传至"上传论文以外其他附件"，此处不涉及查重。

2. 重复率要求

提交毕业论文并审核通过后，系统会自动查重，查重后的结果会在页面显示，如图 6.7 所示。要求答辩前的论文检测重复率不高于 20%，也就是图中显示的"去除本人文献复制比"项，此处为 11.3%符合要求。同时，也需要校内校检率不高于 30%（团队论文不高于 50%），此处为 1.4%符合要求。只有两者同时满足，系统才会生成答辩资格（各院校重复率要求各有不同，以实际为准）。

如果其中有一项不满足重复率要求，则需修改后重新提交查重，以此类推，直到满足上述重复率要求为止。这里需要提醒：其他检测机构的重复率检测结果不可作为毕业论文重复率检测标准，只有该毕设系统网站上查重达到毕业重复率规定标准，即如图 6.7 所示，才会生成答辩资格。

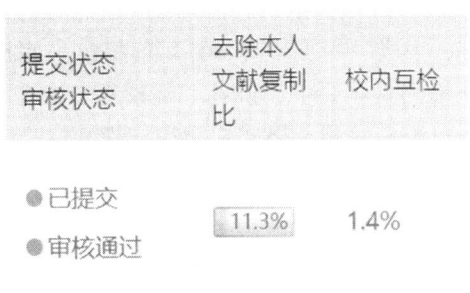

图 6.7　重复率显示页面

3. 提交毕业论文（设计）最终版

答辩后，根据答辩老师提出的修改意见，再次对论文进行完善。修改完成以后，将毕业论文（设计）终稿上传至如图 6.1（b）所示"毕业论文（设计）最终版"提交处，如果显示的是没有上传权限，请点击该系统首页查看相关操作流程并进行缴费后再上传，经导师审核通过后，系统将会自动查重。如果重复率满足要求，如图 6.7 所示，则可在此处下载论文打印装订存档，确保抽检论文的一致性。如果重复率不满足要求，则继续提交查重，直到重复率满足要求为止。此处最终版毕业设计（论文）上传需注意以下几个问题：

① "毕业论文（设计）最终版"是答辩完后，经修改定稿且确认无误后再上传的，请同学们在提交时注意选择，不要将"毕业论文（设计）"和"毕业论文（设计）最终版"相混淆。

② 在上传毕业论文（设计）最终版时，请将以下几部分打包上传：毕业论文最终稿 word 格式和 pdf 格式；各零部件和装配图纸 dwg 格式和 pdf 格式（有 CAD 图纸要求的）。

③ 因纸质存档和教育部抽查都是从此处下载，所以，请同学们认真对待，切勿为了减少重复率而删除论文某一部分，导致最后抽查论文与毕设系统上不相符。

④ 学生提交最终版论文包括论文封面、原创性声明、使用授权的声明。

6.3 维普 AIGC 检测及格式检测操作指南

随着人工智能技术的发展，AIGC 在各个领域得到广泛应用，但同时也带来了学术不端、版权归属等诸多问题。为了维护学术诚信和内容的真实性，维普开发了这一检测功能。维普 AIGC 检测是维普资讯针对人工智能生成内容（AIGC）推出的一项检测服务，旨在帮助用户识别和判断文本是否由人工智能生成。维普 AIGC 检测具有多方面的重要作用，主要体现在维护学术规范、保障内容质量、保护知识产权等方面。

在学术研究中，确保研究成果的真实性和原创性至关重要。维普 AIGC 检测能够识别出可能由人工智能生成的文本内容，防止学生、科研人员等在撰写论文、报告等学术成果时，通过不正当手段使用 AIGC 来拼凑或替代自己的研究工作，从而维护学术领域的诚信环境。其检测流程包括以下三个方面：

① 提交检测：用户登录维普相关平台，上传需要检测的文本内容，或者直接粘贴文本到指定区域。

② 系统分析：平台运用上述检测原理和技术对提交的文本进行处理和分析。

③ 结果反馈：检测完成后，系统会给出检测结果，通常以相似度得分或明确的结论（如"疑似 AIGC 生成""非 AIGC 生成"等）呈现，并可能提供一些相关的分析说明。

维普 AIGC 检测及格式检测具体要求，以各个院校通知为准。下面以西南交通大学希望学院为例，来举例说明维普 AIGC 检测及格式检测操作指南。

第一步：打开相关链接"https://vims.fanyu.com/"，选择对应学校并登录，如图 6.8 所示。登录账号和初次登录密码以各院校通知为准。

图 6.8　维普 AIGC 检测登录界面

第6章 大学生毕业论文（设计）管理系统资料提交指南

第二步：登录后，进入检测界面，如图 6.9 所示。点击左侧菜单栏"AIGC 检测"，选择"AIGC 论文提交"上传论文进行检测，AIGC 检测支持 word 文档、pdf 文档，请注意提交文件的格式。上传完成之后点击"下一步"，在弹出的界面最下方点击"立即检测"。

注：格式检测提交与 AIGC 检测提交步骤一致，找到格式检测菜单栏上传检测即可。

（a）

（b）

（c）

图 6.9 维普 AIGC 检测上传界面

第三步：检测完成后点击 AIGC 报告和格式检测报告查看检测情况，如图 6.10 所示。

图 6.10 维普 AIGC 检测报告查看界面

如需提前自检，可登录链接"https://vpcs.fanyu.com/personal/swjtuhc"，账号通过手机号注册，自愿付费检测，如图 6.11 所示。

第 6 章 大学生毕业论文（设计）管理系统资料提交指南

图 6.11 自费检测登录界面

登录之后，在弹出的页面选择大学生版，点击"立即使用"上传论文，支持上传 word 文档、pdf 文档，上传之后点击"下一步"，如图 6.12 所示。根据个人情况选择需要检测的内容，付费完成之后在个人中心点击"检测报告"查看对应检测结果，如有疑问点击页面右中部"在线客服"进行咨询。

（a）

（b）

（c）

图 6.12　自费检测操作界面

6.4　电子签名与抽检相关信息

1. 电子签名

因纸质论文存档需要从最终版模块下载打印，所以，要求下载下来的论文以及要求打印存档的其他纸质资料，有签字的地方都需完成电子签名。因此，需要各位同学及指导教师在毕设系统上，上传自己的手写签名。这样后期在毕设系统网页上下载的相关资料有要求签名的地方，就会自动生成。这里要求每位同学都要上传自己的电子签名到该系统，具体操作步骤如下：

① 选一张书写最好的手写签名，拍照上传到计算机，可以用相关的软件将其背景变成白色。

② 然后选择毕设系统右上方头像处，出现如图6.13（a）所示列表。

③ 点击"个人信息维护"，出现如图6.13（b）所示操作页面。

④ 选中"电子签名"中的"启用"选项。

⑤ 点击"上传电子签名"，在出现的页面中选择文件上传图片。

⑥ 根据情况可调整图片大小，最后点击"确定"即可。

（a）　　　　　　　　　　（b）

图6.13　电子签名上传

2. 抽检相关信息

（1）抽检要求。

大学生毕业论文（设计）教育厅抽查是保障高等教育质量的重要环节，关乎学校声誉和学生个人学业成果。现参考2024年"四川省教育厅关于印发《四川省本科毕业论文（设计）抽检实施细则》的通知"，有关四川省本科毕业论文（设计）抽检评议要素如表6.1所示，评议采用百分制评分，根据总分确定"优秀"（90≤优秀<100）、"良好"（75≤良好<90）、"一般"（60≤一般<75）、"不合格"（<60）四个等级。

表6.1 四川省本科毕业论文（设计）抽检评议要素

一级指标	二级指标	评议要素
选题意义（10）	选题目的（5）	符合专业培养目标，体现综合训练基本要求
	研究意义（5）	面向所在专业领域学术问题或行业社会实际问题，有一定的理论意义或实用价值
写作安排（15）	文献调研（10）	综合分析国内外文献，追踪本领域研究现状或行业动态，能支撑该论文（设计）的选题
	进度安排（5）	时间进度安排合理，工作量饱满，写作形式符合专业特点和选题需要
逻辑构建（20）	层次体系（10）	体系完整，层次分明，重点突出
	逻辑结构（10）	论点鲜明，论据确凿，论证充分，达到所在专业领域要求
专业能力（35）	综合应用知识能力（10）	将相关领域的基础理论、专业知识合理应用到研究过程，能体现所在专业领域的能力和素养
	分析解决问题能力（15）	研究方法合理，论证分析严谨，数据记录规范，能体现一定的分析解决本专业领域问题的能力和素养
	创新能力（10）	阐明了新观点，或将经典理论创新性应用，或阐释了对实践的指导意义
学术规范（20）	行文规范（10）	文字表达、书写格式、图表（图纸）、公式符号、缩略词等方面符合通行学术规范
	引用规范（10）	在资料引证、参考文献等方面符合通行学术规范和知识产权相关规定

如果毕业设计（论文）被抽中，那么，将被送至3位同行专家进行评议，3位专家中有2位及以上（含2位）专家评议意见为"不合格"的毕业论文，将认定为"存在问题毕业论文"。3位专家中有1位专家评议意见为"不合格"，将再送2位同行专家进行复评。2位复评专家中有1位以上（含1位）专家评议意见为"不合格"，将认定为"存在问题毕业论文"。请同学们在准备毕业（设计）论文期间参照以上各项抽检评议要素认真对待，有目标地准备论文相关部分。

（2）抽检注意事项。

毕业论文（设计）答辩完后，经修改定稿且与导师沟通确认无误后，再上传至毕设系统"毕业论文（设计）最终版"处，在上传之前请确认以下几点与抽检相关事项：

① 满足表6.1中的各抽检评议要素。

② 论文封面以及正文中凡涉及论文题目的，必须与上传至毕设系统中"学生申报题目"处一致，要求必须做到一字不差，不能有错别字，如"的""地"不分，也不能多字少字，如多写或漏写"的"字。

③ 论文中"关键词"在上传至"毕业论文（设计）最终版"处时，必须与论文终稿中的相同，包括顺序、词数、使用分号间隔等要求，保证抽检信息的一致性。如果是直接从正文中复制到毕设系统对应处，请不要将"关键词"三个字复制上去。

④ 关键词的选取不能直接用分号将题目划分后，就此作为关键词填报至系统。

⑤ 学生申报题目时的基本信息请准确填写，如果有不清楚的地方，请及时咨询导师。

⑥ 请同学们仔细斟酌正文中的专业术语，不能出现错别字或含糊不清的情况。

⑦ 请同学们认真核对论文封面及毕设系统上有关的基本信息，特别是所学专业、指导教师姓名、年份等。

第 7 章 毕业论文（设计）资料归档要求

7.1 归档资料要求

为确保毕业论文（设计）的资料整理、存档及后续查阅的规范性与系统性，下面以西南交通大学希望学院为例，对毕业设计（论文）资料归档的相关要求进行说明。通过合理的归档管理，提高资料利用效率，保障学术诚信。

7.1.1 资料归档要求

1. 归档资料类别

每个学生需要将所有毕业论文（设计）相关资料归纳整理到一个文件袋（一般有统一的要求），文件袋应粘贴目录，展示文件袋中具体文件、数量、排序等。文件袋中的资料包括以下几部分：毕业论文（设计）成果纸质档（有图纸要求的专业，需附上图纸），过程管理手册纸质档，毕业论文（设计）成果和过程管理手册电子档（U 盘），以上三部分各一式一份。

2. 归档资料具体要求

1）文件命名

为实现高效检索与管理，所有归档文件要求采用统一的命名格式："学号-姓名-论文题目"。对于存在多个版本或不同类型的文件，可在命名后添加清晰的标识，如 "学号-姓名-论文题目-论文终稿""学号-姓名-论文题目-过程管理手册" 等，进一步明确文件的性质与用途。

2）资料整理

当归档资料较多时，可分类整理，即按归档内容分类整理，确保文档齐全、清晰。可通过标注序号的方式，将附在论文后面的材料标明序号和标题。

3）电子版与纸质版

电子版：存储于 U 盘中的电子版文件应确保格式兼容，常见格式如 pdf、word 等。若涉及特殊格式文件，如特定设计软件生成的文件，需同时在 U 盘中保存相应的格式说明或转换工具，以保障文件的正常查看与使用。为防止数据丢失，建议学生对 U 盘中的文件进行备份。

需将毕业论文（设计）成果和过程管理手册所有资料电子档存入 U 盘中，一式一份。建议使用容量 ≥32 GB 的 U 盘，按以下目录要求新建文件夹存放文件：

① 学号-姓名-论文题目-过程管理手册：放入内容参照表 7.2，无电子版请拍照转换成 pdf 格式存放。

② 学号-姓名-论文题目-论文终稿：包括 word 版和 pdf 版。

③ 学号-姓名-论文题目-毕业设计图纸：包括各零部件和装配图纸 dwg 格式和 pdf 格式文件。

④ 学号-姓名-论文题目-查重报告：可以将最终查重报告详细版以及报告结论等内容存入。

⑤ 学号-姓名-论文题目-其他材料：比较大的附录内容、毕业论文相关的研究报告以及三维图纸等内容。

纸质版：严格按照学校规定的格式进行打印，确保排版规范、装订整齐。打印前，学生务必仔细核对字体、字号、行距、页边距等排版要素是否符合要求。装订时，注意页面顺序正确，避免错页、漏页现象，可选择专业装订工具或前往指定装订点进行装订。

4）归档时间

所有资料需在答辩结束后的一周内完成整理，装入文件袋中并由指导老师收齐提交至教学系部。如遇特殊情况无法按时提交，学生应提前向系部提交书面申请，详细说明原因及预计提交时间，经批准后方可延期。

7.1.2 毕业论文（设计）资料装订要求

（1）毕业论文（设计）成果纸质档提交要求。

毕业论文（设计）成果纸质档，胶装，一式一份，装订顺序如表 7.1 所示。

表 7.1 毕业论文（设计）成果纸质档胶装顺序表

序号	内容	说明
1	封面	单面打印，按照各院校提供的统一样式封面，内容与首页相同，硬壳
2	首页	单面打印，无页码
3	原创性声明	单面打印，无页码
4	关于使用授权声明	单面打印，无页码
5	中文摘要	单面打印，罗马数字页码，如Ⅰ、Ⅱ、Ⅲ…
6	英文摘要	单面打印，罗马数字页码，如Ⅰ、Ⅱ、Ⅲ…
7	目录	双面打印，罗马数字页码，如Ⅰ、Ⅱ、Ⅲ…
8	正文	双面打印，阿拉伯数字页码，如 1、2、3…
9	参考文献	双面打印，阿拉伯数字页码
10	附录一：××× 附录二：××× ……	双面打印，阿拉伯数字页码
11	致谢	双面打印，阿拉伯数字页码

毕业论文（设计）成果纸质档提交要求如下：

① 按照要求，成果形式可以为学术论文、专业设计、实践报告、创作作品等多种文本形式。

② 对于实物作品，应全方位扫描成照片在设计方案中进行展示。有条件的应对实物作品录制视频，存放于 U 盘或刻录光盘中，实物作品交系部存档。

③ 图纸除在正文中作为插图引用存在，全格式图纸应作为附录。图纸可单独胶装成册，具体按照国家图纸装订有关规定进行，一起装入文件袋中。装订成册的图纸应编制目录和页码，方便查阅，同时在图纸上清晰标注图名、图号、比例等信息。

④ 对于独立性比较强、页面较多的正文支撑材料，应以附录形式存在。页面特别多的附录可单独胶装成册，一起装入文件袋中。

⑤ 成果正文除附录外，一般不分册。

（2）过程管理手册纸质档提交要求。

毕业论文（设计）过程管理手册纸质档，与成果纸质档类似，需胶装，一式一份，装订顺序如表 7.2 所示。

表 7.2 过程管理手册纸质档胶装顺序表

序号	内容	说明
1	封面	单面打印，按照各院校提供的统一样式封面，内容与首页相同，硬壳
2	首页	单面打印，无页码
3	说明	单面打印，无页码
4	任务书	单面打印，无页码
5	开题报告	单面打印，无页码
6	进展情况记录	单面打印，无页码
7	指导记录	单面打印，无页码
8	检查记录	单面打印，无页码
9	形式审查表	单面打印，无页码
10	相似性检测报告	单面打印，无页码，提供报告结论，细节不提供
11	指导教师评价表	单面打印，无页码
12	评阅教师评价表	单面打印，无页码
13	答辩记录表	单面打印，无页码
14	答辩评分表	单面打印，无页码
15	总成绩评定表	单面打印，无页码

（3）文件袋封面目录要求。

为了便于查阅文件袋内的资料，需要在文件袋正面粘贴文件归档资料清单，其目录内容如表 7.3 所示。在粘贴时有以下要求：

① A4 纸，共 1 页，文件袋面上贴 1 份，袋内单独放置 1 份，共 2 份。

② 文件目录封面字体、字号统一，排版整齐美观，内容清晰准确，包含学生基本信息、论文题目、资料目录等。具体内容参见表 7.3。

③ 最后提交文件袋时，要求封面上所有相关信息已准确填写完成。

表 7.3 毕业论文（设计）归档资料清单

姓名		学号	
年级		系部	
专业		选题编号	
论文（设计）题目			
指导教师			
资料目录			
1. 毕业论文（设计）成果纸质档		一式一份，共 ×× 页	
2. 过程管理手册纸质档		一式一份，共 ×× 页	
（1）任务书		一式一份，共 ×× 页	
（2）开题报告		一式一份，共 ×× 页	
（3）进展情况记录		一式一份，共 ×× 页	
（4）指导记录		一式一份，共 ×× 页	
（5）检查记录		一式一份，共 ×× 页	
（6）形式审查表		一式一份，共 ×× 页	
（7）相似性检测报告		一式一份，共 ×× 页	
（8）指导教师评价表		一式一份，共 ×× 页	
（9）评阅教师评价表		一式一份，共 ×× 页	
（10）答辩记录表		一式一份，共 ×× 页	
（11）答辩评分表		一式一份，共 ×× 页	
（12）总成绩评定表		一式一份，共 ×× 页	

归档时间：20　 年　月　日

7.1.3 其他具体要求

（1）论文正文。

最终提交归档的毕业论文正文部分有以下要求：

① 论文正文需经过多次修改完善，符合内容质量高、语言表达准确、结构逻辑严谨等要求。

② 提交归档前，学生应仔细检查论文内容，避免错别字、语病等问题。

③ 格式要求：严格遵循学校规定的论文格式规范。符合学校明确的字体、字号、行距、页边距、段落格式、图表格式、参考文献格式等具体要求。

④ 最后打印装订的毕业论文正文要求必须与上传至"大学生毕业论文（设计）管理系统"中"毕业论文（设计）最终版"处的一致。

⑤ 论文正文部分包含：封面、摘要、目录、正文、参考文献等部分。
⑥ 论文正文部分有需要手写签名及其他要求填写的部分，请认真准确填写完成。
（2）附录材料。
需要装入文件袋的附录资料主要有以下几部分：
① 如果有设计图纸要求的专业，需放入最终版的二维图纸。要求设计图纸填写完整图名、图号、比例、设计单位、设计人、日期等信息，确保完整性与规范性。复杂图纸添加图纸说明，解释设计思路与关键技术要点。
② 实验数据：原始实验数据、计算结果、图表等应真实可靠。
③ 程序代码：如有涉及编程，需附上完整的源代码及说明。
（3）其他相关材料。
与毕业论文相关的研究报告或其他论文。若学生在研究过程中撰写了相关研究报告或发表了其他论文，一并归档，作为论文研究的补充与支撑，展示学生的研究能力和成果。

7.1.4 常见问题

下面对历年资料归档过程中，频繁出现的问题进行汇总：
① 毕业论文何时可以装订？
打印毕业论文首先需要答辩通过，且基于答辩老师以及指导老师指出的所有建议进行完善，并保证论文/图纸的格式、内容、结构等都没有任何问题后，可向指导老师申请打印装订。
② 如果装订前发现毕业论文有小问题，但论文已提交至"毕业论文（设计）最终版"且已通过，怎么办？
重新缴纳查重费用，再次将完善后的论文上传至"毕业论文（设计）最终版"处。
③ 最后装订的论文必须与提交至"毕业论文（设计）最终版"处的一致吗？
是，审核成功后，根据提示下载论文打印装订，确保抽检论文的一致性。
④ 最终版论文中的"关键词"内容在提交至"毕业论文（设计）最终版"后修改过，有没有影响？
如果是直接在此处下载打印，对论文终稿装订无影响。但一定要保证"毕业论文（设计）最终版"处填写的"关键词"内容与选题分析处或其他涉及"关键词"内容的地方都一致。否则在教育部抽检时，论文关键词就会出现不一致的现象。如果发生此类现象，请联系指导老师解决。
⑤ 毕业论文和过程管理手册纸质档中涉及签名、日期、成绩以及评语等地方，是否必须填写完整才能装订？
是，请同学们提交前检查清楚，每个需要填写的地方都必须按要求填写完整再装订。
⑥ 是否可以彩色打印？
建议黑白打印，但论文中有需要通过彩色打印来区分的内容，可以打印后一起装订。
⑦ "毕业论文（设计）最终版"附件需要上传哪些内容？
A. 论文终稿：包括 word 版和 pdf 版。
B. 查重报告：最终查重报告详细版以及报告结论。
C. 毕业设计有图纸要求的：包括各零部件和装配图纸 dwg 格式和 pdf 格式文件。

⑧ 过程管理手册中的相关资料，在哪里获取？

在"大学生毕业论文（设计）管理系统"中相应位置下载即可，有部分文件需要答辩完且导师们写好评语、分数后再下载打印，如指导教师评价表、指导记录、开题报告等。

⑨ 若 U 盘损坏或文件丢失，如何处理？

学生需在归档前备份至云盘或刻录光盘，并与指导老师确认应急流程。

⑩ 所有材料归档且已拿到毕业证和学位证后，是否可以删除计算机中存储的毕业论文（设计）相关资料？

建议同学们保存 2~3 年，后期可能涉及教育部抽查事项。

⑪ 若终稿已上传，发现相关基本信息有一点小错误，有没有影响？

有，请同学们认真核对毕业论文（设计）相关内容，包括图纸、论文中的专业术语、所学专业、指导教师姓名、题目、关键词等信息都与实际相符且应与填写在"毕设系统"中的一致。特别是毕业论文（设计）题目、关键词、所学专业等相关信息，一定再三核对仔细再上传。

7.2 图纸折叠要求

毕业论文（设计）有图纸要求的专业，图纸也需放入文件袋中归档存储，只是图纸的折叠方法需要进行规范。图 7.1 为不同幅面大小及尺寸对比示意，下面对不同幅面图纸的折叠操作方法和基本要求进行简单讲解。

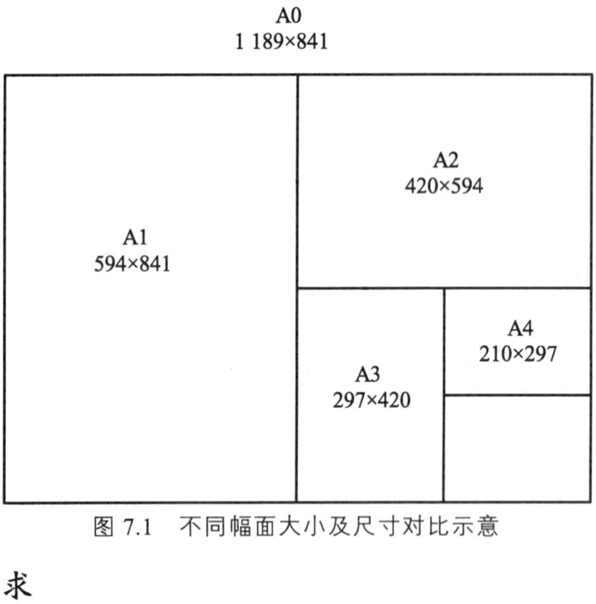

图 7.1 不同幅面大小及尺寸对比示意

7.2.1 基本要求

放入文件袋中的图纸可以不装订，但需满足折叠要求，主要包括以下几个方面：

① 要求图纸表面干净、平整、无褶皱损坏，并选择一平坦的工作台进行折叠操作。

② 确保每次折叠都整齐，避免出现偏差，可以使用工具辅助折叠，以保证最终折叠出的图纸尺寸准确。

③ 折叠后的图纸幅面一般应有 A4（210 mm×297 mm）或 A3（297 mm×420 mm）的规格。对于需装订成册又无装订边的图纸，折叠后的尺寸可以是 A4（190 mm×297 mm）或 A3（297 mm×400 mm）。

④ 无论采用何种折叠方法，折叠后图纸上的标题栏均应露在外面。
⑤ 折叠图纸应选取一种规定的折叠方法，同一批次图纸应保持折叠方法一致。

7.2.2　图纸折叠的基本操作方法

下面参照《技术制图　复制图的折叠方法》（GB/T 10609.3—2009），首先对有装订边图纸的折叠方法进行操作示例：

（1）A0图纸折叠成A4格式。

按如图7.2中数字顺序和尺寸折叠。折完后图号在上，有装订边。

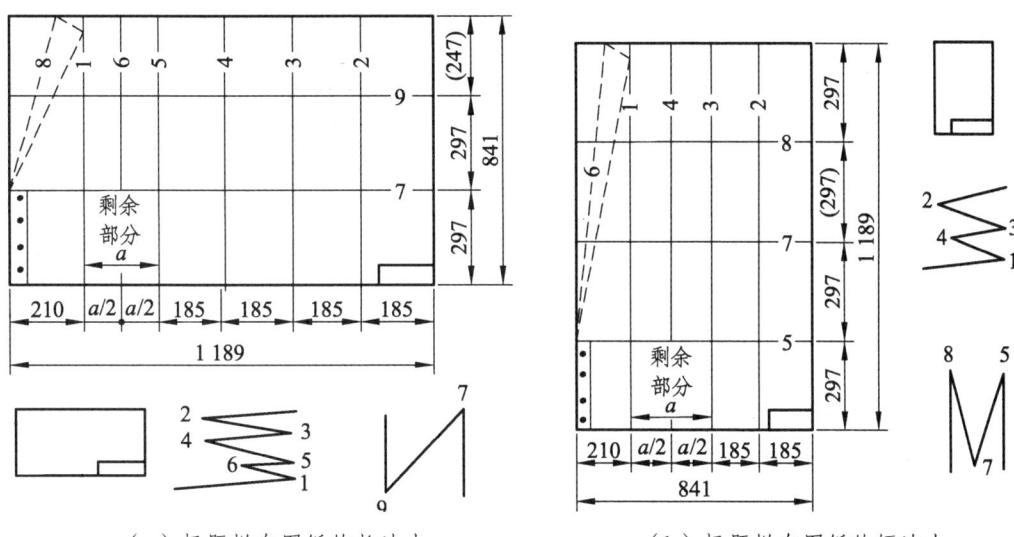

（a）标题栏在图纸的长边上　　　　　（b）标题栏在图纸的短边上

图7.2　A0图纸折叠成A4格式方法示意

（2）A1图纸折叠成A4格式。

A1图纸折叠成A4格式的操作方法如图7.3所示，注意折叠顺序和尺寸。

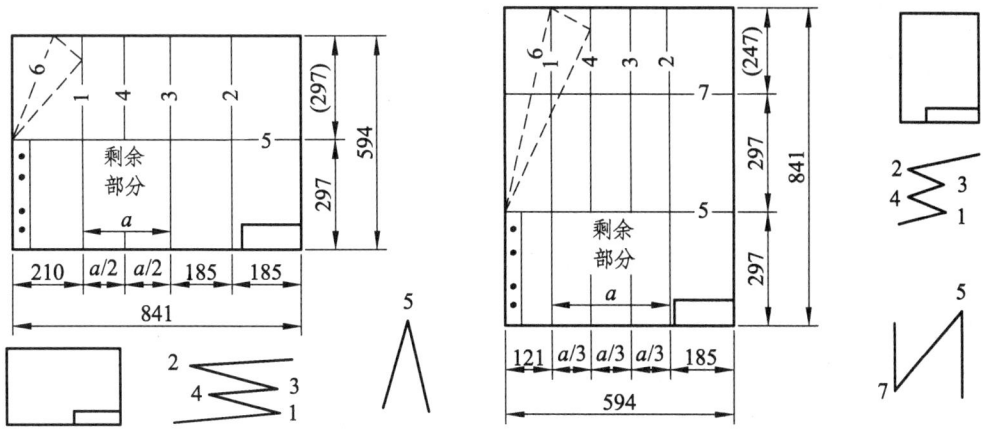

（a）标题栏在图纸的长边上　　　　　（b）标题栏在图纸的短边上

图7.3　A1图纸折叠成A4格式方法示意

（3）A2 图纸折叠成 A4 格式。

A2 图纸折叠成 A4 格式的操作方法如图 7.4 所示。

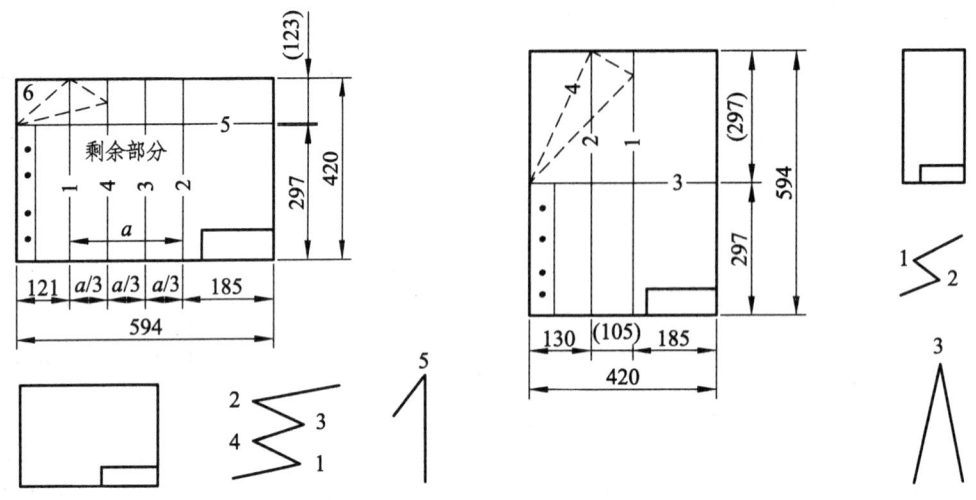

（a）标题栏在图纸的长边上　　　　　　（b）标题栏在图纸的短边上

图 7.4　A2 图纸折叠成 A4 格式方法示意

（4）A3 图纸折叠成 A4 格式。

A3 图纸折叠成 A4 格式的操作方法如图 7.5 所示。

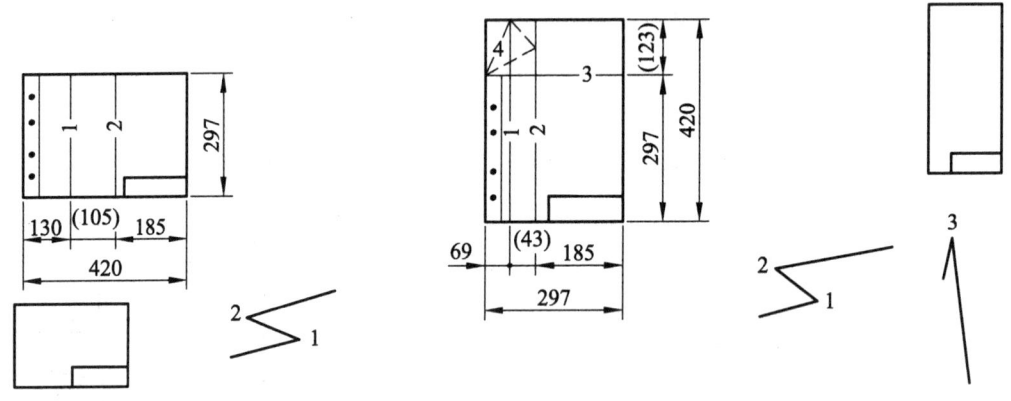

（a）标题栏在图纸的长边上　　　　　　（b）标题栏在图纸的短边上

图 7.5　A3 图纸折叠成 A4 格式方法示意

无装订边的图纸折起来要简单一些，接下来对其折叠方法进行操作示例：

（1）A0 图纸折叠成 A4 格式。

图纸无装订边，按图 7.6 中的顺序和尺寸折完后，图号在上。

（2）A1 图纸折叠成 A4 格式。

A1 图纸折叠成 A4 格式的方法如图 7.7 所示，注意折叠顺序和尺寸。

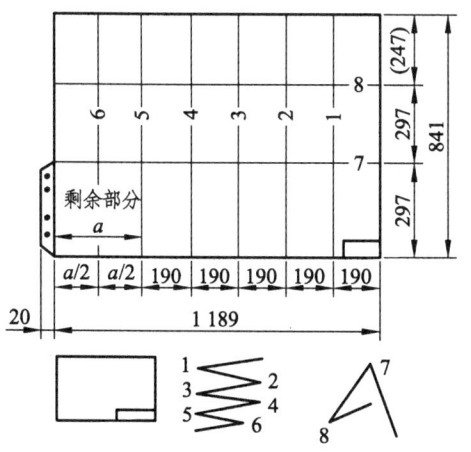
(a）标题栏在图纸的长边上

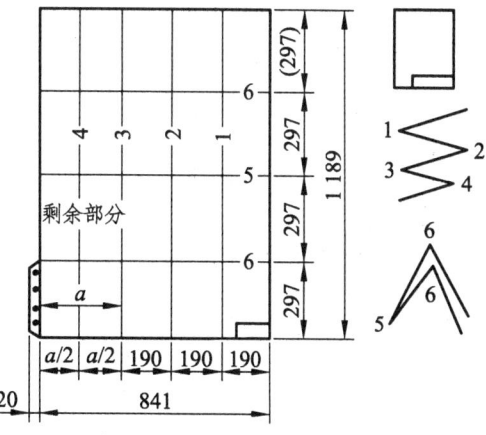
(b）标题栏在图纸的短边上

图 7.6　A0 图纸折叠成 A4 格式方法示意（无装订边）

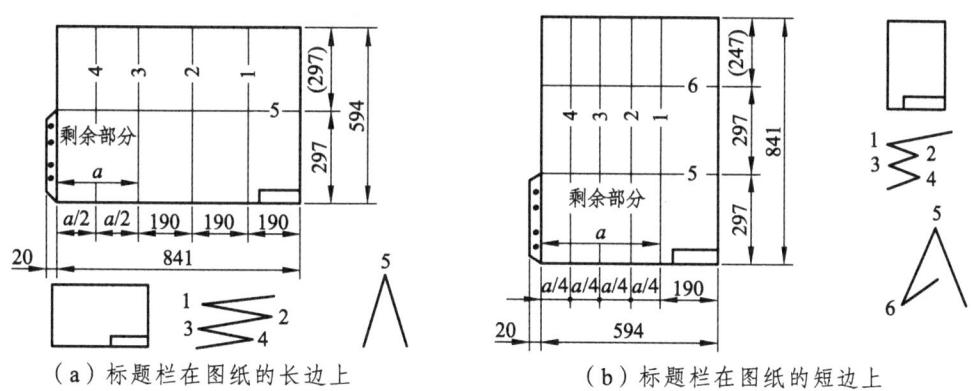

(a）标题栏在图纸的长边上　　　　　　（b）标题栏在图纸的短边上

图 7.7　A1 图纸折叠成 A4 格式方法示意（无装订边）

（3）A2 图纸折叠成 A4 格式。

A2 图纸折叠成 A4 格式的操作方法如图 7.8 所示。

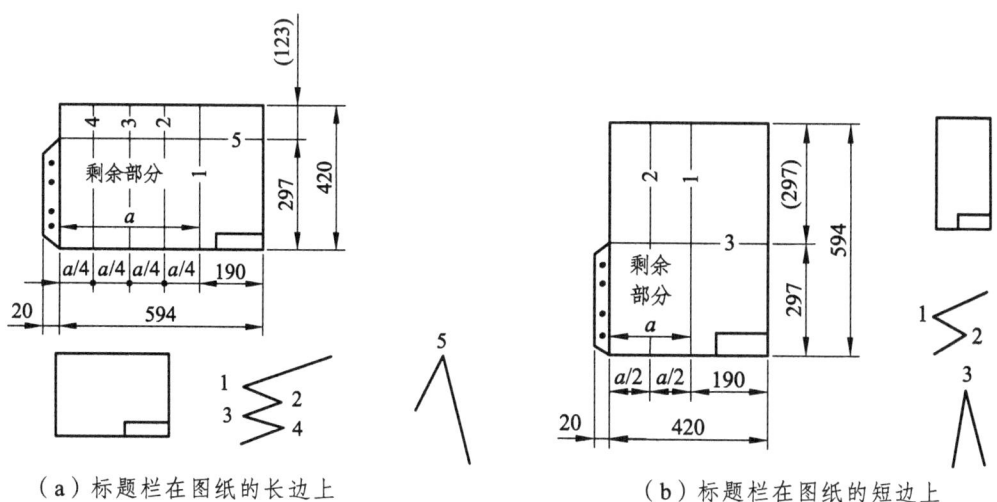

(a）标题栏在图纸的长边上　　　　　　（b）标题栏在图纸的短边上

图 7.8　A2 图纸折叠成 A4 格式方法示意（无装订边）

（4）A3 图纸折叠成 A4 格式。

A3 图纸折叠成 A4 格式的操作方法如图 7.9 所示。

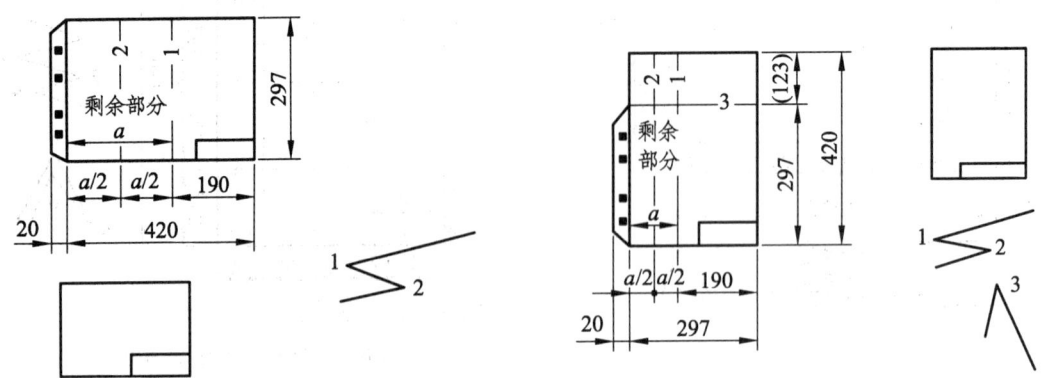

（a）标题栏在图纸的长边上　　　　　　（b）标题栏在图纸的短边上

图 7.9　A3 图纸折叠成 A4 格式方法示意（无装订边）

第 8 章　一般规定及基础数据

本章提供了部分对毕业论文（设计）有帮助的一般规定及基础数据，同学们可根据自身研究内容参考选用。

8.1　机械制图一般规定

表 8.1～表 8.3 分别列出了图纸幅面和格式大小、制图比例的关系以及制图字体规定的相关内容。

表 8.1　GB/T 14689 技术制图图纸幅面和格式

幅面	尺寸	幅面	尺寸	幅面	尺寸	幅面	尺寸	幅面	尺寸
A0	841×1189	A1	594×841	A2	420×594	A3	297×420	A4	210×297
A0×2	1189×1682	A1×3	841×1783	A2×3	594×1261	A3×3	420×891	A4×3	297×630
A0×3	1189×2523	A1×4	841×2378	A2×4	594×1682	A3×4	420×1189	A4×4	297×841
				A2×5	594×2102	A3×5	420×1486	A4×5	297×1051
						A3×6	420×1783	A4×6	297×1261
						A3×7	420×2080	A4×7	297×1471
								A4×8	297×1682
								A4×9	297×1892

表 8.2　GB/T 14690 技术制图比例

种类	比例							
原值比例	1:1*							
放大比例	5:1*	4:1	2.5:1	2:1*				
	$5\times10^n:1$*	$4\times10^n:1$	$2.5\times10^n:1$	$2\times10^n:1$*	$1\times10^n:1$*			
缩小比例	1:1.5	1:2*	1:2.5	1:3	1:4	1:5*	1:6	1:10*
	$1:1.5\times10^n$	$1:2\times10^n$*	$1:2.5\times10^n$	$1:3\times10^n$	$1:4\times10^n$	$1:5\times10^n$*	$1:6\times10^n$	$1:1\times10^n$*

注：n 为正整数；带*号的为优选比例。

表 8.3 GB/T 14691 技术制图字体

内　容	字高/mm	内　容	字高/mm
图样、技术文件条文	5	装配图中指引线上或圆内注写的序号	比尺寸数字大一号
主标题名称栏	7 或 5	图样中用作指数、分数、极限偏差、注脚等的数字和字母	比尺寸数字小一号
图样中标注和尺寸数字	3.5		

基本要求：

（1）书写要求：字体工整、笔画清楚、间隔均匀、排列整齐。

（2）字体高度（用 h 表示）的公称尺寸系列为 1.8、2.5、3.5、5、7、10、14、20。如需要书写更大的字，其字体高度应按 $\sqrt{2}$ 的比例递增。字体高度代表字体的号数。

（3）汉字应写成长仿宋字，并采用简化字，汉字的高度 h 不应小于 3.5 mm，其字宽一般为 $h/\sqrt{2}$。

（4）字母和数字分 A 型和 B 型。字母和数字可写成斜体和直体。斜体字字头向右倾斜，与水平基准线成 75°。

8.2　各种材料摩擦系数

表 8.4 和表 8.5 分别为各种材料的摩擦系数和滚动摩擦系数。

表 8.4　材料的摩擦系数

材料名称	摩擦系数 f			
	静摩擦		动摩擦	
	无润滑剂	有润滑剂	无润滑剂	有润滑剂
钢-钢	0.15	0.1~0.2	0.15	0.05~0.1
钢-软钢			0.2	0.1~0.2
钢-铸铁	0.3		0.18	0.05~0.15
钢-青铜	0.15	0.1~0.15	0.15	0.1~0.15
软钢-铸铁	0.2		0.18	0.05~0.15
软钢-青铜	0.2		0.18	0.07~0.15
铸铁-铸铁		0.18	0.15	0.07~0.12
铸铁-青铜			0.15~0.2	0.07~0.15
青铜-青铜		0.1	0.2	0.07~0.1
软钢-槲木	0.6	0.12	0.4~0.6	0.1
软钢-榆木			0.25	
铸铁-槲木	0.65		0.3~0.5	0.2
铸铁-榆、杨木			0.4	0.1

续表

材料名称	摩擦系数 f			
	静摩擦		动摩擦	
	无润滑剂	有润滑剂	无润滑剂	有润滑剂
青铜-槲木	0.6		0.3	
木材-木材	0.4~0.6	0.1	0.2~0.5	0.07~0.15
皮革（外）-槲木	0.6		0.3~0.5	
皮革（内）-槲木	0.4		0.3~0.4	
皮革-铸铁	0.3~0.5	0.15	0.6	0.15
橡皮-铸铁			0.8	0.5
麻绳-槲木	0.8		0.5	

表 8.5 材料的滚动摩擦系数

摩擦材料	滚动摩擦系数 k	摩擦材料	滚动摩擦系数 k
软钢与软钢	0.005	淬火圆锥齿轮与钢轨	0.08~0.1
淬火钢与淬火钢	0.001	淬火圆柱齿轮与钢轨	0.05~0.07
铸铁与铸铁	0.005	橡胶轮胎与路面	0.2~0.4
木材与钢	0.03~0.04		
木材与木材	0.05~0.08		

8.3 常用材料密度

表 8.6 为各种常用材料密度。

表 8.6 常用材料密度列表

材料名称	密度/(g/cm³)	极限值/(g/cm³)	材料名称	密度/(g/cm³)	极限值/(g/cm³)	材料名称	密度/(g/cm³)	极限值/(g/cm³)
灰口铸铁	7.0	6.6~7.4	瓶玻璃	2.7		电木	1.35	
白口铸铁	7.55	7.4~7.7	水泥	1.2		聚氯乙烯	1.375	
可锻铸铁	7.3	7.2~7.4	硬橡胶	1.8		聚苯乙烯	0.91	
钢材	7.85		纯橡胶	0.93		聚乙烯	0.935	
铸钢	7.8		工业橡胶	1.3~1.8		赛璐珞	1.375	
磁铁	5		生石灰	1.1		有机玻璃	1.18	
紫铜材	8.9		石灰石	2.6		泡沫塑料	0.2	

续表

材料名称	密度/(g/cm³)	极限值/(g/cm³)	材料名称	密度/(g/cm³)	极限值/(g/cm³)	材料名称	密度/(g/cm³)	极限值/(g/cm³)
铸黄铜	8.4~8.8		大理石	2.6~2.7		松木	0.5	
铸青铜	8.7		花岗石	2.6~3.0		硬木	0.68	
铝板	2.73		油布	0.5		300#混凝土	2.24	
铝	2.7		防水帆布			胶合板	0.56	
锌	7.1		防雨帆布	667	625~670	刨花板	0.6	
锡	7.29		石棉橡胶板	2.0		竹材	0.9	
铅板	11.37		滑石	2.7	2.6~2.8	竹材胶合板	1.1	
镍	8.9		电石	2.22		竹材编织板	1.0	
金	19.32		丝	1.3		木炭	0.4	
银	10.5		绸	1.56		刨花	0.08	
汞	13.55		毛织品	1.61		锯末	0.25	
镁合金	1.74		耐火黏土砖	2.1		木质纤维板	0.9~1.0	
硅钢片	7.55~7.8		高炉炉渣	2.75		尼龙6	1.13~1.14	
无烟煤	1.5	1.3~1.8	普通黏土砖	1.7		尼龙66	1.14~1.15	
褐煤	1.35	1.2~1.5	熟石灰	1.2		尼龙1010	1.04~1.06	
石墨	2.0	1.9~2.1	工业用毛毡	0.37		平板玻璃	2.5	
干沙	1.5	1.4~1.65	油纸	0.5		书写纸	0.92	
潮沙	2.0	1.95~2.05	石蜡	0.9		玻璃丝	0.2	0.15~0.25
食盐	2.14	2.08~2.2	麻毡	0.2	0.14~0.26	石棉纸板	1.2	
糖	1.61		防湿纸	0.6		石棉纸	0.8	
石油	0.76		普通硬纸板	0.7		石棉绳	1.11	
石英	2.65	2.5~2.8	干皮革	0.86		沥青	1.2	
冰	0.9	0.88~0.92	油毛毡	0.5		软木	0.15	
石棉	2.3							

8.4 常用金属材料

1. 化学成分和机械性能

表 8.7 和表 8.8 为 GB/T 699—2015 优质碳素结构钢常用金属材料的化学成分表和机械性能表。表 8.9 和表 8.10 为 GB/T 700—2006 碳素结构钢化学成分表和机械性能表。

表 8.7 GB/T 699—2015 牌号和化学成分表（%）

牌号	C	Si	Mn	Cr	Ni	Cu
				不大于		
08F	0.05～0.11	≤0.03	0.25～0.50	0.10		
10F	0.07～0.13	≤0.07	0.25～0.50	0.15		
15F	0.12～0.18	≤0.07	0.25～0.50	0.25		
08	0.05～0.11		0.35～0.65	0.10		
10	0.07～0.13		0.35～0.65	0.15		
15	0.12～0.18		0.35～0.65			
20	0.17～0.23		0.35～0.65			
25	0.22～0.29		0.50～0.80			
30	0.27～0.34		0.50～0.80			
35	0.32～0.39		0.50～0.80			
40	0.37～0.44		0.50～0.80			
45	0.42～0.50		0.50～0.80			
50	0.47～0.55		0.50～0.80			
55	0.52～0.60		0.50～0.80			
60	0.57～0.65		0.50～0.80			
65	0.62～0.70		0.50～0.80		0.30	0.25
70	0.67～0.75	0.17～0.37	0.50～0.80			
75	0.72～0.80		0.50～0.80	0.25		
80	0.77～0.85		0.50～0.80			
85	0.82～0.90		0.50～0.80			
15Mn	0.12～0.18		0.70～1.00			
20Mn	0.17～0.23		0.70～1.00			
25Mn	0.22～0.29		0.70～1.00			
30Mn	0.27～0.34		0.70～1.00			
35Mn	0.32～0.39		0.70～1.00			
40Mn	0.37～0.44		0.70～1.00			
45Mn	0.42～0.50		0.70～1.00			
50Mn	0.48～0.56		0.70～1.00			
60Mn	0.57～0.65		0.70～1.00			
65Mn	0.62～0.70		0.90～1.20			
70Mn	0.67～0.75		0.90～1.20			

表 8.8 GB/T 699—2015 机械性能表

牌号	试样毛坯尺寸/mm	推荐热处理温度/°C 正火	推荐热处理温度/°C 淬火	推荐热处理温度/°C 回火	力学性能 R_m/MPa	力学性能 R_{eL}/MPa	力学性能 A_5/%	力学性能 Z/%	力学性能 A_{KU2}/J	钢材交货状态硬度 HBW10/3000 不大于 未热处理钢	钢材交货状态硬度 HBW10/3000 不大于 退火钢
08F	25	930			295	175	35	60		131	
10F	25	930			315	185	33	55		137	
15F	25	920			355	205	29	55		143	
08	25	930			325	195	33	60		131	
10	25	930			335	205	31	55		137	
15	25	920			375	225	27	55		143	
20	25	910			410	245	25	55		156	
25	25	900	870	600	450	275	23	50	71	170	
30	25	880	860	600	490	295	21	50	63	179	
35	25	870	850	600	530	315	20	45	55	197	
40	25	860	840	600	570	335	19	45	47	217	187
45	25	850	840	600	600	355	16	40	39	229	197
50	25	830	830	600	630	375	14	40	31	241	207
55	25	820	820	600	645	380	13	35		255	217
60	25	810			675	400	12	35		255	229
65	25	810			695	410	10	30		255	229
70	25	790			715	420	9	30		269	229
75	试样		820	480	1 080	880	7	30		285	241
80	试样		820	480	1 080	930	6	30		285	241
85	试样		820	480	1 130	980	6	30		302	255
15Mn	25	920			410	245	26	55		163	
20Mn	25	910			450	275	24	50		197	
25Mn	25	900	870	600	490	295	22	50	71	207	
30Mn	25	880	860	600	540	315	20	45	63	217	187
35Mn	25	870	850	600	560	335	18	45	55	229	197
40Mn	25	860	840	600	590	355	17	45	47	229	207
45Mn	25	850	840	600	620	375	15	40	39	241	217
50Mn	25	830	830	600	645	390	13	40	31	255	217
60Mn	25	810			695	410	11	35		269	229
65Mn	25	830			735	430	9	30		285	229
70Mn	25	790			785	450	8	30		285	229

表 8.9 GB/T 700—2006 牌号和化学成分（%）

牌号	统一数字代号[①]	等级	厚度/mm	脱氧方法	C	Si	Mn	P	S
					不大于				
Q195	U11952	—	—	F、Z	0.12	0.30	0.50	0.035	0.040
Q215	U12152	A	—	F、Z	0.15	0.35	1.20	0.045	0.050
	U12155	B							0.045
Q235	U12352	A	—	F、Z	0.22	0.35	1.40	0.045	0.050
	U12355	B			0.20[②]			0.045	0.045
	U12358	C		Z	0.17			0.040	0.040
	U12359	D		TZ				0.035	0.035
Q275	U12752	A	—	F、Z	0.24	0.35	1.50	0.045	0.050
	U12755	B	≤40	Z	0.21			0.045	0.045
			>40		0.22				
	U12758	C	—	Z	0.20			0.040	0.040
	U12759	D	—	TZ				0.035	0.035

① 表中为镇静钢、特殊镇静钢牌号的统一数字，沸腾钢牌号的统一数字代号如下：
Q195F—U11950；Q215AF—U12150，Q215BF—U12153；Q235AF—U12350，Q235BF—U12353；Q275AF—U12750。
② 经需方同意，Q235B的碳含量可不大于0.22%。

表 8.10 GB/T 700—2006 机械性能表

牌号	等级	屈服点 R_{eL}/(N/mm²)						抗拉强度 R_m/(N/mm²)	伸长率 A/%					温度/°C	A_{KV} 冲击功/J（纵向）
		厚度（直径）/mm							钢材厚度（直径）/mm						
		≤16	>16~40	>40~60	>60~100	>100~150	>150		≤40	>40~60	>60~100	>100~150	>150~200		
		不小于							不小于						不大于
Q195	—	195	185	—	—	—	—	315~430	33	—	—	—	—	—	—
Q215	A	215	205	195	185	175	165	335~450	31	30	29	27	26	—	—
	B													+20	27
Q235	A	235	225	215	205	195	185	370~500	26	25	24	22	21	—	—
	B													+20	27
	C													0	
	D													−20	

续表

牌号	等级	屈服点 R_{eL}/(N/mm²) 厚度（直径）/mm					抗拉强度 R_m/(N/mm²)	伸长率 A/% 钢材厚度（直径）/mm					温度/°C	A_{KV} 冲击功/J（纵向）
		≤16	>16~40	>40~60	>60~100	>100~150	>150		≤40	>40~60	>60~100	>100~150	>150~200		
		不小于							不小于						不大于
Q275	A	275	265	255	245	225	215	410~540	22	21	20	18	17	—	27
	B													+20	
	C													0	
	D													−20	

① Q195 的屈服强度值仅供参考，不作为交货条件。
② 厚度大于 100 mm 的钢材，抗拉强度下限允许降低 20 N/mm²。宽带钢（包括剪切钢板）抗拉强度上限不作为交货条件。
③ 厚度小于 25 mm 的 Q235B 级钢材，如供方能保证冲击吸收功值合格，经需方同意，可不作检验。

说明：Q——钢材屈服强度"屈"字汉语拼音；
　　　A、B、C、D——质量等级；
　　　F——沸腾钢；
　　　Z——镇静钢；
　　　TZ——特殊镇静钢。
　　　牌号中"Z""TZ"符号省略。

2. 应用举例

下面对各金属材料实际应用情况进行举例，如表 8.11～表 8.14 所示。

表 8.11　钢

标准	名称	牌号	应用举例	说明
GB/T 700—2006	碳素结构钢	Q215　A级 B级	金属结构件、拉杆、套圈、铆钉、螺栓、短轴、心轴、凸轮（载荷不大的）、垫圈、渗碳零件及焊接件	"Q"为碳素结构钢屈服点"屈"字的汉语拼音首位字母，后面数字表示屈服点数值。如 Q235 表示碳素结构钢屈服点为 235 MPa。A级、B级、C级、D级质量较高
		Q235　A级 B级 C级 D级	金属结构件、心部强度要求不高的渗碳或氰化零件、吊钩、拉杆、套圈、气缸、齿轮、螺栓、螺母、连杆、轮轴、楔、盖及焊接件	
		Q275	轴、轴销、刹车杆、螺母、螺栓、垫圈、连杆、齿轮以及其他强度较高的零件	

续表

标准	名称	牌号	应用举例	说明
GB/T 699—2015	优质碳素结构钢	08F	可塑性较好的零件：管子、垫圈、渗碳件、氰化件	牌号的两位数字表示平均碳的质量分数，45号钢即表示碳的质量分数为0.45%，即平均含碳量为0.45%。沸腾钢在牌号后加符号"F"。碳的质量分数≤0.25%的碳钢属低碳钢（渗碳钢）。碳的质量分数0.25%~0.6%之间的碳钢属中碳钢（调质钢）。碳的质量分数≥0.6%的碳钢属高碳钢
		10	拉杆、卡头、垫圈、焊件	
		15	渗碳件、紧固件、冲模锻件、化工贮器	
		20	杠杆、轴套、钩、螺钉、渗碳件与氰化件	
		25	轴、辊子、连接器、紧固件中的螺栓、螺母	
		30	曲轴、转轴、轴销、连杆、横梁、星轮	
		35	曲轴、摇杆、拉杆、键、销、螺栓	
		40	齿轮、齿条、链轮、凸轮、轧辊、曲柄轴	
		45	齿轮、轴、联轴器、衬套、活塞销、链轮	
		50	活塞杆、轮轴、齿轮、不重要的弹簧	
		55	齿轮、连杆、扁弹簧、轧辊、偏心轮、轮圈	
		60	轮缘叶片、弹簧	
		30 Mn	螺栓、杠杆、制动板	锰的质量分数较高的钢，须加注化学元素符号"Mn"
		40 Mn	用于承受疲劳载荷零件：轴、曲轴、万向联轴器	
		50 Mn	用于高负荷下耐磨的热处理零件：齿轮、凸轮、摩擦片	
		60 Mn	弹簧、发条	
GB/T 3077—2015	铬钢	15Cr	渗碳齿轮、凸轮、活塞销、离合器	钢中加入一定量的合金元素，提高了钢的力学性能和耐磨性，也提高了钢的淬透性，保证金属在较大截面上获得高的力学性能
		20Cr	较重要的渗碳件	
		30Cr	重要的调质零件：轮轴、齿轮、摇杆、螺栓	
		40Cr	较重要的调质零件：齿轮、进气阀、辊子、轴	
		45Cr	强度及耐磨性高的轴、齿轮、螺栓	
	铬锰钛钢	18CrMnTi	汽车上重要渗碳件：齿轮	
		30CrMnTi	汽车、拖拉机上强度特高的渗碳齿轮	
		40CrMnTi	强度高、耐磨性高的大齿轮、主轴	
GB/T 5613—2014	铸钢	ZG25	机座、箱体、支架	ZG25为铸造碳钢数字表示名义万分碳含量 ZG230-450为工程用铸钢，表示屈服点230 MPa，抗拉强度450 MPa
		ZG230-450	轧机机架、铁道车辆摇枕、侧梁、铁砧台、机座、箱体、捶轮、450°C以下的管路附件等	

表8.12 铁

标准	名称	牌号	特性及应用举例	说明
GB/T 9439—2023	灰铸铁	HT 100 HT 150	低强度铸铁：盖、手轮、支架 中强度铸铁：底座、刀架、轴承座、胶带轮、端盖	"HT"表示灰铸铁，后面的数字表示抗拉强度值（MPa）
		HT 200 HT 250	高强度铸铁：床身、机座、齿轮、凸轮、汽缸泵体、联轴器	
		HT 300 HT 350	高强度耐磨铸铁：齿轮、凸轮、重载荷床身、高压泵、阀壳体、锻模、冷冲压模	

续表

标准	名称	牌号	特性及应用举例	说 明
GB/T 1348—2019	球墨铸铁	QT800-2 QT700-2 QT600-2	具有较高强度，但塑性低：曲轴、凸轮轴、齿轮、气缸、缸套、轧辊、水泵轴、活塞环、摩擦片	"QT"表示球墨铸铁，其后第一组数字表示抗拉强度值（MPa），第二组数字表示延伸率（%）
		QT500-5 QT420-10 QT400-17	具有较高的塑性和适当的强度，用于承受冲击负荷的零件	
GB/T 9440—2010	可锻铸铁	KTH300-06 KTH330-08* KTH350-10 KTH370-12*	黑心可锻铸铁：用于承受冲击振动的零件，如汽车、拖拉机、农机铸铁	"KT"表示可锻铸铁，"H"表示黑心，"B"表示白心，第一组数字表示抗拉强度值（MPa），第二组数字表示延伸率（%）
		KTB350-04 KTB380-12 KTB400-05 KTB450-07	白心可锻铸铁：韧性较低，但强度高，耐磨性、加工性好。可代替低、中碳钢及低合金钢的重要零件，如曲轴、连杆、机床附件	

注：① KTH300-06 适用于气密性零件。
② 有*号者为推荐牌号。

表 8.13　有色金属及其合金

名　　称	牌　号	应用举例	说　明
普通黄铜 GB/T 5232—2001	H62	散热器、垫圈、弹簧、各种网、螺钉等	H 表示黄铜，后面数字表示平均含铜量的百分数
铸造黄铜 GB/T 1176—2013	ZHMn58-2-2	轴瓦、轴套及其他耐磨零件	牌号的数字表示含铜、锰、铅的平均百分数
GB/T 1176—2013	铸造锡青铜 ZCuSn5Pb5Zn5	用于承受摩擦的零件，如轴承	"Z"为铸造汉语拼音的首位字母，各化学元素后面的数字表示该元素含量的百分数
	铸造铝青铜 ZCuAl9Mn2 ZCuAl10Fe3	强度高，减磨性、耐蚀性、铸造性良好，可用于制造蜗轮、衬套和防锈零件	
GB/T 1173—2013	铸造铝合金 ZL201 ZL301 ZL401	载荷不大的薄壁零件，受中等载荷零件，需保持固定尺寸的零件	ZL102 表示含硅 10%～13%、余量为铝的铝硅合金。ZL202 表示含铜 9%～11%、余量为铝的铝铜合金
GB/T 3190—2020	硬铝 LY13	适用于中等强度的零件，焊接性能好	

表 8.14　常用热处理和表面处理名词解释

名称	代号及标注举例	说　明	目　的
退火	Th	加热—保温—随炉冷却	用来消除铸、锻、焊零件的内应力，降低硬度，以利于切削加工、细化晶粒、改善组织、增加韧性
正火	Z	加热—保温—空气冷却	用于处理低碳钢、中碳结构钢及渗碳零件，细化晶粒，增加强度与韧性，减少内应力，改善切削性能
淬火	C C48（淬火、回火，45～50 HRC）	加热—保温—急冷	提高机件强度及耐磨性。但淬火后引起内应力，使钢变脆，所以淬火后必须回火
调质	T T235（调质至220～250 HB）	淬火—高温回火	提高韧性及强度。重要的齿轮、轴及丝杆等零件需调质
高频淬火	G G52（高频淬火后回火至50～55 HRC）	用高频电流将零件表面加热—急速冷却	提高机件表面的硬度及耐磨性，而心部保持一定的韧性，使零件既耐磨又能承受冲击，常用来处理齿轮
渗碳淬火	S-C S0.5-C59（渗碳层深0.5 mm，淬火硬度56～62 HRC）	将零件在渗碳剂中加热，使渗入钢的表面后，再淬火回火，渗碳深度0.5～2 mm	提高机件表面的硬度、耐磨性、抗拉强度等，适用于低碳、中碳（C<0.4%）结构钢的中小型零件
氮化	D D0.3-900（氮化深度0.3 mm，硬度大于850 HV）	将零件放入氨气内加热，使氮原子渗入钢表面。氮化层0.025～0.8 mm，氮化时间40～50 h	提高机件的表面硬度、耐磨性、疲劳强度和抗蚀能力，适用于合金钢、碳钢、铸铁件，如机床主轴、丝杆、重要液压元件中的零件
氰化	Q Q59（氰化淬火后，回火至56～62 HRC）	钢件在碳、氮中加热，使碳、氮原子同时渗入钢表面，可得到0.2～0.5 mm氰化层	提高表面硬度、耐磨性、疲劳强度和耐蚀性，用于要求硬度高、耐磨的中小型、薄片零件及刀具等
时效	时效处理	机件精加工前，加热到100～150 ℃后，保温5～20 h—空气冷却，铸件可天然时效（露天放一年以上）	消除内应力，稳定机件形状和尺寸，常用于处理精密机件，如精密轴承、精密丝杠等
发蓝发黑	发蓝或发黑	将零件置于氧化剂内加热氧化，使表面形成一层氧化铁保护膜	防腐蚀、美化，如用于螺纹连接件
镀镍		用电解方法，在钢件表面镀一层镍	防腐蚀、美化
镀铬		用电解方法，在钢件表面镀一层铬	提高表面硬度、耐磨性和耐蚀能力，也用于修复零件上磨损了的表面
硬度	HB（布氏硬度） HRC（洛氏硬度） HV（维氏硬度）	材料抵抗硬物压入其表面的能力，依测定方法不同而有布氏、洛氏、维氏等几种	检验材料经热处理后的机械性能。硬度HB用于退火、正火、调质的零件及铸件；HRC用于经淬火、回火及表面渗碳、渗氮等处理的零件； HV用于薄层硬化零件

8.5 铁路车辆常用材料许用应力

选用时主要有以下要求：

（1）车辆焊接结构主要承载件，一般采用纯氧顶吹转炉、平炉或电炉钢。普通侧吹转炉钢仅可用于次要零件，普通底吹转炉钢不得使用。热轧碳素结构钢的含碳量不得大于 0.24%。硫、磷、镍、铬和铜等杂质的含量均应符合 GB/T 700、GB/T 699 等标准的要求；耐大气腐蚀钢应符合有关国家标准、铁道行业标准或其他相当的标准规定。

（2）车辆焊接结构主要承载件应当采用镇静钢。各种钢材的性能除相应符合 GB/T 700、GB/T 699、GB/T 1591 等标准的要求外，还应具有额定冲击韧性值（A_{KV} 值）。

（3）在设计和试验时，材料机械性能一律采用相应标准的最低值。当使用没有载明机械性能、化学成分和冶炼方法的金属材料时，应以国标或冶金行业标准规定的方法进行鉴定后，方可按相应的钢号使用。对于经过鉴定不合格以及冶炼方法不能确定的钢材，均不得用于制造车辆的主要承载件。

钢制零部件的机械性能应符合下列材料标准。

弹性模量：

$$E=206 \times 10^3 \text{ MPa（轧制钢材）}$$

$$E=172 \times 10^3 \text{ MPa（铸钢件）}$$

切变模量：

$$G = \frac{E}{2(1+\mu)} \tag{8.1}$$

泊松比：

$$\mu=0.3$$

（4）材料许用应力按下列各条确定。试验测试应力允许考虑 5% 的误差，但不得与下列第 ③ 项合并提高许用应力值。

① 按 TB/T 1335《铁道车辆强度设计及试验鉴定规范》设计的钢质车辆零部件，零部件基体金属的测试应力均不得大于表 8.15 所规定的数值。

② 若采用表 8.15 中没有载明的其他金属材料时，其许用应力可参照所用材料的屈服极限与表列同类材料的屈服极限之比而决定。

③ 对于主要承受弯曲的车辆杆件，允许按"极限荷重法"提高材料的许用应力，即主要承受弯曲的断面，其断面全部纤维达到屈服时所能承受的弯矩 M_1 比断面外侧纤维达到屈服时所承受的弯矩 M_2 要大，故弯曲时许用应力可按表列许用应力与比值 M_1/M_2 的乘积取值。

④ 车辆各金属零件（弹簧除外）在承受剪切状态下的屈服极限及许用应力取拉伸屈服极限和许用应力的 0.6 倍。剪切强度极限取拉伸强度极限的 0.75 倍。

表8.15 金属零件许用应力表　　　　　　　　　　　　单位：MPa

材料及其牌号			车体及转向架零件（轮对除外）		制动零件
材料和牌号		屈服应力（σ_s）	第一工况	第二工况	
普通碳素钢	Q235A	235	161	212	136
	Q275	275	188	248	159
耐候钢	08CuPVRE	294	184	250	156
	09CuPTiRE-A				
	09CuPTiRE-B	345	215	291	182
	09CuPCrNi-A				
	Q420NQR1	420	262	356	222
	Q450NQR1	450	281	382	238
	Q500NQR1	500	312	422	265
	Q550NQR1	550	343	464	291
不锈钢	1Cr17Mn6Ni5N	275	188	248	159
	1Cr18Ni9Ti	205	128	174	109
	TCS275	275	172	233	146
	TCS345	345	216	293	183
	T4003	350	219	297	188
低合金钢	09V	294	184	250	156
	Q345	345	216	293	183
普通铸钢	ZG200-400	200	115	154	98
	ZG230-450	230	132	177	113
TB/T 2942 铁道用低合金铸钢	B级钢	260	139	185	119
	B+级钢	345	184	246	157
	C级钢	415	193	256	166
	D级钢	585	271	360	231
	E级钢	620	324	431	272
铝合金（转向架零件除外）	LF6	157	100	140	—
	5083-H321（板材）	215	135	182	—
	6061-T6（型材）	245	153	205	—

续表

材料及其牌号			车体及转向架零件（轮对除外）		制动零件
材料和牌号		屈服应力（σ_s）	第一工况	第二工况	
弹簧钢	60Si2Mr	1 177	抗压及弯曲变形：981 剪切及扭转变形：736		
	60Si2CrVAT	1 700	抗压及弯曲变形：1 175 剪切及扭转变形：750		

注：
① 不锈钢 1Cr17Mn6Ni5N 的力学性能根据 GB/T 1220 选取。
② 铝合金 LF6 的力学性能根据 GB/T 3880.1 选取。
③ 若采用表中没有载明的其他金属材料时，其许用应力可参照所用材料的屈服极限与表列同类材料的屈服极限之比而决定。
④ 车辆各金属零件（弹簧除外）在承受剪切状态下的屈服极限及许用应力取为拉伸屈服极限和许用应力的 0.6 倍。剪切强度极限取为拉伸强度极限的 0.75 倍

摇枕、侧架试验载荷及许用应力

部件	试验载荷	加载方式	许用应力
摇枕	垂直静载荷 P_j（2 倍轴重减去转向架自重）和沿车体纵向作用的水平力 $0.25P_j$	以集中形式施加于摇枕心盘位置，摇枕两端弹簧支承面处为刚性支承	根据材料的不同而定
	沿车体纵向单独作用的水平力 $0.8P$		
侧架	垂直静载荷 $1.5P_1$（P_1 为轴颈上的垂直静载荷），沿车体横向作用的水平力 $0.4P_1$	垂直静载荷模拟实际受力情况加于弹簧支承面上，横向水平力垂直于侧架平面，作用在两个立柱上	

摇枕还需做沿车体纵向单独作用的水平力 $0.8P$ 载荷下的试验，此力以集中力形式作用在摇枕中央的腹板上，摇枕两端与侧架立柱接触面处以刚性支承。其应力不大于下列数值

许用应力值			
钢种	下屈服强度/MPa	垂向和横向载荷许用应力/MPa	$0.8P$ 载荷许用应力/MPa
B 级钢	265	117	89
B+级钢	345	151	115
C 级钢	415	181	138

参考文献

[1] 沈荫红，陈周娟，王文萍. 机械设计[M]. 武汉：华中科技大学出版社，2015.

[2] 朱冬梅，胥北澜，何建英. 画法几何及机械制图[M]. 北京：高等教育出版社，2013.

[3] CAD、CAM、CAE 技术联盟.SOLIDWORKS 2024 中文版机械设计从入门到精通[M]. 北京：清华大学出版社，2024.

[4] 徐灏. 新编机械设计师手册（上册）[M]. 北京：机械工业出版社，1995.

[5] 付雨. 红枣分选去核机的结构研究与设计[D]. 成都：西南交通大学希望学院，2022：2-30.

[6] 许善超，魏星，王延辉，等. 轴箱、构架和转向架：中国，CN 209795498U[P].2019-12-17.

[7] 严礼笑. 转向架轴箱的优化设计[D]. 成都：西南交通大学希望学院，2020：3-35.

[8] 程东升. 差速器壳加工工艺规程及夹具的设计[D]. 成都：西南交通大学希望学院，2020：5-25.

[9] 唐一. 自动点胶机的设计[D]. 成都：西南交通大学希望学院，2022：10-30.

[10] 程东升. 差速器壳加工工艺规程及夹具的设计[D]. 成都：西南交通大学希望学院，2020：1-24.

[11] 赵桂林. 汽车减震弹簧片冲压模具设计[D]. 成都：西南交通大学希望学院，2024：1-36.

[12] 杨晓鹏. 基于 PLC 电梯群控系统的设计与研究[D]. 太原：太原理工大学，2017.

[13] 孙健. 住宅电梯速度控制系统及安全设计[D]. 扬州：扬州大学，2018.

[14] 李金明. 基于 PLC 的电梯管理控制系统设计与实现[D]. 长春：吉林大学，2018.

[15] 周桦. 电梯 PLC 控制系统的设计与实现[D]. 成都：电子科技大学，2012.

[16] 李英楠. 别墅用迷你电梯设计与研究[D]. 长沙：中南林业科技大学，2018.

[17] ZHANG X X，SHANG Y. Design and Research of Elevator Group Control System Based on PLC[J]. Journal of Physics：Conference Series，2020，1646（1）.

[18] 张红梅. 基于 PLC 电梯远程监控系统的设计[D]. 西安：陕西科技大学，2012.

[19] 欧阳敏. 基于西门子 PLC 的电梯控制系统的设计[J]. 数字技术与应用，2020，38(12)：13-15.

[20] SHI Y. Design and Implementation of Elevator control system based on PLC[J]. International Journal of Recent Trends in Engineering and Research，2017，3（9）.

[21] 杨玉开,李慧. 基于西门zS7-1200PLC 电梯控制系统设计[J]. 科学技术创新,2020(21):91-92.

[22] 于红花. PLC 智能电梯控制模型开发[J]. 微型电脑应用,2021,37(1):152-154+161.

[23] HAN X H.Design and Research of Elevator Control System Based on PLC[J].Journal of Physics:Conference Series,2020,1449.

[24] 杨章勇,李静,石永兵. 基于 WinCC 和 S7-300PLC 的电梯监控系统设计与仿真[J]. 机械工程与自动化,2016(4):40-42.

[25] 王晓瑜. 基于 SIMATIC S7-1200 PLC、WINCC 和 VVVF 的电梯监控系统设计与仿真[J]. 自动化技术与应用,2018,37(9):81-85.

[26] 刘伟. 基于西门子 S7-300PLC 的虚拟电梯设计[D]. 青岛:中国海洋大学,2009.

[27] 曾新红,钟展金,张锐林,等. 基于 S7-1200 与 WinCC 的六部十层电梯控制系统仿真设计[J]. 轻工科技,2021,37(3):92-94.

[28] 张黎骅,吕小荣. 机械工程专业毕业设计指导书[M]. 北京:北京大学出版社,2011.